职业教育系列教材

焊接专业“双证制”教学改革用书

焊接质量管理与检验

主　编　曾金传

副主编　辛海波

参　编　乌日根　韩德辉　朱　强

主　审　万升云

机 械 工 业 出 版 社

本书主要讲授焊接质量管理及焊接质量检测。介绍了焊接质量体系、焊接生产检验过程及常用无损探伤方法的基本原理、操作程序和应用。全书共分八个单元，包括焊接质量管理、焊接缺陷及焊接检验过程、射线探伤、超声波探伤、磁粉探伤、渗透探伤、破坏性检验、泄漏检测。

本教材“淡化理论、突出应用、重在技能”，以全面质量管理理念介绍了焊接生产中的质量体系及质量控制的管理知识，注意焊接检验基础知识的铺垫，重在常用无损探伤方法的探伤工艺及质量评定的介绍，突出探伤操作及标准应用的技能培养，以培养现场实际工作能力；编写模式新颖，将需要掌握的知识点进行分解，按单元、综合知识模块、能力知识点作为层次安排编写，每单元开始部分安排有“学习目标”，单元末安排有“综合训练”，“综合训练”兼顾了焊工及无损检验员考证的考点，以满足“双证制”教学需要。为便于教学，本书配备了电子教案和部分习题答案，适用本书作为教材的教师可来电（010－88379201）索取，或登录 www. cmpedu. com 注册免费下载。

本书可作为高职、高专、各类成人教育焊接专业教材或培训用书，也可供有关技术人员参考。

图书在版编目（CIP）数据

焊接质量管理与检验/曾金传主编．—北京：机械工业出版社，2008. 11（2022. 3 重印）

职业教育系列教材．焊接专业“双证制”教学改革用书

ISBN 978-7-111-25674-8

Ⅰ. 焊…　Ⅱ. 曾…　Ⅲ. ①焊接－质量管理－职业教育－教材②焊接－检验－职业教育－教材　Ⅳ. TG441. 7

中国版本图书馆 CIP 数据核字（2008）第 188822 号

机械工业出版社（北京市百万庄大街 22 号　邮政编码 100037）
策划编辑：齐志刚　责任编辑：齐志刚　版式设计：霍永明
责任校对：李秋荣　责任印制：常天培
北京机工印刷厂印刷
2022 年 3 月第 1 版第 11 次印刷
184mm×260mm ·13 印张 ·291 千字
标准书号：ISBN 978-7-111-25674-8
定价：39. 00 元

电话服务
客服电话：010-88361066
010-88379833
010-68326294

网络服务
机　工　官　网：www. cmpbook. com
机　工　官　博：weibo. com/cmp1952
金　　书　　网：www. golden-book. com
机工教育服务网：www. cmpedu. com

前　言

为了进一步贯彻《国务院关于大力推进职业教育改革与发展的决定》的文件精神，加强职业教育教材建设，满足职业院校深化教学改革对教材建设的要求，机械工业出版社于2006年11月在北京召开了“职业教育焊接专业教材建设研讨会”。在会上，来自全国十多所院校的焊接专业专家、一线骨干教师研讨了新的职业教育形势下焊接专业的课程体系，确定了面向中职、高职两个层次系列教材的编写计划。本书是根据会议所确定的教学大纲和高等职业教育培养目标组织编写的。

本书重点强调培养学生应用常用的焊接生产质量检测技术进行质量控制的能力，编写过程中力求体现“淡化理论、突出应用、重在技能”的特色。基础理论以应用为目的、以够用为度，重在常用无损探伤方法的探伤工艺及质量评定的介绍、突出探伤操作及标准应用的技能培养。本书编写模式新颖，将需要掌握的知识点进行分解，按单元、综合知识模块、能力知识点作为层次安排编写，每单元开始部分安排有“学习目标”，单元末安排有“综合训练”，“综合训练”兼顾了焊工及无损检验员考证的考点，以满足“双证制”教学需要。

本书在内容处理上主要有以下几点说明：①贯彻执行全面质量管理的指导思想，倡导“预防为主、防检结合”的质量控制理念，强调依靠科学管理保证焊接产品质量的基础性。这种管理是通过建立一套行之有效并便于操作的质量保证体系来实现的。因此，本书首先介绍了焊接质量管理的基础知识。②全面质量管理要求控制生产全过程，因此，本书对焊前及施焊过程中的质量控制、应具备的条件和要求达到的质量指标进行了必要的阐述。③尽管生产全过程的监控对产品质量的保证起着重要作用，但焊后检验仍是必不可少的，其中包括对焊缝的外观检查，采用各种无损探伤方法（射线探伤、超声波探伤、渗透探伤、磁粉探伤等）对焊缝及近缝区表面和内部缺陷的检测。熟悉常用无损探伤方法的原理，初步掌握操作技能和根据检验报告评定焊接质量，是本书的主要内容和重点。④考虑到此书为高职、高专、各类成人教育焊接专业教材或培训用书，本着“淡化理论、突出应用、重在技能”原则，注重焊接检验基础知识的铺垫，重在常用无损探伤方法的探伤工艺及质量评定的介绍，突出探伤操作及标准应用的技能培养，以培养学生的现场实际工作能力。

全书共八个单元，由曾金传编写绪论、第三单元，辛海波编写第四、六单元，乌日根编写第五、七单元，韩德辉编写第一、八单元，朱强编写第二单元。全书由曾金传主编，辛海波副主编，中国南车集团公司戚墅堰机车车辆工艺研究所教授级高工万升云博士主审。为便于教学，本书另配备了电子教案和部分习题答案，适用本书作为教材的教师可来电（010-88379201）索取，或登录 www.cmpedu.com 注册免费下载。

编写过程中，作者参阅了国内外出版的有关教材和资料，在此对有关作者表示衷心感谢！

由于作者水平有限，书中不妥之处在所难免，恳请读者批评指正。

编　者

目　　录

绪　论

【学习目标】　第一，了解焊接在现代工业中的地位、焊接质量管理与检验在焊接结构生产中作用；第二，了解焊接质量管理与检验技术；第三，了解本教材内容、学习方法建议。

能力知识点1　焊接质量管理与检验的意义

随着焊接技术的发展，焊接加工在工业生产、交通运输、建筑结构等许多领域应用广泛，同时焊接新方法、新工艺、新材料的不断被采用，焊接结构的使用条件也日趋苛刻，焊接结构件在载荷作用下的应力状态较为复杂，因此确保焊接结构件达到预期水平至关重要，而合格质量要通过焊接结构在不同环节和生产阶段，遵循一定的管理程序和管理制度，并采用各种检测手段来加以实现和确定，这就是焊接质量管理与检验的直接目的。

由于焊接结构本身及应力分布的复杂性，在制造过程中很难杜绝焊接缺陷，在使用过程中也会有新的缺陷产生，焊接结构设备时常发生泄漏、破裂、爆炸等破坏性事故，这些事故将造成重大的损失甚至是灾难性的后果，所以焊接质量的控制至关重要。为了确保焊接结构在制造和使用过程中安全、经济、可靠，相关部门制定了相应的标准法规，确保焊接质量。焊接检验不仅对焊接结构的质量起保证作用，也可把生产检验所反映出的问题再反馈给生产部门，从而作为验证和改进工艺的依据，促进产品质量进一步提高。

能力知识点2　焊接检验的分类

焊接检验可分为非破坏性检验和破坏性检验两大类。

非破坏性检验又称无损检验，是不破坏被检测材料或成品的性能与完整性而检测其缺陷的方法。

破坏性检验是从焊件上切取试样，或以产品的整体破坏做试验，以检查其力学性能、化学成分、焊接性等的试验方法。

焊接检验的分类及方法如下：

- 焊接检验
  - 非破坏性检验
    - 外观检查
    - 无损检验
      - 射线探伤
      - 超声波探伤
      - 磁粉探伤
      - 渗透探伤
    - 强度试验
    - 致密性试验
      - 气密性试验
      - 氨渗漏试验
      - 煤油渗漏试验
      - 载水试验
      - 沉水试验
      - 氦检漏试验
  - 破坏性检验
    - 力学性能试验
      - 拉伸试验
      - 弯曲试验
      - 冲击试验
      - 硬度试验
      - 疲劳试验
      - 蠕变试验
    - 化学分析试验
      - 化学分析
      - 腐蚀试验
    - 金相检验
      - 宏观检验
      - 微观检验

能力知识点3 焊接质量管理与检验应树立的观点

焊接检验应贯穿于产品生产的全过程，从全面质量管理出发，必须明确以下三个基本观点并以此来指导焊接检验工作。

（1）树立下道工序是用户、工作对象是用户、用户第一的观点　这种指导思想要求把对用户高度负责的精神应用于生产的全过程，把各工序之间、各部门之间和各工作对象之间都看作是下道工序，形成一个上道工序保下道工序，道道工序保成品，一切为用户的局面。

（2）预防为主、防检结合的观点　优良的焊接结构主要是依靠设计和制造，而不是依靠检验。因此应在产品的设计和制造阶段采取措施来保证其质量，首先设计应先进和合理，制造过程中对人员、原材料、机器设备、工艺方法和环境等影响工序质量的因素加以控制，发现问题及时解决，而不是待产品完成之后再去评价和补救，这就是预防为主的管理，也就是预防第一。但检验工作并不能因此而放松，检验工作是全面质量管理中一个不可缺少的组成部分，预防与检验要相辅相成，在不同的生产阶段对产品质量共同把关。

（3）检验是企业每个员工的本职工作的观点　产品质量是由企业每个员工的工作质量决定的，因此要求每个职工都要有根据、有程序、有效率地工作并达到工作质量标准，以良好的工作质量来保证产品的高质量。

能力知识点4　本课程的任务及主要内容

一、本课程的任务

通过专业的职业技术教育，培养既有指导实践的基本理论知识，又熟悉生产并掌握动手技能的实用性技术人才。基于这一培养目标和焊接专业的要求，本课程的任务就是阐述焊接结构生产过程中的质量控制与检验内容、方法、所用设备及有关质量标准。

二、本课程的主要内容

保证产品质量是生产的基本要求，生产检验则是达到这种要求的一种手段。因为保证产品质量，除了依靠各种检测手段加以控制以外，在很大程度上要依靠严格的科学管理，这种管理是通过建立一套行之有效并便于操作的质量保证体系来实现的，因此本课程首先从全面质量管理的观念出发，讲述焊接生产质量保证体系的作用、控制的环节与控制程序，以及质量保证体系的管理体制与责任人员的职责。除此以外，本课程还要学习焊前及施焊过程中的质量控制及应具备的条件和要达到的质量指标。由于全面质量管理要求控制生产的全过程，因此焊接结构的生产从投料开始，包括原材料、焊接材料、外协件和外购件的供应；零部件的下料、成形与装配质量的控制；施焊过程中对施焊环境及各种焊接参数的监控以及施焊人员、焊接设备的管理都属于质量保证体系的范畴。但由于焊接应力与变形、焊缝缺陷等产生的可能性很大，因此，焊后检验是必不可少的，其中包括对焊接结构成品的几何尺寸检查、强度检验以及焊缝的外观检查，采用射线探伤、超声波探伤、磁粉探伤和渗透探伤等无损探伤手段，对焊缝及近缝区表面缺陷和内部缺陷进行检验。

了解这些无损探伤方法的基本原理，能正确选择和使用检验方法、检验仪器和工具，按操作规程进行简单工件的探伤操作，并能依据有关标准判断焊缝质量，是本课程的主要内容和重点。

在学习上述内容时，还应对各生产环节质量监控中应依据和遵循的国家标准、行业标准以及其他技术规程作必要的了解。

除课堂理论教学外，还要配合一些实验，以达到理论联系实际和培养一定的操作技能及动手能力的目的。

第一单元　焊接质量管理

【学习目标】　本单元主要介绍质量管理的基本概念、质量体系的建立和运行。学习过程中，第一，要掌握质量管理的内涵及质量体系的要素；第二，要了解质量体系建立和运行的各个阶段；第三，要了解质量体系文件的编制过程及焊接质量保证标准的内容。

焊接作为现代先进制造技术的关键工艺，受到各行各业的关注并逐步集成到产品的主寿命过程中，即从设计开发、工艺制订、制造生产到运行服役、失效分析、维护和再循环等产品的各个阶段。焊接质量管理涉及原材料、结构设计、焊接设备及工艺装备、焊接材料、切割下料及坡口加工、焊接工艺及相关标准、焊接过程监控和管理、焊后处理和涂装、检验、环境保护、焊接结构安装运行等众多过程，在焊接结构生产和运行中起着非常重要的作用。

综合知识模块一　焊接质量管理的基本概念

能力知识点1　质量及质量管理

一、质量

质量的定义是：产品或服务满足规定或潜在需要的特征和特性的总和。

该定义由两个层次的含义构成：第一层次所讲的“需要”，实质上是指产品（或服务）必须满足用户需要，即产品的适用性。“需要”可以包括可用性、安全性、可靠性、可维修性、可获得性、经济性和环境适宜性等几方面。第二层次是指在第一层次成立的前提下，质量是产品（或服务）的特征和特性的总和，即产品的符合性。由于“需要”一般可转化为有指标的特征和特性，因此产品（或服务）全部符合相应的特征和特性指标的要求就是质量。

二、质量管理

质量管理的定义是：对确定和达到质量要求所必需的职能和活动的管理。

质量管理的核心内涵是使人们确信某一产品（或服务）能满足规定的质量要求，并且使需方对供方能否提供符合要求的产品（或服务）和是否提供了符合要求的产品掌握充分的证据，建立足够的信心，同时，也使企业本身对能否提供满足质量要求的产品（或服务）有相当的把握而放心地组织生产。

质量管理的目标可分为以下三种：① 以降低生产成本为目的；② 以保证最终产品质量和使用性能为目的；③ 以提高产品价值为目的。

三、焊接质量管理

焊接质量管理是指从事焊接生产或工程施工的企业通过开展质量活动发挥企业的质量职能，有效地控制焊接结构质量形成的全过程。这里的质量即产品满足用户“使用要求”的适用性。大多数焊接产品应具有的是符合性质量，即产品全部质量特性的考核指标必须满足相应的标准、规范、合同或第三方的有关规定。强化焊接质量管理不仅有助于产品质量的提高，达到向用户提供满足使用需要的焊接产品的目的，而且可以推动企业的技术进步，增强产品的竞争力。

保证焊接质量不仅仅是焊接接头质量满足实用要求，而且要有焊接前、焊接过程中以及焊后的系统质量管理，即质量的全面管理，才能保证高产优质的焊接产品。一个完善的质量管理系统，应是设计—实施—检查成一体的质量管理系统。如果没有完善的工艺规程和自上而下的质量管理系统对产品的整个制造过程实施全面质量管理，是不可能保证焊接质量的。

英国管理学会曾对工程质量事故进行过统计分析（表 1-1），表明由于管理造成的质量事故占很大比重。

表 1-1　造成质量事故的原因分析

原　因	导 致 因 素	所占比例（%）	备　注
人为差错	个人因素	12	由于个人原因占 12%
不恰当检验方法	质量管理因素	10	由于管理原因占 88%
技术原因或错误	技术管理因素	16	
对新技术、新材料、新工艺缺乏了解、验证和鉴定		36	
计划与组织工作薄弱	生产管理因素	14	
未能预见的因素	计划管理因素	8	
其他		4	

能力知识点 2　质量保证

质量保证的定义为：为使人们确信某一产品、过程或服务质量能满足规定的质量需求所必需的有计划、有系统的全部活动。

质量保证的核心内涵是“使人们确信”某一产品（或服务）能满足规定的质量要求。使需方对供方能否提供符合要求的产品（或服务）和是否提供了符合要求的产品（或服务）掌握充分的证据，建立足够的信心。同时，也使本企业领导者对能否提供满足质量要求的产品（或服务）有相当的把握而放心地组织生产。

质量保证又可分为内部质量保证和外部质量保证两大类。内部质量保证是为使企业领导者“确信”本企业的产品质量能否和是否满足规定的质量要求所进行的活动。这是企业内部的一种管理手段，目的是使企业领导者对本企业产品质量做到心中有数。外部质量保证是为了使需方“确信”供方的产品质量能否和是否满足规定的质量要求所进行的系列活动。如供方向需方提供其质量体系满足合同要求的各种证据，包括质量保证手册、质量记录和质量计划等。

能力知识点3 质量体系

质量体系的定义为：为保证产品、过程或服务满足规定的或潜在的要求，由组织机构、职责、程序、活动、能力和资源等构成的有机整体。

质量体系包括一套专门的组织机构，具体化了保证产品质量的人力和物力，明确了各有关部门和人员应有的职责和权力，规定了完成任务所必需的各项程序和活动。

能力知识点4 质量控制

质量控制的定义为：为保证某一产品、过程或服务质量满足规定的质量要求所采取的作业技术活动。

> **想一想** 焊接质量管理包括哪些方面？

产品质量有个生产、形成和实现的过程，这个过程就是如图1-1所示的质量环。质量环上每一个环节的作业技术和活动必须在受控状态下进行，才能生产出满足规定质量要求的产品，这就是质量控制的内涵。

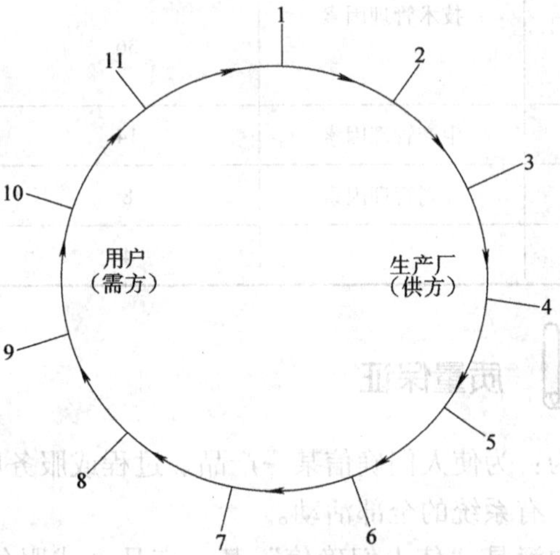

图1-1 质量环示意图

1—市场调研 2—设计、规范的编制和产品研制 3—采购
4—工艺准备 5—生产制造 6—检验和试验 7—包装和储存
8—销售和发运 9—安全和运行 10—技术服务和维修 11—用后处置

综合知识模块二　质量体系的基础知识

能力知识点1　建立质量体系的一般程序

建立质量体系的一般程序是：

1. 掌握 GB/T 10300（ISO9000～ISO9004）标准系列的原则和方法

GB/T 10300（ISO9000～ISO9004）标准系列规定了建立质量体系的一般原则和方法。一个企业建立自己的质量体系时，一定要结合本企业的经营情况、产品特点和企业的其他实际情况，研究并掌握 GB/T 10300（ISO9000～ISO9004）标准系列的原则和方法，并使之与企业的实际情况相结合。

2. 建立企业内部的质量体系

在掌握 GB/T 10300 标准系列原则和方法的基础上，参照 GB/T 10300.5（ISO9004）的各项规定，根据市场情况、质量概念、产品类型、生产特点、技术装备、技术水平、用户需要、政府和其他第三方发布的法规中的有关规定，以及成本、风险和社会效益等，结合本企业的实际情况，建立企业内部的质量体系，并使其有效运行，用以指导企业内部的质量管理。

3. 选择质量保证模式

在合同环境下，根据用户提出的外部质量保证要求，结合本企业内部的实际情况选择质量保证模式是企业整个质量体系的一个重要组成部分，也是对企业质量管理的调整和充实。

> **小知识**　ISO 是国际标准化组织（International Organization for Standardization）的简称，是一个全球性的非政府组织，是国际标准化领域中十分重要的组织。其成员由来自世界上100多个国家的国家标准化团体组成，代表中国参加ISO的国家机构是中国国家技术监督局（CSBTS）。ISO 标准由技术委员会（TECHNICAL COMMITTEES 简称 TC）制定。

4. 编制质量体系文件

建立企业的质量体系，要通过编制质量体系文件、完善质量立法，并在实践中组织企业内部的有关部门贯彻文件，对设计、生产、安装和服务等过程或环节实施有效的质量控制和监督，保持质量体系的有效运行。企业建立的质量体系要具有系统性，突出预防性，符合经济性，保持适用性和严密性，并根据生产实践和环境的变化，及时调整和完善质量要素，以适应企业经营的需要和满足用户的质量要求。

能力知识点2　质量体系要素

质量体系要素是指构成质量体系的基本单元，图 1-2 列出了 GB/T 10300.5（ISO9004）标准中提出的 17 个质量体系要素，供企业结合产品特点、生产实际、技术水平及经营情况来选用。

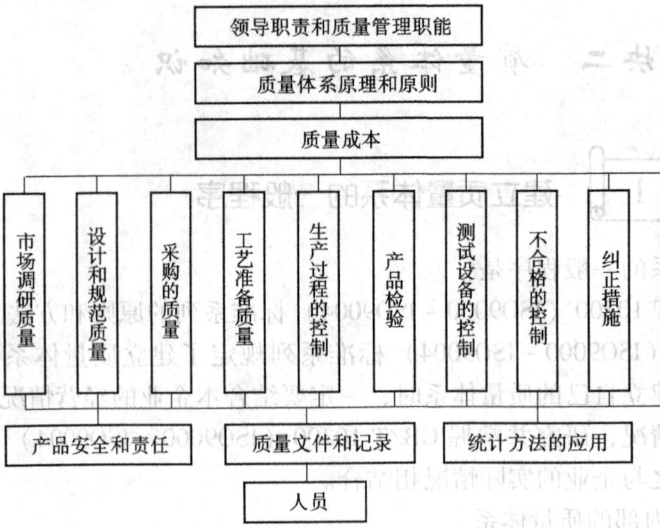

图 1-2　质量体系要素构成图

1. 领导职责和质量管理职能

企业领导和质量管理部门的主要职责是研究和制定质量方针；制定和实施质量目标；组织建立健全企业的质量体系，特别要重视企业组织机构的设置；质量职能的分配与落实；质量奖惩及资源和人员的合理配置等，以保证企业质量体系的有效运行。这是决定一个企业能否建立和完善质量体系及使其有效运行的关键性要素。

2. 质量体系的原理和原则

这是质量体系在建立、健全、运行和不断改进完善过程中所必须遵循的准则。这些原理和原则包括：

（1）质量环　从了解与掌握用户对产品质量的要求和期望开始，直到评定能否满足这些要求和期望为止，影响产品（或服务）质量的各项相互作用活动的理论模式，即所谓质量环。质量环是指导企业建立质量体系的理论基础和基本依据。通用性的质量环包括 11 个活动阶段（图 1-1）。

（2）质量体系结构　质量体系结构由企业领导责任、质量责任和权限、组织结构、资源和人员及工作程序 5 个方面组成。

1）企业领导责任：企业领导对企业质量方针的制定与质量体系的建立、完善、实施和正常运行负责。

2）质量责任与权限：在质量文件中应明确规定与质量直接或间接有关的活动；同时明确规定企业各级领导和各职能部门在质量活动中的质量责任；明确规定从事各项质量活动人员的责任和权限及各项质量活动之间的纵向和横向衔接，控制和协调质量责任与权限。

3）组织结构：企业应建立与质量管理相适应的组织结构。该组织结构一般包括各级质量机构的设置；各结构的隶属关系与职责范围；各结构之间的工作衔接与相互关系，在全企业形成质量管理网络。

4）资源和人员：为实施质量方针并达到质量目标，企业领导应保证必需的各类资源，这包括人才资源和专业技能、设计和研制产品所必需的设备、生产设施、检验和试验设备、仪器仪表和计算机软件等。

5）工作程序：企业应根据质量方针，按照质量环中产品质量形成过程的各个阶段，制定并颁发一个与必需的产品质量活动有关的工作程序。这包括管理标准、规章制度、工作规程、操作规程、专业质量活动以及各种工作程序图表等。

（3）质量体系文件　企业应针对其质量体系中采用的全部要素及要求和规定，系统地编写出质量体系文件。这包括质量手册、大纲、计划、记录和其他必要的供方文件等。

（4）质量体系审核　为确定质量活动及有关结果是否符合质量计划安排，以及这些安排是否贯彻并达到了预期目的所作的系统、独立的定期检查和评定即所谓质量体系审核。这一过程包括质量体系审核、工作质量审核和产品质量审核几部分。审核的目的是查明质量体系各要素的实施效果，确认是否达到了规定的质量目标。

3. 质量成本

质量成本是指将产品质量保持在规定的质量水平上所需要的费用。质量成本是企业产品总成本的一部分。企业的质量成本管理包括：质量成本项目的设置；质量成本核算；质量成本预测及计划；质量成本分析及质量成本控制和考核等内容。

4. 市场调研质量

市场调研质量包括两方面的内容：

（1）市场调查　为了解用户的质量需求和期望所进行的市场调查是产品质量生产的开始。

（2）产品销售　这是听取用户意见的阶段，也可同时考察产品质量实现的价值。市场调研的职能在于准确地掌握用户对产品的显在和潜在的需求，提出对产品质量的具体要求，开发用户满意的产品。

5. 设计和规范质量

产品质量包括了设计和规范质量（即适用性质量）及制造质量（符合性质量）。产品设计就是将用户对产品质量的要求转化为产品的技术规范。因此，设计和规范质量是决定产品先天性质量的关键环节。为提高设计和规范质量，一般要做好下述8个方面的工作：

1）确定设计计划和目标。

2）规定产品的试验和测量方法。

3）对设计进行鉴定和确认。

4）进行设计评审。

5）设计定型，并在定型的基础上做好工艺、工装、外购、外协件的定型工作，确保批量或单件生产的产品质量稳定。

6）做好投放市场或出厂前的复审。

7）制定设计更改的控制办法。

8）设计改进。

6. 采购质量

外购的材料和零配件是企业产品的重要组成部分，因而也直接影响着产品质量，企业必须制定采购质量的控制办法和计划，采购质量计划一般包括：对规范、图样和订货单的要求；关于质量保证的协议；关于质量验证方法的协议；处理质量争端的规定；进货检验计划及质量控制和质量记录等。

7. 工艺准备质量

工艺准备是生产准备的主要内容。根据产品设计、规范等技术文件的要求，将材料、设备、工装、能源、操作人员与专业技术人员合理地组织起来，采取有效的控制办法，以保证产品获得符合性质量。工艺准备工作的内容一般包括：

1）制定制造质量控制计划。

2）验证工序能力和开展工序质量控制活动。

3）预先制定辅助材料、公用设施（水、电、气等）及环境的控制条件。

8. 生产过程的控制

生产过程的控制是指对从原材料进厂到形成最终产品的整个制造过程实施质量控制，以保证生产出符合设计和规范质量要求的产品。在生产过程中，一般应着重控制以下7个环节：

1）物资控制及其可追踪性。这是指在生产过程中发现或产生问题后，队员物资可以识别和追踪，进而查明问题发生的时间、地点、起因和责任者。

2）制定并执行预防性的设备维修保养计划。

3）对难以评定其质量特性的关键工序，纳入工序控制点进行重点控制和管理。

4）对生产过程中使用的图样及设计和工艺文件进行有效的控制和管理。

5）对工艺变更质量及工艺变更进行有效的控制，要有明确的工艺变更审批制度和权限责任。

6）对材料和零部件的验证状况作出验证标记，并进行有效的控制。

7）对不合格品的控制，要制定明确的识别标志及隔离、存放和处理的规定。

9. 产品验证

产品验证指的是产品检验、试验、监督和审核活动。产品验证按生产过程的顺序，可以分为进货检验、工序检验和最终成品验证几部分。企业应按照制定的检验计划，及时地开展质量检验和验证活动。

10. 测量和试验设备的控制

测量和试验设备的控制实质上是用企业的计量管理工作来确保质量体系的正常运行。控制的重点是测量和试验设备、仪表的准确度和精度，以确保质量体系中各项质量活动的测试数据准确可靠。

11. 不合格的控制

不合格就是材料、零部件或成品不满足规定的要求（符合性质量不合格）或者是质量体系中的某些要素偏离了规定的要求。所以这里讲的不合格包含着不合格品和不合格项。为了保持质量体系的正常运行，企业必须就不合格品和不合格项制定有效的控制措施，以尽量减少质量损失。

12. 纠正措施

纠正措施是针对不合格品和不合格项采取的对策。这包括不合格品的返修、返工、回用、降低等级或报废处理，以及不合格项的整顿和改进。为实施这一要素，企业必须规定专职部门或人员负责纠正措施制定、协调、记录和监控；必须进行质量问题严重性评价、原因分析和调查；必须制定预防措施并付诸实施；必须狠抓纠正措施实施成果的巩固，即把纠正措施成果纳入到质量体系文件中去。

13. 搬运和生产后的职能

这一质量要素包括搬运、储存、识别标志、包装、安装、交付用户使用、售后服务、信息反馈和产品质量监督等工作。

14. 质量文件和记录

质量体系应具备足够的质量文件。质量文件主要有26类，即：质量方针；质量手册；质量计划；市场调研工作程序；开发设计工作程序；试验研究工作程序；设计质量特性的重要性分析及工作程序；工艺准备工作程序；采购工作程序；检验规程；搬运、储存、标志、包装、安装及交付工作程序；检验与试验设备控制工作程序；不合格的处理及纠正措施工作程序；开发新产品建议书；设计及规范文件；工艺文件；设计变更控制工作程序；工艺变更控制工作程序；作业指导书；质量责任制；质量考核程序；标准化工作程序；工序控制程序；售后服务程序；质量审核程序；质量保证规定等。

质量体系也要求有必要的记录，以证明产品达到了所需要的质量。

质量记录主要有质量体系审核报告及复审报告；质量成本报告；设计评审报告；产品试验报告；设计验证报告；产品鉴定报告；产品合格证书；设计变更记录；工艺变更记录；产品标准化审查报告；工艺质量控制记录；测试设备、仪表计量检定记录；质量检验记录；不合格品回用记录；产品质量审核报告；工艺质量审核报告；售后服务记录以及质量考核记录等18种记录。

以上介绍的质量文件和记录是一般要求，各企业可以根据产品特点和企业的实际情况从中选用或增加新的文件或记录。

15. 人员

人员素质对质量体系的有效运行起着极其重要的作用。本要素不仅要求做好各类人员的培训，包括领导干部、技术人员、管理人员、检验人员和操作工等；而且还要求对从事特殊操作、检验和试验的人员进行严格的考核和认证工作。

16. 产品安全和责任

想一想　质量体系的原理和原则包括什么?

为了提高产品的安全性和减少质量责任事故，企业要严格贯彻安全标准和有关的法令、条例和规定，并要求将其纳入产品规范，使之成为必须遵守的法定要求；同时还要对产品进行安全设计，审查使用说明书和用户注意事项、维护手册及安全标记，对可能带有不安全因素的产品开展有计划的研究和改进工作。

17. 统计方法的应用

在产品质量形成的全过程中，都应该科学地使用现代统计方法对质量进行有效的管理。现代统计方法很多，如统计抽样检查、方差分析、回归分析等。各企业可根据自己的生产实际和特点来选用。

综合知识模块三 质量体系的建立和运行

在生产企业中，不管是开展内部质量管理还是在合同环境下实行对外质量保证，都要建立起既适合本企业需要又满足外部要求的质量体系，并使之有效地运行。在建立质量体系的程序方面，质量管理和质量保证之间的主要差别在于，前者质量要素的选择由企业自己决定，后者质量要素的选择由供需双方（用户和生产厂）共同协商确定，并写入合同文件中。

质量体系的建立可分为如下几个阶段。

能力知识点1 组织准备

1. 企业领导层统一认识

建立质量体系是涉及企业内部和外部的一项全面性工作，要统一认识，统筹安排，并在企业职工中进行广泛的宣传和教育。

2. 编制工作计划

质量体系是一项涉及面广而又复杂的工作，必须编制周密和详细质量体系计划。包括人员培训、宣传教育、体系分析、职能分配、文件编制、资源配置和体系建立等详细的工作计划，并应在计划中明确各工作项目的承担部门、责任者和完成日期等。

3. 培训骨干和宣传教育

对全企业职工和各层次人员进行不同内容和不同深度的教育和培训，使各类人员熟悉和掌握他们所需要的标准、规程和方法。

4. 组织工作班子

从企业中选出一部分既懂专业技术又懂管理和具有高分析能力和文字表达能力的业务骨干，组成一个工作班子，并具体分工，从事具体的质量体系的设计和组建工作。

能力知识点2 质量体系分析

质量体系分析主要目标是提出具体的质量体系设计方案，应做的工作如下。

1. 收集资料

收集国际、国内和第三方机构发布的有关法律、法规、规程、标准、质量保证模式标准或文件，收集国内外著名的质量体系文件和文献等，作为本质量体系分析和建立的参考。

2. 制定方针政策

由企业领导层确定本企业的质量方针和重要质量政策，这是具体制定质量体系方案的重要依据之一。

3. 分析内外部环境

联系企业实际，分析本企业质量体系所处的环境特点，包括在合同环境下需方对本企业质量体系的要求；还要认真分析国内外的各项法律、法规和标准对质量体系的要求，以便选择建立质量体系的标准和模式。

4. 评估质量要素的重要程度

参照国标 GB/T 10300 和 ISO9004 等的要求，结合企业的具体情况，对质量要素进行比较和评价，得出其质量要素与本企业产品质量的形成过程是否相关及相关的重要程度。

5. 选择质量要素

在对质量要素评估的基础上，根据质量要素对保证产品质量的重要程度、对质量保证体系的有效性和适用性程度以及企业实施质量要素的能力和条件选择质量要素。

6. 分析质量要素的相互关系

分析各要素的重要性层次和它们之间的相互关系，并作出相互关系的有关图表，供编制质量体系文件时参考。

7. 对分析结果进行评审

正式编制质量文件之前，要组织有关人员和专家对分析结果进行评审和修改，以便为编制质量体系文件提供尽可能正确和准确的资料。

能力知识点 3　编制质量体系文件

1. 分配质量职能

按照所选择的质量要素，逐个展开各项质量活动，并把这些活动落实到各个职能部门及有关人员，具体地分配各项质量职能。

2. 编制质量体系文件明细表

详细列出需要编制或修订的质量体系文件项目，如质量手册、规章制度、管理办法、质量记录等详细目录。同时还要提出承担编写、校对、审核和批准的人员名单和编制进度计划的具体要求。

3. 编制指导性文件

在指导性文件中应就编制质量文件的要求、内容、体例和格式等作出具体规定，以达到使文件标准化和规范化的要求。

4. 编制质量体系文件

一般是按照文件的层次自上而下，从整体到局部，由粗到细，逐级细化地分析、规划和具体设计的过程，也是一个反复修改的渐进过程。一般是先编制质量要求，再编制各种工作程序，最后编制质量记录等。

资料卡　最早提出全面质量管理概念的是美国通用电器公司质量管理部的部长菲根堡姆博士。1961 年，他出版了一本著作，该书强调执行质量只能是公司全体人员的责任，应该使全体人员都具有质量的概念和承担质量的责任。因此，全面质量管理的核心思想是在一个企业内各部门中作出质量发展、质量保持、质量改进计划，从而以最为经济的水平进行生产与服务，使用户或消费者获得最大的满意。

能力知识点4 质量体系的建立

1. 制定实施计划

结合本企业实际，制定质量体系实施计划、质量管理专项计划和产品质量计划等，以便使质量体系的建立工作有计划、有步骤地进行。

2. 发布质量文件

质量手册和质量计划等文件要由企业领导者签署发布，以增强文件的权威性和严肃性，使有关部门明确各自的质量责任、权限和各项活动程序。

3. 建立组织机构

根据质量体系文件的要求和企业建制的实际情况，组建质量管理机构，任命经过培训、考核和资格认证的管理人员和责任人员，如质量检查、监督、测试、管理、统计和操作机构及其人员等。

4. 配置装备

根据质量手册和质量计划等文件的要求和产品特点，配置满足需要的设计和研究设备、工艺工装设备、质量控制、检验和试验设备及相应的仪器、仪表等。

5. 发放规范、印章、标记和图表卡片

质量体系正式运行之前，须将设计、工艺、操作、检验及试验等规程和各类专用印章、标记、标示品、记录图表卡片、报告及单据等发放到有关部门、单位和相关人员。

综合知识模块四 质量体系文件的编制

质量体系文件按其作用可分为法规性文件和见证性文件两大类。法规性文件是规定质量管理工作的原则，说明质量体系的构成，明确有关部门和人员的质量职责，规定各项活动的目标、要求、内容和程序的文件。它包括质量方针与政策、质量手册、质量计划以及程序性文件等。这是企业内部实施质量管理的法规和有关人员行为规范。质量体系的见证性文件，是表明质量体系运行情况和证实其有效性的文件。这类文件多数是质量记录类型的。它记载了各质量体系要素的实施情况和产品的质量状态。两类文件的性质不同，其编写要求、内容和格式也有所区别。

能力知识点1 质量方针和政策的编制

企业的质量方针是企业在质量方面的全部宗旨和方向的高度概括的表述。为了给具体行动提供指南和对行为原则作出规定，还要制定一系列质量政策。如设计质量政策、采购政策、质量检验政策、质量奖惩政策等。

制定质量方针和政策的一般程序是：管理部门提出政策草案，经领导评审后，由质量管理部门修改。修改后再经领导层评审，最后经企业最高领导层批准后执行。

能力知识点2 质量手册的编制

质量手册是阐明一个企业的质量体系、质量政策和质量实践的重要文件，也是质量体系文件中的主要文件。

在企业内部，质量手册实施是质量管理的基本法规。它由企业最高领导人批准后发布，在企业内部为各项质量管理活动提供统一的标准和共同的行为准则。对外，它是由企业质量保证能力的文字表述，是使用户和第三方（如压力容器的国家管理部门）确信本企业的技术和管理能力能够保证所承制产品的质量的重要文字依据。

质量手册按其阐述的质量体系的属性，可以分为专为企业内部使用的质量管理手册和企业用以满足用户合同和有关法规的质量保证手册两种。企业可以就同类产品编制通用的质量手册，也可以就某一种产品根据用户需要再编制补充规定。一般来讲，在我国从事钢制压力容器生产和钢结构焊接工程施工的企业，多数以编制通用的质量管理和质量保证融为一体的质量手册为主，成为质量保证手册。只有用户有特殊要求时才编制手册的补充条款。

1. 质量手册的编制原则和要求

编制质量手册，一般应满足以下原则和要求：

（1）指令性　质量手册一旦经企业最高领导批准签发，就成了企业内部质量管理的基本法规，未经批准不得随意修改和废除，以保证质量管理工作的连续性和体系的有效性。

（2）目的性　质量手册是为实现企业质量目标而制定的，因此它的实施和必要的修改都是有明确目的的，即一定要围绕实现质量目标这一中心来修改并完善它。

（3）符合性　编制质量手册一定要符合国家或第三方发布的有关法律、法规、条令、标准或国际公约的规定，同时还要满足与用户签订的合同要求。

（4）系统性　质量手册必须按产品的形成过程，对各阶段影响产品质量的技术、管理、设备、材料、工艺和人员等因素的控制作出具体规定，并要有整体性和层次性。

（5）协调性　质量手册与企业内部其他管理文件之间的关系要协调统一，不能有相互矛盾或含混不清之处，否则在实践中将很难执行，会给质量管理工作造成困难。

（6）先进性　在总结本企业经验的基础上，质量手册应尽可能采用国内外同类产品的先进标准、技术和经验，以促进企业质量管理水平的不断提高。

（7）可行性　在保证符合性的前提下，质量手册的内容应尽量结合本企业和产品的实际情况，充分估计在管理、技术、装备和人员素质等方面是使各项规的能力，编制出在本企业切实可行的质量手册。

（8）可检查性　质量手册应就所描述的各部门、各车间、各岗位的质量职责、活动要求和时间限制等都作出具体的定量的规定，以使其不仅容易操作，而且便于检查、评价、监督和考核。

2. 质量手册的构成和内容

质量手册一般根据企业的习惯和具体情况而编制，没有固定的模式。一般由封面、目录、概述、正文和补充说明等5部分组成。

（1）封面　一般要写明质量手册的标题、版本号、企业名称、文件编号和手册编号。

（2）目录　目录由章号、章名、节号、节名和相应的页次组成。总的原则是要在目录中反映出构成质量体系的各项质量要素。

（3）概述　必须具备以下内容：批准页、前言、企业概况、质量方针、引用文件、术语及其缩写和手册的管理说明等。批准页中要撰写企业最高领导人批准实施质量手册的指令、签名以及发布生效和实施的日期。前言主要叙述质量手册的主要内容、性质、宗旨、编制依据和适用范围。企业概况主要阐述企业的性质、规模、产品类型、生产设施、技术力量、检测手段及产品的质量情况等。引用文件主要写出引用的或配合使用的有关法规和标准的名称。

术语及其缩写是指手册中采用的术语。若是现行标准中的术语，应说明其依据的标准；若无标准规定，则应在这部分中给出术语的定义或说明。关于术语缩写，可根据企业的需要编写，为适应中外交流，也可以用中英两种文字对照页。如一般常用QAD表示质量保证部门，用FI表示最终检验，用NDT表示无损检测，用WPS表示焊接工艺说明书等。编写缩写一定要逐一列出原文与缩写的对照表，以备查用。

手册的管理说明主要是就手册的发放范围、持有者资格、颁发手续、管理责任、手册密级、评审和修改控制、换版程序等作出简要的说明和原则规定。

（4）正文　一般按质量要素及其所处层次分章节进行阐述。章节的顺序可按质量体系标准中所列各质量要素的顺序编排；也可按组织结构、质量职责和其他要素一次编排。国内外不少从事焊接产品（如压力容器）生产的企业是按照后者顺序编写的。

组织结构一般用图式表述，再辅以简要的文字说明。企业组织建制图描述的是企业领导层的岗位、部门设置及两者之间的关系。质量组织结构图主要描述企业领导层与质量专职机构的隶属和工作关系。质量专职组织结构图描述本机构内的领导岗位与其所属科、室、组之间的关系。

质量职责应对从事质量工作的部门和人员的职责、权限和相互关系从制度上作出详细规定。在质量手册中，主要应就直接影响产品质量的从事质量管理、检查、监督、验证、评审等工作的厂级领导和有关人员及合同环境下的供方代表等岗位，以及生产技术部门的质量职责作出比较具体的规定。

其他质量要素，如质量环上的要素以及质量记录、质量成本、质量审核等，一般按质量环上的顺序来写，并着重规定出各要素的目标和实施时应遵守的准则；要素活动的一般程序及各要素之间的相互关系，特别是各要素之间的接口及联系更要详细地作出具体规定，以避免出现遗漏和三不管现象。

想一想　制定质量方针和政策的一般程序是什么？

（5）补充部分　一般把附录，如质量记录表、卡、通用规范和标准目录等编在这里，如在实践中发现遗漏或者国家修订了有关法规或合同又有新的变更，可把这些补充或变更内容编写在这一部分内。

综合知识模块五　质量保证模式

在合同环境下，用户要求供方提供外部质量保证。也就是说，要求供方的质量体系必须具备足够的技术和管理能力，以保证产品质量能满足规定的要求。为给供需双方的合同谈判提供基础，给供方建立质量体系和需方选择合格的供方提供指导，国际标准化组织和我国先后颁布了涉及质量保证模式的标准系列。GB/T 10300.2 、GB/T 10300.3 和 GB/T 10300.4（等效于 ISO9001 ~ ISO9003）所给出的质量保证模式是供合同环境下使用的一组通用标准。

能力知识点 1　质量保证模式的概念

所谓质量保证模式是提供给合同双方采用的代表合同要求的技术和管理能力形式，是指为满足给定合同环境下外部质量保证的需要而选择的，由一组互相联系的质量体系要素构成的质量体系的标准形式。它体现了在一定的合同条件下，需方对供方要求的技术和管理能力。在不同的合同环境下，由于对供方的技术和管理能力的要求不同，就需要有不同的质量保证模式。各质量保证模式之间在内容方面的差别，在于各模式所含质量体系要素的数量及各要素采用和证实程度的不同。

质量保证模式标准主要用于对供方的评价。质量保证模式标准可以作为需方或供需双方一致同意的第三方对供方质量体系进行评价的依据。生产企业在选择供货厂商、外协件加工企业、扩散生产企业和联营合作企业时，质量保证模式标准也可以作为对这些企业进行考察和评价的参考。同时，在订货合同中质量保证模式标准也可以用于规定对供方质量体系的要求，或对企业质量体系的认证。

能力知识点 2　质量保证模式的水平

GB/T 10300.2 、GB/T 10300.3 、GB/T 10300.4 是用于合同环境的三种质量保证模式，这三种合同环境见表 1-2。三种合同环境的主要差别在于供方是否承担产品的设计任务和供方提供证据范围的大小。表 1-3 是这三个质量保证模式所含的质量体系要素数量及采用程度。三个模式是对供方实施外部质量保证的三种不同程度的要求，分别体现了合同要求供方技术和管理能力的三个水平（表 1-4）。

表 1-2　GB/T 10300 标准系列中的质量保证模式标准的合同环境

标　准　号	标 准 名 称	合 同 环 境
GB/T 10300.2	质量管理和质量保证——质量体系开发设计、生产、安装和服务的质量保证模式	1. 合同明确要求供方进行设计，产品主要性能要求由需方规定或双方协商确定 2. 只有得到供方开发设计、生产、安装和服务能力的足够证据时，才能相信产品符合规定的要求

（续）

标 准 号	标 准 名 称	合同环境
GB/T 10300.3	质量管理和质量保证——质量体系——生产和安装的质量保证模式	1. 产品已有定性的设计或技术规范 2. 只有得到供方生产和安装能力的足够证据时，才能相信产品质量符合规定的要求
GB/T 10300.4	质量管理和质量保证——质量体系——最终检验和试验质量保证模式	只有当供方能提供证实其产品检验和试验能力的足够证据时，才能相信产品质量符合规定要求

表 1-3　质量保证模式标准所含质量体系要素

序　号	质量体系要素	GB/T 10300.2	GB/T 10300.3	GB/T 10300.4
1	供方领导的责任和质量管理职能	√	×	○
2	质量体系的建立和运行	√	√	×
3	合同评审	√	√	—
4	设计控制	√	—	—
5	文件控制	√	√	×
6	采购	√	√	—
7	需方提供物资	√	√	—
8	产品标记和可追溯性	√	√	×
9	工序控制	√	√	—
10	检验和试验	√	√	×
11	检验、测量和试验设备	√	√	×
12	检验和试验状态的标识	√	√	×
13	不合格品的控制	√	√	×
14	纠正措施	√	√	—
15	搬运、储存、包装和交付	√	√	×
16	质量记录	√	√	×
17	内部质量审核	√	×	—
18	培训	√	×	○
19	售后服务	√	—	—
20	统计技术	√	√	×

注：√　全部要求。
×　比 GB/T 10300.2 要求低。
○　比 GB/T 10300.3 要求低。
—　此项无。

表1-4　质量保证模式标准的“技术和管理能力”要求

标　准　号	技术和管理能力要求
GB/T 10300.2	供方证实其设计和提供产品能力
GB/T 10300.3	供方证实其生产过程的控制能力
GB/T 10300.4	供方证实其在最终检验和试验期间发现和控制产品不符合项并加以处理的能力

能力知识点3　质量保证模式标准的内容

GB/T 10300 标准系列的三种质量保证模式，在内容上是依次包含关系，即 GB/T 10300.2（ISO9001）包含 GB/T 10300.3（ISO9002）；GB/T 10300.3 包含了 GB/T 10300.4（ISO9003）。GB/T 10300.2（ISO9001）包括了质量保证模式的全部要求。表 1-3 描述了各模式之间内容上的包含关系。

1. GB/T 10300.2《开发设计、生产、安装和服务的质量保证模式》

该模式是由 20 个质量体系要素构成的有机整体。它涉及质量环中从设计开发到技术服务和维修的 9 个阶段中的大部分活动。这一模式要求供方建立设计、生产、安装和服务过程的质量体系，并使之有效运行，以保证产品符合规定要求。GB/T 10300.2 和 GB/T 10300.3 相比，前者要求建立一个更全面的质量体系，后者不包括设计控制和售后服务两项质量体系要素和与此相关的管理职能、质量审核和培训三项要素的内容，而这些要素对产品的实用性、有效性和经济性有着重要影响。故 GB/T 10300.2 模式是三个质量保证模式中要求水平最高的一个。

> **小知识**　ISO 共有 200 多个技术委员会，2200 多个分技术委员会（简称 SC）。ISO9000 是指质量管理体系标准，它不是指一个标准，而是一族标准的统称。它是由 ISO/TC176 制定的所有国际标准（TC176 即 ISO 中第 176 个技术委员会的简称，它成立于 1980 年，它的全称是“品质管理和品质保证技术委员会”）。

2. GB/T 10300.3《生产和安装的质量保证模式》

这一模式是由 18 项质量体系构成的有机整体，它涉及质量环中从采购到销售发运 6 个阶段中的大部分活动。它要求供方建立生产过程的质量体系，该模式规定了对合同、文件、采购物资、工序控制、不合格产品等多方面的控制要求，要求供方建立一个完整的检验和试验体系，并特别强调预防工作，实行工序控制和检验把关性结合，实行较全面的内部验证活动，对生产过程及产品偏离技术标准和质量体系要素偏离规定要求的情况采取纠正措施，以保证质量体系持续有效地运行。它是较高水平的质量保证模式，适用于要求供方在生产安装阶段提供保证符合规定要求的合同环境。

3. GB/T 10300.4《最终检验和试验的质量保证模式》

这一模式是由 12 项质量体系要素构成，它只涉及质量环中生产制造、检验和试验、包装、储存和销售发运四个阶段中的一部分活动。在三个质量保证模式中，这是水平最低的一个。它要求供方建立对成品进行检验和试验的质量体系，其主要内容是：供方应明确从事最终检验和试验人员的责任、权限和相互关系；编制最终检验和试验的规程和程序；保存有关证明产品符合性的记录；对检验、测量和试验状态进行标识，保证其可追溯性，并对不合格品进行控制。这种模式适用于只要求供方在最终检验和试验阶段保证产品符合规定要求的场合。一般从事大型、复杂、重要焊接产品生产的企业，多选用 GB/T 10300.2 或 GB/T 10300.3 两种标准，而不选用 GB/T 10300.4 质量保证模式。

能力知识点 4 质量保证模式的选择

质量保证模式标准是通用性标准。在具体应用时，要结合实际需要，根据具体产品特性、企业技术和管理能力，经供需双方协商一致进行选择。选择合适的质量保证模式既可以为供需双方带来利益，也涉及供需双方的风险和社会效益。选择的内容包括质量保证模式标准、质量体系要素、要素的采用程度和要素的证实程度等。

1. 模式标准及其要素的选择

质量保证模式标准和质量体系要素的选择，主要应考虑两个方面的因素：一是供方承担的产品设计、生产、安装和服务各阶段的任务和责任范围；二是产品的复杂性、重要性、安全性及与此相关的风险和经济因素。

（1）按任务和责任范围来选择标准及其质量体系要素　这种选择的依据主要是合同。因为合同中一般都具体规定了双方的任务和责任范围。如果合同中规定供方的任务不包括产品的开发和设计，或者规定采用定型产品设计，需方就不必取得供方设计开发的证据，选择标准时就不必考虑 GB/T 10300.2，只需在 GB/T 10300.3 或 GB/T 10300.4 两种中任选一个即可。只要选定了质量保证模式标准，质量要素的选用数量和采用程度也就基本上确定了，只需供需双方再根据具体情况对要素及其采用程度作必要的增删就可以了。

（2）按产品的重要性和复杂性选择质量保证模式标准及其要素　这种选择主要取决于产品的类型、价值、结构、生产特点、使用环境和失效影响程度等因素。具体地讲就是要考虑产品设计的复杂性、制造的复杂性、产品的特性、产品的安全性和综合经济性等因素。在综合、系统地考虑了上述各项因素之后，还要研究客观上对供方技术和管理能力提出的要求，并分析不同的质量保证模式对供需双方各自的风险、费用和利益的影响，然后选择一个合适的质量保证模式。一般来讲，设计难度高、设计成熟程度较低、制造复杂程度较高、安全性要求高，且产品价值较高又难以仅通过最终检验和试验来确定产品的质量时，应选择较高水平的质量保证模式，以求得较小的风险。但是，所选质量保证模式的水平越高，所含的要素就越多，外部质量保证费用也就越大，合同价格相应会越高。因此，供需双方都必须从大型焊接产品（如锅炉、压力容器、大型钢结构、大型储罐等）的复杂性、重要性、安全性和价值考虑，大都选用 GB/T 10300.2，最低也是选用 GB/T 10300.3 质量保证模式标准，很少有选用 GB/T 10300.4 的。

2. 质量体系要素证实程度的选择

证实是指供方根据合同要求向需方提供各种证据的活动。证实程度是指质量保证模式中各要素对证据的要求程度。证实的目的是使需方确信供方质量体系的适用性和具备使产品质量满足规定要求的能力。

想一想　质量保证模式如何选择？

证实程度一般分为存在声明、文件证据和执行见证三个等级。第一级为存在声明，是指供方向需方说明实施质量体系要素的情况及其实施结果；第二级为文件证据，即供方向需方提供质量体系的书面文件，如质量保证手册和质量方针等，并就实施结果向需方作出说明；第三级是执行见证，即供方不仅要向需方提供质量体系要素应遵循的书面文件，而且还要提供实施情况及其结果的记录、报告等见证资料。一般重要的压力容器与锅炉的制造和安装等焊接产品的生产或工程施工都要求采用第三级，即执行见证的证实程度。

选择证实程度等级首先要考虑该质量体系要素在质量体系中的重要程度和证实的难度，其次要分析采用不同的证实程度等级时，供需双方的费用和风险。具体地讲，就是要分析：经济性和产品的用途及使用条件；产品的设计的复杂性及必要的改进或更改；产品生产的复杂性和难度；仅靠产品最终检验和试验判断产品质量和适用性的能力；对产品安全性的要求；供方过去的生产状况及经验等。在综合考虑上述各因素之后，就可以确定各质量要素证实程度的等级。一般来讲，生产经济价值大、安全性要求高、设计复杂程度高、用途重要且使用环境恶劣的产品，如炼油与石油化工装置中的高压反应器，易燃、易爆、剧毒介质的储罐等焊接产品，都要选择较高的证实等级，即执行见证级。反之则可选择较低的证实等级（如常压储水罐等焊接产品）。

应当指出，上述质量保证模式标准及质量体系要素和要素之间证实程度的选择原则，都是通用性的。在实际应用过程中，当选定了某一个质量保证模式标准后，一定要根据任务范围、产品性质、风险程度及供方信誉和成本等因素，对质量体系要素的采用程度、采用数量和证实程度进行具体的删除或增加。这种删除和增加一般都要在供需双方签订的合同中说明。

综合知识模块六　焊接质量保证标准简介

为了保证产品的焊接质量，国家技术监督局于 1990 年 9 月 8 日正式发布了 GB/T 12467—1990、GB/T 12468—1990 和 GB/T 12469—1990 焊接质量保证国家标准，并定于自 1991 年 1 月 1 日起在全国实施。这是一套结构严谨、定义明确、规定具体而又实用的专业性标准，其中规定了钢制焊接产品质量保证的一般原则；排队企业的要求；钢熔化焊接头的要求和缺陷分级。认真学习和研究这套标准，将其与 GB/T 10300（ISO9000—ISO9004）标准系列和企业的实际结合起来，建立起比较完善的焊接质量管理和质量保证体系，对于提高企业的焊接质量管理水平和质量保证能力，确保焊接产品质量符合规定的要求具有重要的现实意义，并符合企业的长远利益。

能力知识点1　焊接质量保证　一般原则（GB/T 12467—1990）

1. 设计

该标准规定了设计人员应具备的技术业务素质，应该遵循的基本原则和应向工艺人员提供的基本文件等。例如要求设计者应熟悉本业务范围所设计的各类原材料标准、焊接材料标准及各类通用性标准，如焊缝符号标准、坡口形式及尺寸标准等；应了解与产品质量有关的检验和试验标准，如焊接接头力学性能试验标准及无损检测标准等；应对焊接方法及坡口形式的选用及是否需要分部或分段组焊等生产制造工艺有所了解与掌握。该标准明确提出了一般焊接产品设计需要考虑的因素（图1-3）。

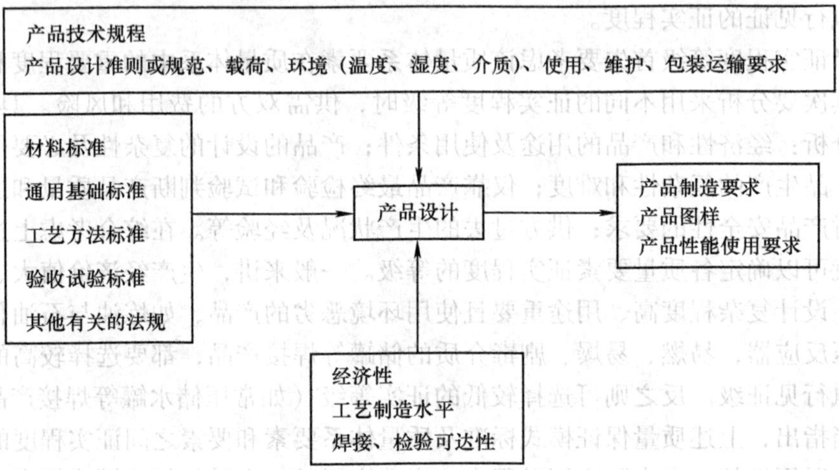

图1-3　设计时需考虑的因素

该标准要求设计者应向工艺人员提交下列文件：

1）产品设计的全套焊接结构图样及有关的加工装配图样。

2）产品设计说明书。

3）焊接接头的各项技术条件，如接头的等级要求、力学性能指标（包括特定条件下的低温冲击、疲劳及断裂韧度指标等）、耐腐蚀或耐磨损性能及结构的尺寸、公差要求等。

4）各项检验、试验应依据的标准及规范或规定。

2. 制造

该标准规定了焊接产品的一般制造流程，如图1-4所示。除设计外，焊接产品的整个制造过程包括8个大的阶段，而检验则贯穿在制造的全过程中。此外，该标准把组焊前的一系列准备工作，包括焊接性试验、工艺评定试验、确定工艺规程、焊工资格审核、放样、下料、坡口加工、冷热成形、预处理以及焊接材料的烘干和胎卡具校验等均列为焊接质量保证的重要内容。这就是说，过程检验和组焊前充分的准备工作是保证焊接产品质量的两大重要环节。

（1）焊接性试验　对于焊接工艺成熟的常用钢材（如普通低碳钢），一般可以不做焊接性试验。对于某些钢材，如新钢种或设计上有特殊要求的钢材，在进行工艺评

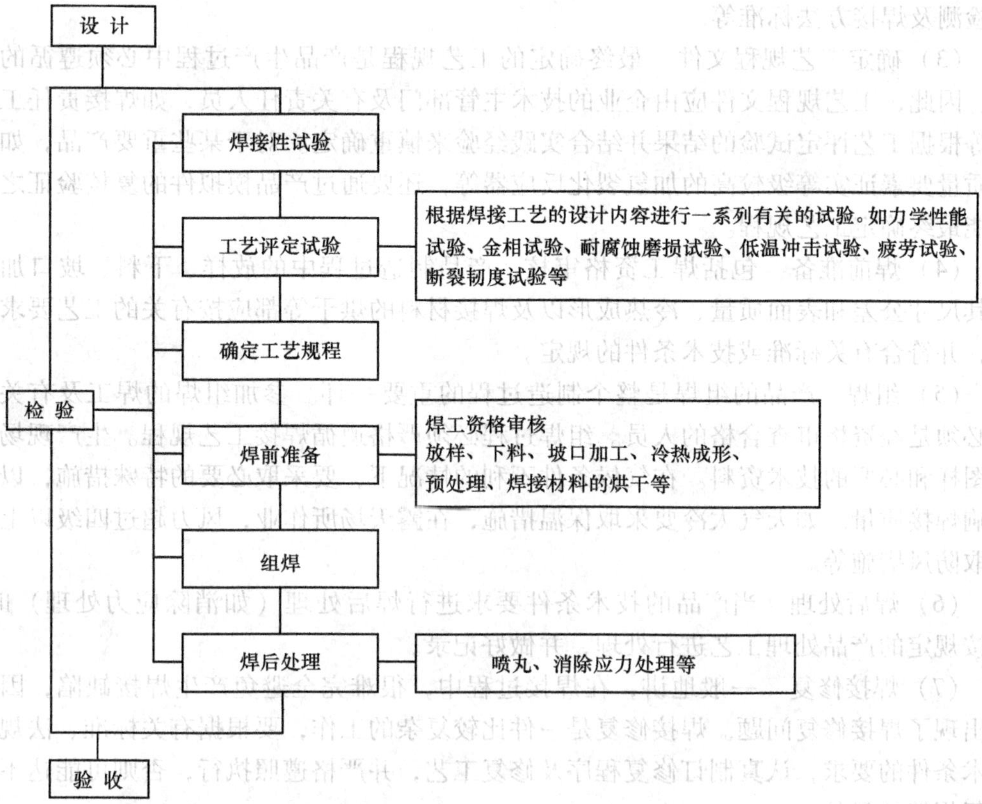

图 1-4　焊接产品的一般制造流程

定之前应根据有关的标准和程序进行焊接性试验，以了解和掌握这些钢材的焊接性能和特点。

（2）工艺评定试验　该标准要求企业应按产品相应的技术规程和技术条件的要求及工艺评定标准的规定，设计出工艺评定试验的内容。同时要求工艺评定试验的条件必须与产品的生产条件相对应。工艺评定试验要使用与产品实际生产相同的钢材、焊接材料、焊接方法、预热和后热处理方法等，还规定要由技术熟练的焊工施焊。设计工艺评定试验方案时一般必须考虑以下 10 个方面的内容：

1）选择焊接方法及焊接设备。

2）考虑钢材的种类及规格（如钢材厚度）。

3）选择焊接材料（包括焊条、焊丝等填充材料，焊剂与保护气体等）。

4）预热、后热处理及层间温度控制方案和手段。

5）选择焊接电流种类和极性。

6）计算和选择热输入量（即线能量）。

7）多层焊或单层焊的选择。

8）焊丝的摆动频率、幅度及在两边的停留时间。

9）接头形式及焊接位置。

10）焊接坡口形式、间隙及钝边等。

工艺评定试验要根据有关标准及规则进行，如理化分析标准、力学性能标准、无损检测及焊接方法标准等。

（3）确定工艺规程文件　最终确定的工艺规程是产品生产过程中必须遵循的法则。因此，工艺规程文件应由企业的技术主管部门及有关责任人员，如焊接责任工程师等根据工艺评定试验的结果并结合实践经验来慎重确定。对于某些重要产品，如要求质量要素证实等级较高的加氢裂化反应器等，还要通过产品模拟件的复核验证之后才能最终确定工艺规程。

（4）焊前准备　包括焊工资格审核，产品制造过程中的放样、下料、坡口加工及其尺寸公差和表面质量、冷热成形以及焊接材料的烘干等都应按有关的工艺要求进行，并符合有关标准或技术条件的规定。

（5）组焊　产品的组焊是整个制造过程的重要一环。参加组焊的焊工及有关工种必须是经资格审查合格的人员。组焊过程必须严格遵循焊接工艺规程。生产现场要有图样和必要的技术资料。在气候条件不利的情况下，要采取必要的特殊措施，以免影响焊接质量。如天气太冷要采取保温措施，在露天场所作业，风力超过四级以上要采取防风措施等。

（6）焊后处理　当产品的技术条件要求进行焊后处理（如消除应力处理）时，应按规定的产品处理工艺进行处理，并做好记录。

（7）焊接修复　一般地讲，在焊接过程中，很难完全避免产生焊接缺陷，因此就出现了焊接修复问题。焊接修复是一件比较复杂的工作，要根据有关标准、法规或技术条件的要求，认真制订修复程序及修复工艺，并严格遵照执行，否则可能达不到修复焊缝的目的。

3. 产品检验与验收

该标准提出了焊接检验的有关内容和要求。检验内容共有15项，如图1-5所示。检验应按有关标准和规则进行，并贯穿在产品整个制造过程中。该标准规定：如果检验结果不合格，应按有关规定复验。复验再不合格，则该产品即为不合格品。

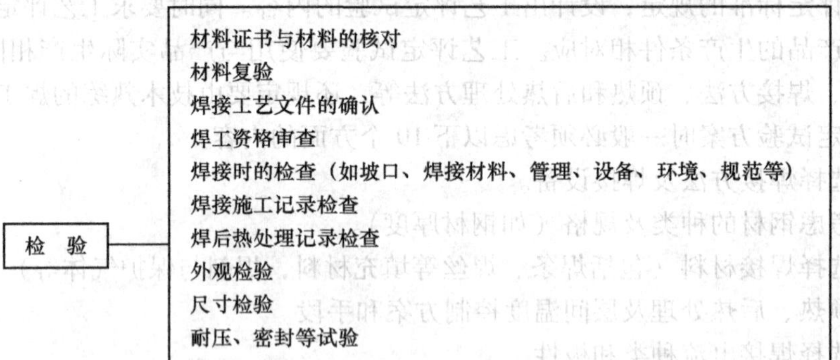

图1-5　焊接检验的有关内容

产品的验收规则应按产品的技术条件及合同要求来制定。产品验收应严格按验收规则执行。否则如果在产品质量上出现问题，可能会造成很难处理的合同纠纷。

能力知识点2 焊接质量保证 对企业的要求（GB/T 12468—1990）

该标准与GB/T 12467—1990配套使用。它规定了以钢材的焊接为主要制造手段的企业，为保证焊接产品质量在技术装备、人员素质和技术管理等方面统一的基本要求。同时对企业说明书和证书以补充件的形式作出了具体规定。

1. 对企业的要求

GB/T 12468—1990对企业的要求体现在三个方面：

（1）技术装备　该标准要求以焊接为主要制造方法的企业，必须拥有相应的装备和设备。这些装置和设备有：

1）非露天的装配场地及工作场地的装备、焊接材料的烘干设备及材料的清理设备。

2）供组装及运输使用的吊装设备。

3）加工机床及工具。

4）焊接、切割设备及装置。

5）供焊接及切割使用的工夹具。

6）焊接辅助设备及工艺装备。

7）预热及焊后热处理设备或装置。

8）检查材料及焊接接头的检验设备及检验仪器。

9）必要的焊接试验装备及设施。

（2）人员素质　标准规定企业必须具有一定的技术力量，包括具有相应学历的各类专业技术人员和具有一定技术水平的各种技术工人。其中焊工和无损检测人员必须经过培训或考试并取得相应的资格证书。

1）焊接技术人员。该标准规定焊接技术人员除应具有相应的学历和一定的生产经验外，还必须熟悉与企业产品相关的焊接标准和法规。焊接技术人员要分别由焊接高级工程师、工程师、助理工程师和技术员及焊接技师来担任。该标准还规定了焊接技术人员的10项任务：

① 负责产品设计的焊接工艺性审查，制订焊接工艺规程，指导生产实践。

② 熟悉企业生产所涉及的各类钢材标准和常用钢材的焊接工艺要求。

③ 选择符合要求的焊接设备及夹具。

④ 选择适用的焊接材料、焊接方法，并使之与母材相互匹配。

⑤ 监督和提出焊接材料的储存条件和方法。

⑥ 提出焊前准备和焊后处理的要求。

⑦ 负责企业内的焊工培训及考核焊工。

⑧ 按设计要求规定有关的检验范围和检验方法。

⑨ 对焊接产品上的缺陷进行判断，分析其性质和产生原因，并提出技术处理意见。

⑩ 监督焊工的操作质量，对一切违反焊接工艺规程要求的操作有权提出一切必要的处理措施。

2）焊工、焊接操作工。该标准规定焊工和焊接操作工的技术水平必须达到与企业产品相适应的考核项目的要求并持有合格证书，且只能在证书认可的资格范围内按工艺规程进行焊接生产的操作。

3）检验人员。该标准要求企业应配备与产品制造相适应的检验人员，包括无损检测及焊接质量检验、力学性能试验及化学分析人员等。并且规定无损检测人员必须持有与产品类别相适应的监测方法的等级合格证。如产品为压力容器，则必须持有经国家劳动人事部门考核认可的等级证书。

企业还应拥有与制造产品的类别相适应的其他专业技术人员，如热处理专业技术人员、钣金工专业技术人员等。

（3）技术管理　为了从技术管理入手搞好焊接产品的质量，该标准规定：企业必须有完整的设计资料和正确的生产用图样及必备的制造工艺文件。不管是从外单位引进的，还是自行设计的图样资料，都必须有总图、零部件图和制造技术文件。所有图样资料上都应有设计和审核人员的签字。总图应经总工程师或厂长签字批准。引进的设计资料上也必须有复核人员和总工程师或厂长的签字。

按标准规定，企业必须设有工艺管理机构和完善的工艺管理制度。管理制度当中应明确焊接技术人员、检验人员及焊工、焊接操作工的职责范围和责任。制造工艺文件上应有技术负责人的签字。焊接技术人员应对焊接工艺质量事故承担技术责任。焊工应对因违反工艺规程而造成的质量事故承担责任。

按标准的规定，企业应建立独立的质检机构，检验人员应严格按产品的制造技术条件进行各类检验或试验，并就所检焊缝提出可靠的质量检验报告。检验人员应对因漏检或误检而造成的质量事故承担责任。

2. 企业说明书

企业说明书是企业概况与焊接产品生产能力的总说明。它可以作为承揽制造任务或投标的重要文件，也可以作为企业认证的基础文件，经核实后还作为有关机关核定制造产品范围的重要依据。说明书应填写的内容和格式见表1-5。

表1-5　企业说明书的内容及格式

企业说明书
企业名称：________
通信地址：________
邮政编码：________　电　　话：________
企业性质：________
主管部门：________　企业负责人：________
焊接产品类别：________　图样来源：________
1. 企业的设施
1.1 车间（宽/长/高）：包括焊接车间、装配场地、培训车间
1.2 仓库：包括焊接填充材料仓库
1.3 起重机械（承载能力）：包括桥式起重机、门式起重机、立柱动臂起重机及卷扬机
1.4 加工机床及工具：包括锯床、剪床、热切割机、卷板机、弯边机、坡口加工设备，压力机最大封头模具（直径及厚度）等
1.5 焊机/切割机及设备：包括焊接整流器、焊接变压器、弧焊发电机、埋弧焊机、气体保护焊机、电阻焊机及气焊、切割等设备

（续）

1.6 焊接填充材料的烘干设备：包括加热炉、能显示温度读数的烘干箱 1.7 焊接工艺设备：包括滚轮架、变位机、专用及通用的紧固装置等 1.8 热处理装置：包括预热装置、应力消除回火及正火用的加热炉，测定构件温度的仪表 1.9 检验设备及检验仪器（破坏性检验及无损检测）：包括各种力学性能试验机、超声波探伤仪、磁粉、渗透、射线探伤机等 1.10 其他说明：（有无焊接试验室、焊工考评委员会等） 2. 焊接方法 ________________ 3. 采用的材料 3.1 母材/壁厚范围：包括管及异型材料 3.2 焊接填充材料：________________ 3.3 辅助材料：________________ 4. 技术人员 4.1 技术人员总数：________其中焊接高级工程师：________焊接工程师：________ 焊接技术员：________技师：________无损检测人员：（获证情况）________ 其他专业技术人员：（包括力学、理化检测人员）其中工程师：________ 4.2 焊工：包括数量、方法、考试依据、考试类别（获证情况）其他工种工人：________ 4.3 本企业焊工培训：有/无、证书、认可合格证、许可及批准等 企业（公章） 20　年　月　日填报

3. 证书

证书是国家技术监督局或有关主管部门及其授权的职能机构，根据企业申请及企业说明书对该企业进行考察、复核和全面验收后授予的资质证明文件。它限定了企业的制造范围，是向用户说明本企业制造能力和范围的重要证据，具有法律效力。按标准规定，证书有效期为 3 年。在有效期内若无重大变化或质量事故，经审批机构认可，此证书可以延长使用。若供货产品出现严重质量事故，则要对企业进行中间检验，必要时签发证书的机构可以撤销其证书。如企业变更了填发证书的基本条件，必须及时通知审批机构，否则变更无效。证书的格式及填写内容见表 1-6。

表 1-6　证书的内容及格式

证　书 企业名称：________________ 通信地址：________________ 企业性质：________主管部门：________ 职工人数：________技术人员总数：________ 其中高级工程师人数：________工程师人数：________ 焊接人员总数：________有证焊工人数：________ 无损检测人员：________设计人员：________ 工艺人员：________检查人员：________ 参照企业说明书，根据所进行的检查，证明该企业可在下列范围，在设备所规定的范围按照有关法规及标准完成焊接工作：________________

（续）

1. 制造范围： 2. 母材： 3. 尺寸/壁厚：（某些情况下指管径） 4. 焊接方法/位置： 5. 焊接填充材料及辅助材料： 6. 预热条件： 7. 焊后热处理： 8. 焊工考试类别： 9. 焊接操作工： 10. 附注： 有效日期：20　　年　　月　　日至20　　年　　月　　日 编　　号： 签发单位：（公章） 20　　年　　月　　日

能力知识点3　焊接质量保证　钢熔化焊接头的要求和缺陷分级（GB/T 12469—1990）

该标准规定了钢熔化焊接头的要求及缺陷的分级。它适用于熔焊的对接和角接（搭接及T形）接头。该标准由引用标准、对焊接接头的要求和缺陷分级、缺陷评级依据、缺陷检验及标志6部分组成。

1. 引用标准

该标准引用了以下标准：

GB 2649—1989 ~ GB 2655—1989《焊接接头机械性能试验方法》；

GB/T 6417. 2—2005《金属熔化焊接头缺欠分类及说明》；

GB 324—1988《焊缝符号表示法》；

GB 3323—2005《钢熔化焊对接接头射线照相和质量分级》；

GB/T 11345—1989《钢焊缝手工超声波探伤方法和探伤结果分级》；

GB 10854—1989《钢焊缝外形尺寸》；

GB/T 5185—2005《焊接及相关工艺方法代号》。

这些标准都是焊接技术人员及质量检查、检验和管理人员应当熟悉和掌握的。

2. 对焊接接头的要求和缺陷分级

（1）对接头性能的要求　该标准对接头性能的要求共有9项，即常温拉伸、冲击和弯曲性能；高温瞬时拉伸、持久拉伸或蠕变性能；低温冲击性能以及疲劳性能、断裂韧度、耐蚀和耐磨性能等。对于具体的产品，设计文件或技术要求中必须明确规定出产品对接头性能要求的具体项目和指标，并同时符合相应产品的设计规程、规则或法规。不能超越产品的服役条件随意增加或删减对接头性能要求的类别和指标。这些项目和指标都是该产品符合性质量的体现。

（2）接头外观及内在缺陷分级　本标准提供的钢熔化焊接头外观及内在缺陷的分级是供产品制造及焊接工艺评定质量验收时使用的。除特别注明角焊缝的以外，表

1-7 示出的各种缺陷的分级通用于对接和角接接头焊缝。若供需之间的合同规定不采用本标准，则必须在设计及制造文件中加以说明，而不能在合同中说明。

表 1-7 接头外观及内在缺陷分级

缺陷名称	GB 6417—2005 代号	缺陷分级			
		Ⅰ	Ⅱ	Ⅲ	Ⅳ
焊缝外形尺寸		按选用坡口由焊接工艺确定只需符合 GB 10854 或产品相关规定要求，本标准不作分级规定			
未焊满（指不满足设计要求）	511	不允许		$\leq 0.2+0.02t$① 且 $\leq$1mm 每 100mm 焊缝内缺陷总长 $\leq$25mm	$\leq 0.2+0.04t$ 且 $\leq$2mm 每 100mm 焊缝内缺陷总长 $\leq$25mm
根部收缩	515 5013	不允许	$\leq 0.2+0.02t$ 且 $\leq$ 0.5mm	$\leq 0.2+0.02t$ 且 $\leq$1mm	$\leq 0.2+0.04t$ 且 $\leq$2mm
			长度不限		
咬边	5011 5012	不允许②		$\leq 0.05t$ 且 $\leq$0.5mm 连续长度 $\leq$100mm 且，焊缝两侧咬边总长 $\leq$ 10% 焊缝全长	$\leq 0.1t$ 且 $\leq$1mm，长度不限
裂纹	100	不允许			
弧坑裂纹	104	不允许			个别长 $\leq$5mm 的弧坑裂纹允许存在
电弧擦伤	601	不允许			个别电弧擦伤允许存在
飞溅	602	清除干净			
接头不良	517	不允许		造成缺口深度 $\leq$ 0.05t 且 $\leq$0.5mm 每米焊缝不得超过一处	缺口深 $\leq 0.1t \leq$ 1mm 每米焊缝不得超过一处
焊瘤	506	不允许			
未焊透（以设计焊缝厚度为准）	402	不允许		不加垫单面焊允许值 $\leq$15%t 且 $\leq$1.5mm 每 100mm 焊缝内缺陷总长 $\leq$25mm	$\leq 0.1t$ 且 $\leq$ 2.0mm 每 100mm 焊缝内缺陷总长 $\leq$25mm
表面夹渣	300	不允许		深 $\leq 0.1t$ 长 $\leq 0.3t$ 且 $\leq$10mm	深 $\leq 0.2t$ 长 $\leq 0.5t$ 且 $\leq$20mm

（续）

缺陷名称	GB 6417—2005 代号	缺陷分级			
		Ⅰ	Ⅱ	Ⅲ	Ⅳ
表面气孔	2017	不允许		每 50mm 焊缝长度内允许直径 $\leqslant 0.3t$ 且 $\leqslant$2mm 的气孔二个，孔间距≥6 倍孔径	每 50mm 焊缝长度内允许直径 $\leqslant 0.4t$ 且≤3mm 的气孔二个，孔间距≥6 倍孔径
角焊缝厚度不足（按设计焊缝厚度计）		不允许		$\leqslant 0.3+0.05t$ 且 $\leqslant$ 1mm 每 100mm 焊缝长度内缺陷总长≤25mm	$\leqslant 0.3+0.05t$ 且 $\leqslant$2mm 每 100mm 焊缝长度内缺陷总长 $\leqslant$ 25mm
角焊缝焊脚不对称③	512	差值 $\leqslant 1+0.1a$		$\leqslant 2+0.15a$	$\leqslant 2+0.2a$
		a—设计焊缝有效厚度			
内部缺陷		GB 3323—2005 Ⅰ级	GB 3323—2005 Ⅱ级	GB 3323—2005 Ⅱ级	不要求
		GB 11345—1989 Ⅰ级		GB 11345—1989 Ⅱ级	

注：① t 代表板厚。

② 咬边如经磨削修整并平滑过渡，则只按焊缝最小允许厚度值评定。

③ 特定条件下要求平缓过渡时不受本标准规定限制（如搭接或不等厚度板的对接和角接组合焊缝）。

3. 缺陷评级依据

按标准规定，凡已有产品设计规程或法定验收规则的产品，应遵守这些规定，并换算成相应的级别。没有这些规定的产品在评级时应考虑载荷性质、服役环境、产品失效后的影响、选用材质及制造条件等因素的影响。对于技术要求较高而又无法实施无损检测的产品，则必须对焊工操作及工艺实施产品适应性模拟件考核，并明确规定对焊接工艺应实施全过程的责任记录制度及监督制度，以确保产品的符合性质量。

4. 缺陷检验

按标准规定，外观及断口宏观检验使用放大镜的倍数应以放大 5 倍为限。不能任意加大或缩小放大倍数。当然也可以用磁粉或渗透检测方法来进行检验。采用无损检测方法时，应按 GB 3323—2005 或 GB 11345—1989 的规定进行检验。在确定缺陷的性质和尺寸及部位时，可以使用多种检验方法进行综合分析。

5. 标志

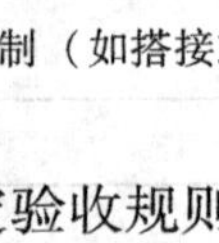

想一想 GB/T 12468—1990 对企业的要求体现在哪些方面？

当要求按该标准的规定对缺陷分级时，可以在图样上标注该标准号及缺陷分级代号，以简化技术文件的内容。图 1-6 和图 1-7 分别为用焊条电弧焊封底的埋弧焊缝和焊条电弧焊焊接的对称角焊缝的缺陷要求标志示例。图 1-6 表示除咬边按本标准的Ⅲ级评定外，其余缺陷均按本标准的Ⅱ级验收，图 1-7 表示 N 条相同焊缝的缺陷按该标准的Ⅳ级评定。在咬边经磨削修整为平滑过渡的情况下，应按焊缝的最小的允许厚度值进行评定。在要求焊缝平缓过渡时的某些特殊条件下，如搭接或不等厚板的对接及角接组合焊缝等，缺陷分级可不受该标准的限制。

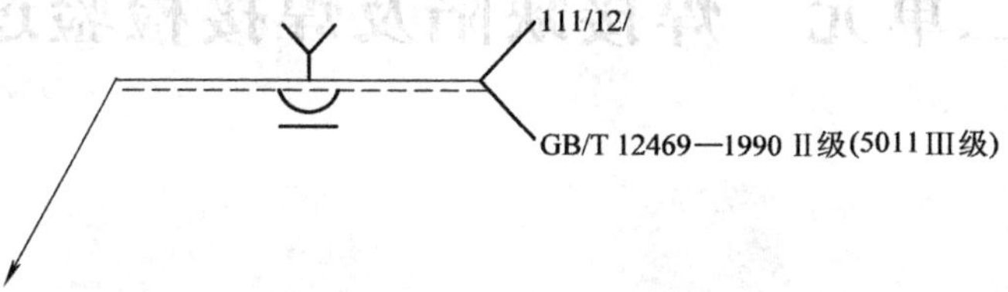

图 1-6　焊条电弧焊封底的埋弧焊焊缝缺陷要求标志示例

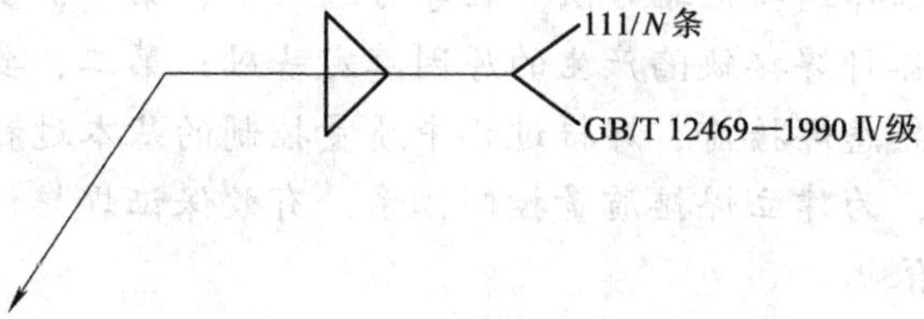

图 1-7　焊条电弧焊对称角焊缝缺陷要求标志示例

【综合训练】

一、判断题

1. 质量管理的目标可分为三种：以降低生产成本为目的；以保证最终产品质量和使用性能为目的；以提高产品价值为目的。（　　）

2. 保证焊接质量仅仅是焊接接头质量满足实用要求。（　　）

3. 产品质量就是制造质量（符合性质量）。（　　）

4. 质量文件和记录是统一要求，各企业不可以根据产品特点和企业的实际情况增加新的文件或记录。（　　）

5. 质量手册一般根据企业的习惯和具体情况而编制，没有固定的模式。（　　）

6. 质量手册与企业内部其他管理文件之间的关系要协调统一，不能有相互矛盾或含混不清之处。（　　）

二、问答题

1. 质量保证的核心内涵是什么？

2. 为提高设计规范质量，一般要做好哪几方面工作？

3. 在生产过程中，一般应着重控制哪几个环节？

4. 编制质量体系文件阶段应做好哪几项工作？

5. 编制质量体系分析阶段应做好哪几项工作？

6. 质量手册的编制原则和要求有哪些？

7. 制定质量方针和政策的一般程序是什么？

8. 质量保证模式标准应考虑的因素有哪些？

第二单元 焊接缺陷及焊接检验过程

【学习目标】 本单元主要讨论焊接生产过程中所需检验的内容、检验方法，以及如何正确选择这些检验方法。在学习过程中，第一，要了解焊接缺陷的定义和分类，为分析各种焊接缺陷产生的原因奠定基础；第二，要了解整个焊接检验过程的基本程序，熟悉焊接前、焊接过程中质量控制的基本过程，掌握焊接结构成品检验的基本内容，为建立焊接质量控制体系，有效保证焊接件在各个生产阶段的焊接质量提供理论依据。

焊接检验贯穿焊接生产的全过程，但各个生产环节要检验的内容却是不一样的。通过焊接检验可以控制各生产阶段易产生的焊接缺陷，避免出现废品，大大减少原材料加工时的浪费。由于有焊接检验的可靠保证，可促使焊接技术的应用更加广泛。

综合知识模块一 焊接缺陷及分类

能力知识点1 焊接缺陷

焊接缺陷是指焊接过程中在焊接接头发生的金属不连续、不致密或连接不良的现象。焊接结构（件）中一般都存在缺陷，缺陷的存在将影响焊接接头的质量，例如气孔影响焊缝的致密性，减小焊缝的有效面积，显著降低焊缝的强度和韧性；而裂纹的危害比气孔更为严重，因为裂纹两端的缺口效应会造成严重的应力集中，很容易引起扩展，形成宏观裂纹或整体断裂。因此，焊接缺陷的存在将直接影响到焊接结构的安全使用。但是，要获得无缺陷的焊接接头，在技术上是相当困难的，也是不经济的。焊接缺陷的种类很多，各类缺陷的形态不同，对接头质量的影响也不相同。因此根据焊接结构（件）使用的场合不同，对其质量要求也不一样，有些结构（件）的焊接接头中允许有一定数量和一定尺寸的缺陷存在；而有些重要结构（件）则不允许存在任何缺陷。

评定焊接接头质量优劣的依据是缺陷的种类、大小、数量、形态、分布及危害程度。焊接接头中的缺陷，可通过补焊来修复，或者铲除焊道后重新焊接，有的则直接判废。

能力知识点2　焊接缺陷的分类

按焊接缺陷在焊缝中位置的不同，可分为外部缺陷与内部缺陷两大类。外部缺陷位于焊缝区的外表面，肉眼或用低倍放大镜即可观察到。例如：焊缝尺寸不符合要求、咬边、焊瘤、弧坑、烧穿、下塌、外部气孔、表面裂纹等。内部缺陷位于焊缝的内部，需用破坏性实验或探伤方法来发现，例如：未焊透、未熔合、夹渣、夹杂物、气孔、焊接裂纹等。

> **小知识**　焊接裂纹具有尖锐的缺口和长宽比大的特点，是焊接结构中最危险的缺陷；气孔可分为密集气孔、条虫形气孔和针状气孔等；夹渣主要发生在坡口边缘和每层焊道之间非圆滑过渡的部位，在焊道形状发生突变或存在深沟的部位也容易产生夹渣。

根据GB/T 6417.1—2005《金属熔化焊接头缺欠分类及说明》，按焊接缺陷性质，可将熔焊缺陷分为以下六类：裂纹、孔穴、固体夹杂、未熔合和未焊透、形状缺陷以及其他缺陷。

熔焊常见焊接缺陷的特征及产生原因见表2-1。

表2-1　熔焊常见缺陷

序号	缺陷名称	缺陷特征	产生的原因
1	咬边 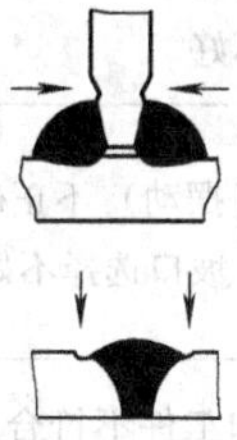	母材和焊缝交界处在母材上产生凹陷	1. 焊条角度和摆动不正确 2. 焊接规范、顺序不对 3. 焊接位置影响
2	焊瘤 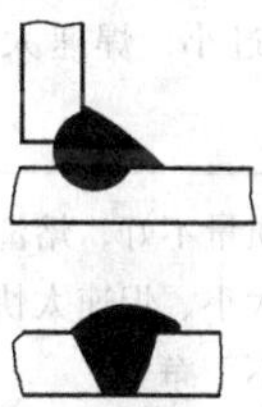	焊缝边缘上未与母材熔合的堆积金属	1. 焊条质量不好 2. 焊条角度不对 3. 焊接位置、焊接规范不当
3	焊漏和烧穿 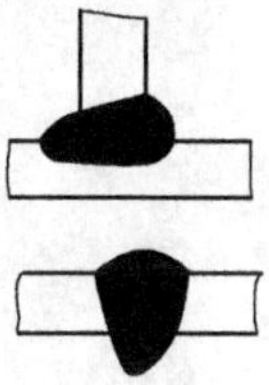	液体金属从焊缝反面漏出凝成疙瘩或焊缝上形成穿孔	1. 坡口和间隙太大 2. 电流过大或焊速太慢 3. 操作不当
4	弧坑 	焊缝断裂处熔池冷却、收缩形成的低洼部分	1. 操作技术不正确 2. 设备无电流衰减系统

（续）

序号	缺陷名称	缺陷特征	产生的原因
5	未焊透 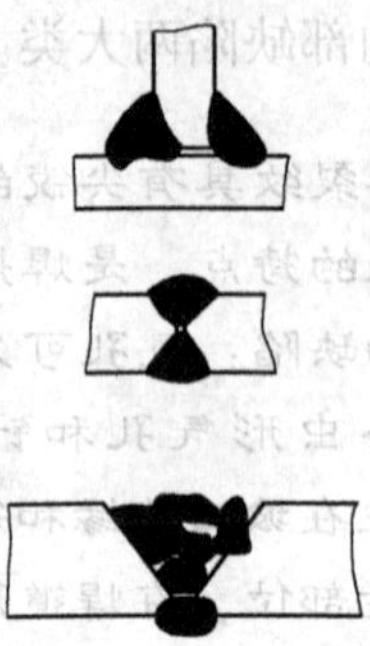	母材与母材、母材与焊缝之间未熔合	1. 焊接速度太快，焊接电流太小 2. 坡口、间隙的尺寸不对 3. 焊条偏心 4. 工件不干净
6	裂纹 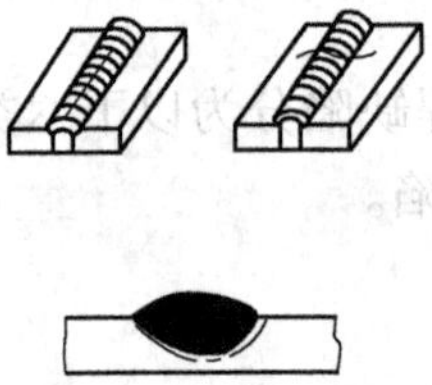	焊接过程中或焊后，在焊接区或热影响区所出现的金属局部分离	1. 焊接技术不好 2. 焊接规范不对 3. 焊缝内应力大 4. 被焊材料裂纹敏感性强 5. 填充材料的质量不符合要求 6. 其他缺陷引起
7	焊接变形	焊接件外形和尺寸改变	1. 焊前准备不好 2. 焊接夹具低劣 3. 操作技术不好
8	焊缝尺寸不符合要求	焊缝宽度、增高量、焊脚高度等不符合要求	1. 焊条移动（摆动）不正确 2. 焊接规范、坡口选择不好
9	表面和内部气孔	焊缝表面和内部存在近似圆球形或筒形的空穴	1. 焊接材料和工件不符合工艺要求，不干净，焊条吸潮 2. 焊接电流过小，焊速太快，弧长太长，电弧保护失效
10	夹渣	焊缝中存在非金属夹杂物	1. 填充材料质量不好，熔渣太稠 2. 焊接电流太小、焊速太快 3. 焊件表面不干净

综合知识模块二　焊接检验过程

能力知识点 1　焊前的质量控制

一、金属材料的质量检验

金属材料是制造焊接结构（件）的基础材料，也是焊接的对象，同时还是选择焊接方法和制订焊接工艺的依据。金属材料的质量直接关系到产品的质量与安全，因此必须首先对其进行严格的验收，必要时应对其材质和性能进行复验，确认合格后方能入库和使用。

1. 金属材料的检查

（1）验收　金属材料入库时，一般按钢厂的质量证明书进行验收，其各项指标均应符合国家标准或订货技术条件的规定。

金属材料验收的主要项目为：牌号、规格、数量、批号、炉号、化学成分和力学性能以及表面质量。验收合格的材料方能入库。

（2）复验　一般情况下金属材料不需要复验；而在下列情况下需要对材料进行重新试验：

1）无质量检验证明书的材料。

2）新材料。

3）重要产品的母材（如高压容器等）。

4）材料质量证明书与实物明显不符。

检验金属材料的试验方法主要有化学分析、无损探伤、各种力学性能试验、工艺试验、焊接性试验等。

（3）投料前的检查项目　为了保证金属材料使用的正确性，投料时应检查以下项目：

1）投料单据：该单据是材料发放出库的凭证，投料前应检查该材料投料生产号是否与所焊产品生产号一致；材料牌号、规格是否符合图样规定。否则，应办理材料代用或更改材料手续。

2）实物标记：金属材料的实物标记应清楚、齐全，有入厂检验编号，金属材料的牌号、规格应与投料单据相符，与图样要求一致。

3）实物表面质量：金属材料表面不应有裂纹、分层及超过标准规定的凹坑、划伤等缺陷。

4）标记移植：按图样和工艺要求，在投料和划线的同时，必须进行标记移植，以便在生产过程中区分部分材料的用处。

二、焊接材料的检验

焊接材料是指焊接时使用的焊条、焊丝、焊剂和保护气等，焊接材料的正确选择、管理和使用，是保证焊接质量的基本条件。应根据国标或冶金部标准及出厂要求对焊条、焊丝及焊剂进行严格检查验收。此外，在焊接材料投入生产时，还应检查以下项目：

> **小知识**　焊条烘干后必须放入保温筒中，防止空气中的水分又重新进入焊条药皮中，以防止焊后产生气孔，提高焊接质量。

（1）核对焊接材料的选用是否正确　焊接材料的出库领用，应根据领料单核对焊接材料的牌号是否符合图样或技术条件规定，审查焊接材料的规格是否符合工艺文件规定。

（2）核对焊接材料实物标记　检查包装标记或焊接材料本身标记，焊接材料的牌号和规格应符合选用要求，如焊条尾部牌号标记或涂色标记，焊丝盘挂牌或写字、涂色标记等。

(3) 检查焊接材料的表面质量　焊条、焊丝表面应无油污、无铁锈，焊条药皮无开裂、脱落及霉变等。

(4) 检查焊接材料的工艺性处理是否符合要求　如焊条和焊剂的烘干温度及保温时间、焊丝除锈及酸洗处理、保护气体的预热和干燥处理等。

三、焊件备料的检验

焊件备料包括放样、划线、下料、加工坡口和成形等过程。

1. 放样、划线、下料的质量检查

放样、划线是焊前极重要的一项工作，不仅工作量大，而且要求操作者和检查员要有较高的识图能力和细心负责的工作态度，一旦出错，将直接造成下料尺寸的错误，造成毛坯报废。

一般主要检查以下几个方面：

(1) 尺寸和形状　根据图样进行检查。

(2) 公差　按要求检查尺寸公差是否在规定值内。

(3) 排料　检查排料方向是否合理，材料利用率要达到最高。

(4) 标记移植　进厂的每张钢板上一般只有一个原始标记（材料的牌号、规格、炉号、批号等），若需将其分成若干块时，则必须先将原始标记正确无误地移植到将要分离的各个零件上，以免误用和错用。这是压力容器和其他重要产品质量保证的一个重要环节。

上述内容检查无误后，用剪切或气割的方法进行下料。下料后根据有关标准或技术要求检查切口或气割面质量。

2. 坡口质量检查

坡口质量检查主要是检查坡口形状、尺寸与表面粗糙度是否符合要求（可用焊接检验尺和样板测量坡口面角度、钝边尺寸及根部半径，如图 2-1 所示）；检查坡口清理情况（坡口及其附近不应有毛刺、熔渣、油污、铁锈等杂质）及坡口面探伤（$\sigma_s>392$MPa 或 Cr-Mo 低合金钢焊件坡口面进行探伤，发现裂纹要及时去除）。

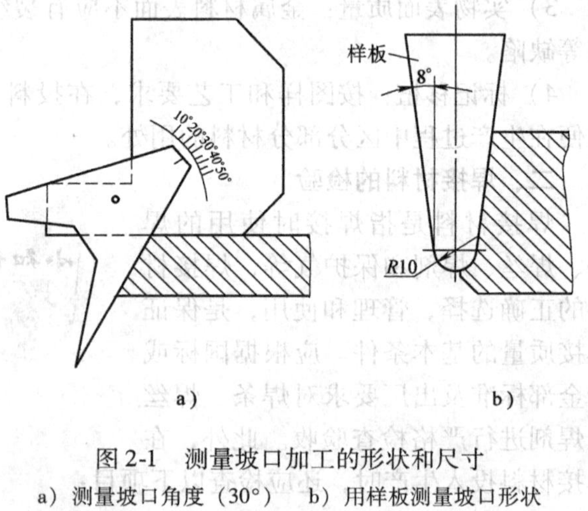

图 2-1　测量坡口加工的形状和尺寸

a）测量坡口角度（30°）　b）用样板测量坡口形状

3. 成形加工的质量检查

焊接产品中有许多零件需要进行成形加工，如冲压、弯曲、折边等。对这些零件的形状和尺寸主要依据图样要求及相关技术标准，采用成形样板和检验尺进行检查，如图 2-2、图 2-3 所示。

另外，零件在成形加工过程中有可能出现裂纹、表面压伤，热成形件可能出现严

重氧化、减薄超差等缺陷。检查中要引起充分重视，必要时应配合无损探伤等方法配合检验。

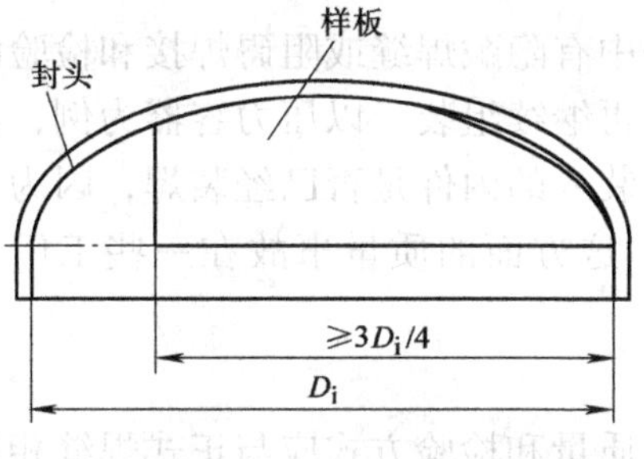

图 2-2　用成形样板检查容器封头内表面的形状偏差

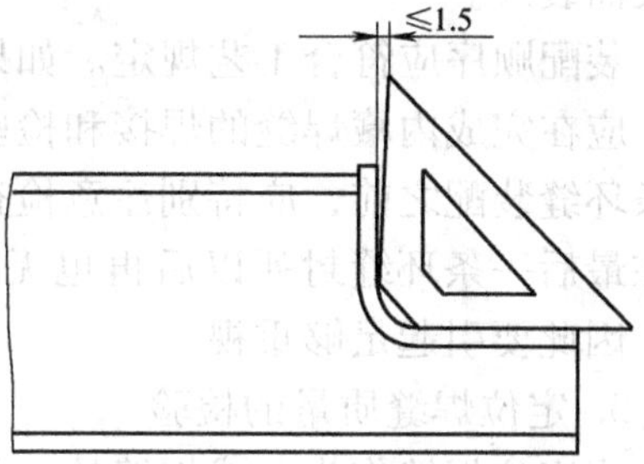

图 2-3　用样板检查桥架端梁弯板的形状偏差

四、焊件装配质量的检验

焊件的装配质量对焊接质量有重要影响，因此焊接前应对装配质量进行检验，具体内容是：

1. 装配结构的检验

对装配结构主要是检验零件之间的相对位置、焊缝位置及坡口。

零部件的相对位置和它们的空间角度应符合图样及有关标准的规定，但需要注意的是，检验焊接结构的装配尺寸要充分考虑焊接变形的影响，不能一味地按图样要求来检查，例如，T 形接头或角接接头的两板夹角放大 2.5°～3°，以防焊接后因收缩变形使角度变小，采用反变形的平对接两板间的装配角度也是如此，这是焊接结构装配尺寸检验的特殊性。

焊缝的分布及其位置应符合图样和工艺拼接图的规定。例如，压力容器环缝装配后，应检查相邻筒节的纵缝错开量是否符合要求，一般错开量应大于 3 倍的筒节壁厚，且不小于 100mm。

坡口组装后的形状、间隙、错边量和方位都应符合要求。其测量方法如图 2-4、图 2-5 所示；并且要将其边缘的油污、铁锈和杂质清理干净。

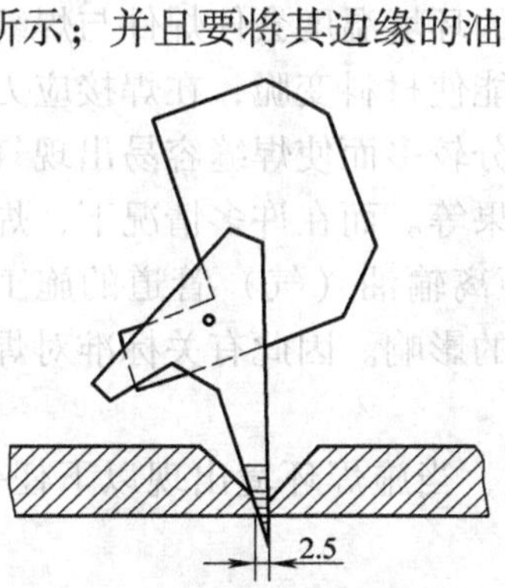

图 2-4　用焊接检验尺测量坡口间隙

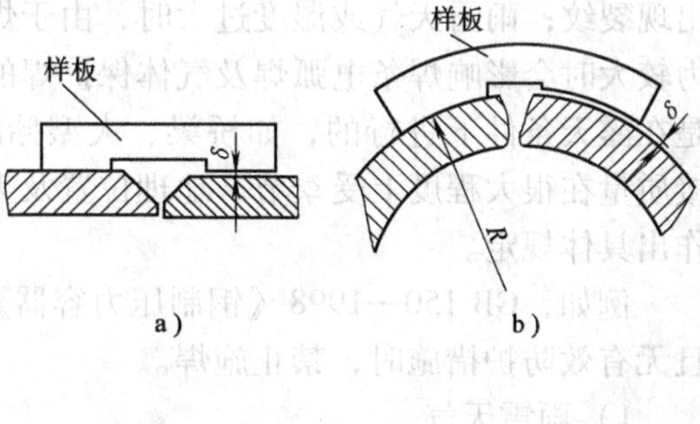

图 2-5　用样板测量坡口错边

a）平板对接错边量的测量　b）用圆弧样板测量错边

2. 装配工艺的检验

装配工艺的检验主要是检验定位焊预热和装配顺序。

低合金高强度钢和铬钼耐热钢的定位焊缝施焊时应按工艺规定进行预热，以防产生表面裂纹。

装配顺序应符合工艺规定。如果焊接结构中有隐藏焊缝或阻碍焊接和检验的零件时，应在完成内藏焊缝的焊接和检验工作后，再继续组装。以压力容器为例，在最后一条环缝装配之前，应特别注意检查那些应该装入的内件是否已经装焊，因为有些内件在最后一条环缝封死以后再也无法装入了。这方面的质量事故在一些工厂并不罕见，因此要引起足够重视。

3. 定位焊缝质量的检验

当定位焊缝作为正式焊缝的一部分时，其质量和检验方式应与正式焊缝相同，定位焊缝不允许有裂纹、夹渣、气孔等焊接缺陷，如发现缺陷应及时消除；定位焊所用的焊接材料应与正式焊缝一致；锅炉、压力容器等重要产品的定位焊缝，应由经过专业考试并取得合格证的焊工施焊。

五、焊工资格的检验

焊工的操作技术水平是决定焊缝质量的重要因素。焊工操作技术差，会在焊缝中造成各种焊接缺陷，甚至使焊接接头性能恶化。因此对重要的焊接结构，例如锅炉、压力容器等的焊接，必须由经过专业考试并取得合格证的焊工施焊。

焊工资格检验主要检验以下内容：

(1) 焊工合格证　焊工合格证是证明焊工操作技术水平的有效凭证，只有取得相应等级合格证的焊工，才有资格上岗焊接。

(2) 检验有效期　从焊工考试合格之日计算有效期，超过有效期或在有效期内中断焊接工作的，应重新进行考试，合格后才允许继续上岗焊接。

(3) 检验考试项目　检验焊接方法和焊接位置与焊接产品的一致性；检验考试钢材和焊接材料与产品的一致性；检验试样形式、规格与焊接产品的一致性。考试项目与产品不符者，不能上岗焊接。

六、焊接环境的检验

焊接环境对焊接质量有较大影响。例如，过低的环境温度会使焊件与焊缝之间的温差增大，因而增加了焊缝金属的冷却速度，有可能使材料变脆，在焊接应力作用下出现裂纹；雨雪天气或湿度过大时，由于焊接区水分较多而使焊缝容易出现气孔；风力较大时会影响焊条电弧焊及气体保护焊的保护效果等。而在许多情况下，焊接工作是在露天条件下进行的，如桥梁、大型储罐、长距离输油（气）管道的施工等，焊接质量在很大程度上受季节、地理位置及天气情况的影响。因此有关标准对焊接环境作出具体规定。

例如，GB 150—1998《钢制压力容器》中规定，当施焊环境出现以下任一情况，且无有效防护措施时，禁止施焊。

1）雨雪天气。

2）相对湿度大于90%。

3）焊条电弧焊时风速大于10m/s。

4）气体保护焊时风速大于2m/s。

气温对焊接过程也有一定影响，且与材料的性能，特别是焊接性有关，上述标准规定：当焊接温度低于0℃时，应在施焊范围内预热到15℃左右。

在现场施焊条件下，不同性能的钢材其允许焊接的最低温度规定为：低碳钢，-20℃；低合金结构钢，-10℃；中、高合金钢，0℃。

七、预热的检验

预热是减少焊接应力的重要工艺措施。检验预热主要是检验预热方法、预热范围和预热温度。在一般情况下，允许预热温度略高于规定的温度（通常焊接工艺卡给出的预热温度是下限值），特别是在施焊时焊接环境温度较低的情况下，允许超出更多些，以弥补因温差较大而增加的散热损失。

在焊接开始时，检验的次数应频繁些；当预热温度稳定在一定范围内时，说明焊接过程中向焊接接头提供的热量与散失的热量大体平衡，这是正常焊接过程所需要的预热状态。

能力知识点2　焊接过程中的质量控制

焊接过程不仅仅是焊缝的形成过程，还包括焊接时的环境条件、焊接参数的执行情况、焊接预热、焊接后热等，这些因素都会对接头质量造成影响。

一、焊接规范执行情况的检查

不同焊接方法要求的焊接参数各不相同。

1. 焊条电弧焊焊接参数的检查

焊条电弧焊的焊缝质量在很大程度上取决于焊工的操作技术，因而对焊接参数要求不严格，通常只规定各层的焊条型号和直径，电源种类和极性，而对焊接电流只规定一个范围，焊工可以根据自己的经验，在该范围之内选择合适的焊接电流。

2. 埋弧焊焊接规范的检查

埋弧焊需要检查的焊接参数较多，主要有焊接电流、电弧电压、焊接速度、焊丝直径和伸出长度等。焊接电流和电弧电压可直接从电流表和电压表上读出；焊接速度则由牵引焊车的一对齿轮的传动比决定，只要检查所选用齿轮的齿数是否符合对应的速度即可。当采用滚轮架组焊环缝时，则要检查滚轮架转速下该直径环缝的线速度是否符合要求。

3. 气体保护焊焊接参数的检查

气体保护焊的种类较多，需要控制的焊接参数也有差别，除各自对应于焊条电弧焊和埋弧焊相同的参数外，各种气体保护焊所共同需要检查的参数是保护气体的流量和混合气体的配比。

二、焊接后热的检查

焊接后热的主要作用是加快焊缝中氢的逸出，为达到这一目的，必须检查以下几点：

（1）及时加热　在焊缝冷却到100℃以上时及时加热。

（2）加热温度　加热温度一般要求200～350℃。加热温度过低，消氢效果不理想；加热温度过高，有可能使某些低合金钢产生回火脆性。因此应检查实际加热温度是否符合要求。

（3）加热持续时间　在上述加热温度下应保持3～4h。

（4）加热宽度范围　加热时要保证足够的加热宽度范围，要求焊缝每侧的加热宽度不小于板厚的5倍，且不小于100mm。

（5）保温措施　热源撤除后应采取良好的保温措施。

三、产品试板的质量控制

1. 制作产品试板的意义及要求

由于焊接工艺比较复杂，很多情况下需要预热、后热、调质处理及去氢处理等工艺，这些工艺对焊接接头质量影响较大。焊缝内的缺陷可以通过各种无损探伤来检查；而焊接接头的力学性能或某些需经最终处理才能达到使用要求的产品，显然无法直接在产品上确定其是否合格，也不允许直接从产品上切取试板进行试验，因此，只能通过制作产品试板来进行检验。为了使从试板上得到的试验数据尽可能反映生产条件下的实际情况，要求对试板进行检查并保证以下几点：

1）试板材料要与产品使用的材料具有相同的钢号、规格和热处理工艺。切取试板时也应进行标记移植。

2）试板必须采用与产品相同的坡口形式，且加工坡口的方法也必须相同。

3）试板应由焊接正式产品的焊工焊接，并采用与正式产品焊接相同的工艺条件进行施焊。

4）对于容器上的试板必须在筒体纵缝的延长部分与筒体连续施焊。在实际生产中是将试板定位在筒节纵缝的端部，以保证试板与产品焊接工艺条件的一致性。

对现场组装的球罐或其他产品，无法直接在产品上与产品一起完成试板的焊接，则应在产品焊接之前，按1）、2）、3）点要求制作立焊、横焊及仰焊三个位置的产品焊接试板各一块，在模拟施焊现场的条件下进行焊接。

5）对有热处理要求的产品，试板应随产品一起进行热处理。

按上述要求制作的产品试板的试验数据，可以作为判断产品是否合格的依据。

2. 压力容器产品试板的种类

按应用条件不同压力容器产品试板分为：产品焊接试板、焊接工艺纪律检查试板和母材热处理试板。

（1）产品焊接试板　制作产品焊接试板的目的是为了检验焊接接头的力学性能。对工作条件比较恶劣的压力容器来讲，这种试板是按台制作，即每一台产品都要制作。

（2）工艺纪律检查试板　制作工艺纪律检查试板的目的是检查产品制造企业对焊接工艺纪律的执行情况。通常在两种情况下需要制作工艺纪律检查试板，一是对不需要每台产品都做焊接试板的压力容器，例如采用20R、16MnR等材料制成的压力容器，由于这些材料的焊接性好，工艺简单，焊接质量稳定，因此允许制造企业根据自己的经验和产品质量情况，采用“成批”产品制作焊接试板；二是对已取得压力容器制造资格的企业，生产产品又属于不需要逐台制作焊接试板的，可以采取抽验的方法来监督制造单位对焊接工艺纪律的执行情况，以加强对该企业和产品的质量管理。

工艺纪律检查试板在制备要求、试样的试验方法和评定标准方面与产品焊接试板的要求完全一致。

（3）母材热处理试板　有些焊接结构在其制造过程中，必须进行热处理才能达到所要求的力学性能，产品母材能否达到预期目标显然也不能从产品上直接获得，也是通过制作试板进行测定。试板材料要求与母材完全相同，且必须经过相同的热处理。

对压力容器的热处理试板可按 GB 150—1998 附录 G《产品焊接试板接头的力学性能检验》的规定制作试样，按相应的试验方法标准测定有关数据指标。

能力知识点 3　焊接结构成品检验

焊接结构的成品检验属于对产品的终端检验，其检验内容主要有以下几项：

1）焊接结构的几何尺寸。

2）焊缝的外观质量及尺寸。

3）焊缝的表面、近表面及内部缺陷。

4）焊缝的承载能力及致密性。

焊缝表面、近表面及内部缺陷一般用无损探伤的方法进行检查。

一、焊接结构几何尺寸的检验

判断焊接结构的几何尺寸是否合格，实际上是判断这些尺寸的公差是否符合要求。焊接结构上的几何尺寸有两类：一类是在图样上直接给出公差要求，对这类尺寸的检验可直接按图样要求进行检查；另一类是图样上不标公差的尺寸（自由公差），对这类尺寸的检验则应根据不同行业和产品的有关标准或国标规定进行检查。也可参见表 2-2、表 2-3、表 2-4。

表 2-2　焊接结构长度尺寸自由公差　（单位：mm）

精度等级	公称尺寸范围									
	>30 ≤120	>120 ≤400	>400 ≤1000	>1000 ≤2000	>2000 ≤4000	>4000 ≤8000	>8000 ≤12000	>12000 ≤16000	>16000 ≤20000	>20000
A	±1	±1	±2	±3	±4	±5	±6	±7	±8	±9
B	±2	±2	±3	±4	±6	±8	±10	±12	±14	±16
C	±3	±4	±6	±8	±11	±14	±18	±21	±24	±27
D	±4	±7	±9	±12	±16	±21	±27	±32	±36	±40
<30mm 的尺寸允许偏差 ±1mm										

表 2-3　焊接结构件的形位公差　（单位：mm）

精度等级	公称尺寸范围									
	>30 ≤120	>120 ≤400	>400 ≤1000	>1000 ≤2000	>2000 ≤4000	>4000 ≤8000	>8000 ≤12000	>12000 ≤16000	>16000 ≤20000	>20000
E	±1	±1	±2	±3	±4	±5	±6	±7	±8	±9
F	±2	±2	±3	±4	±6	±8	±10	±12	±14	±16
G	±3	±4	±6	±8	±11	±14	±18	±21	±24	±27
H	±4	±7	±9	±12	±16	±21	±27	±32	±36	±40
<30mm 的尺寸允许偏差 ±1mm										

表 2-4　精度等级的应用范围

精度等级		应用范围
长度尺寸	形位公差	
A	E	公差要求较高的结构件
B	F	结构简单、焊接和矫正产生的热变形较小的结构件
C	G	结构复杂的、焊接和矫正产生的热变形较大的结构件
D	H	公差要求较低的结构件

二、焊缝外观检验

1. 焊缝的目视检验

目视检验是用眼睛直接观察和分辨缺陷。一般情况下，目视检验的距离约为600mm，眼睛与被检工件表面所成的视角不小于30°。在检查过程中，可以采用适当照明、利用反光镜调节照射及观察角度、借助低倍放大镜观察，以提高眼睛发现缺陷和分辨缺陷的能力。

对眼睛不能接近的焊缝必须借助望远镜、内孔管道镜等进行观察。借助的设备至少应具有目视检验效果相同的能力。

目视检验应在焊接工作结束后，将工件表面的焊渣和飞溅清理干净，按表 2-5 所列的项目进行检验。

2. 焊缝尺寸的检验

焊缝尺寸检验主要是测量焊缝外观尺寸是否符合图样标注尺寸或技术标准规定的尺寸。

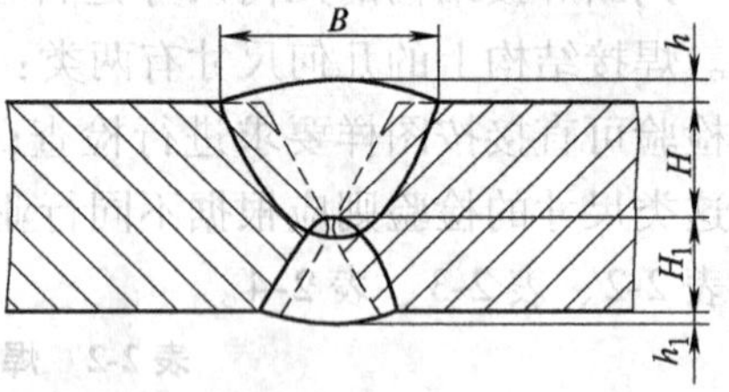

图 2-6　对接焊缝尺寸的检验

（1）对接焊缝尺寸的检验　检查对接焊缝的尺寸主要是检查焊缝的余高 h 和熔宽 B，如图 2-6 所示，其中又以测量余高 h 为主。现行的一般标准只对焊缝余高有明确定量的规定和限制，见表 2-6，而对焊缝宽度无定量规定，只要求焊缝宽度较均匀即可。

表 2-5　焊缝目视检验的项目

检验项目	检验部位	质量要求	备注
清理质量	所有焊缝及其边缘	无焊渣、飞溅及阻碍检验的附着物	
几何形状	焊缝与母材连接处	焊缝完整，不得有漏焊，连接处应圆滑过渡	可用焊接检验尺测量
	焊缝形状和尺寸急剧变化的部位	焊缝高低、宽窄及结晶焊波应均匀	
焊接缺陷	1. 整条焊缝和热影响区附近 2. 重点检查焊缝的接头部位、收弧部位、几何形状和尺寸突变部位	1. 无裂纹、夹渣、焊瘤烧穿等缺陷 2. 气孔、咬边应符合有关标准规定	接头部位易产生焊瘤、咬边等缺陷 收弧部位易产生弧坑、裂纹等缺陷

（续）

检验项目	检验部位	质量要求	备　注
伤痕补焊	装配拉肋板拆除部位	无缺肉及遗留焊疤	
	母材引弧部位	无表面气孔、裂纹、夹渣、疏松等缺陷	
	母材机械划伤部位	划伤部位不应有明显棱角和沟槽，伤痕深度不超过有关标准规定	

表 2-6　压力容器 A、B 类焊缝余高允许值

焊缝熔深 H（H_1）	焊缝余高 h（h_1）	
	手工焊	自动焊
≤12	0～1.5	0～4
12＜H≤25	0～2.5	0～4
25＜H≤50	0～3	0～4
＞50	0～4	0～4

测量对接焊缝尺寸的方法是用焊接检验尺，如图 2-7 所示。

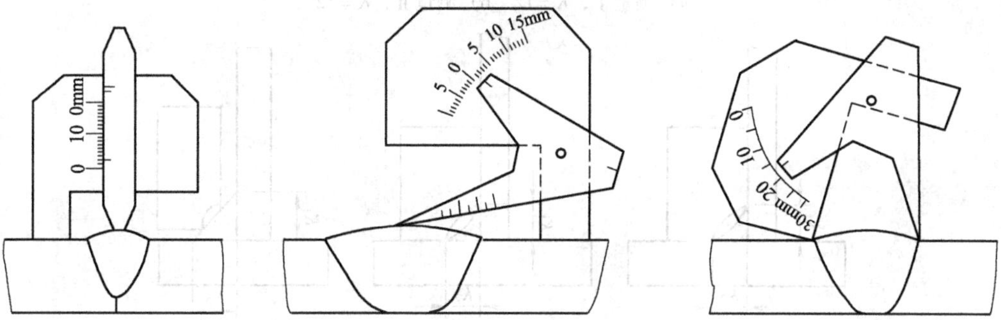

a）　　b）　　c）

图 2-7　用焊接检验尺测焊缝余高和熔宽

a）测较小焊缝的余高　b）测较大焊缝的余高　c）测焊缝熔宽

（2）角焊缝尺寸的检验　检查角焊缝的尺寸主要是检验焊缝的厚度、焊脚、凸度和凹度，如图2-8所示。但多数情况下，只测量焊脚K_1、K_2；当图样标注中要求角

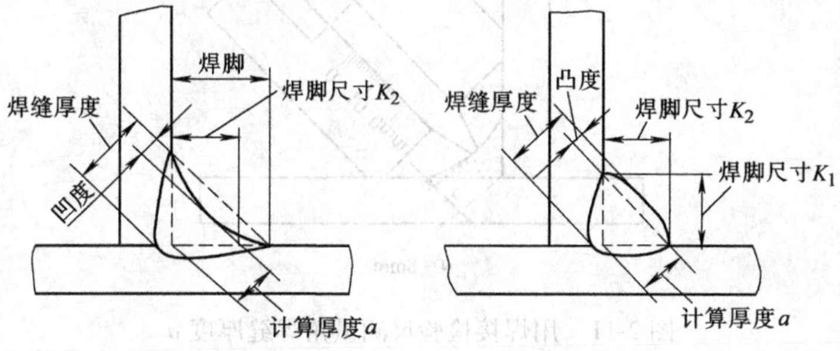

a）　　b）

图 2-8　角焊缝尺寸

a）凹形角焊缝　b）凸形角焊缝

焊缝厚度时，不但要求实际角焊缝厚度符合尺寸 a，而且还要求焊脚 $K_1 = K_2$，因为只有这样才能准确测量 a 值。

测量角焊缝可以使用焊接检验尺和样板。测量焊脚的方法如图 2-9、图 2-10 所示；测量角焊缝厚度的方法如图 2-11 所示。

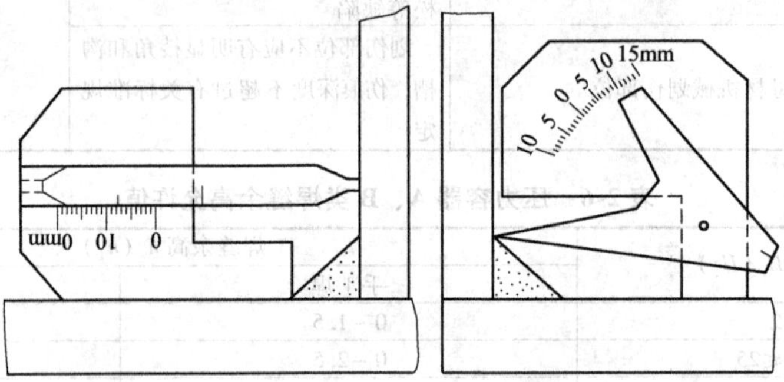

图 2-9　用焊接检验尺测量焊脚

a）测量Ⅰ，$K = 12$　b）测量Ⅱ，$K = 12$

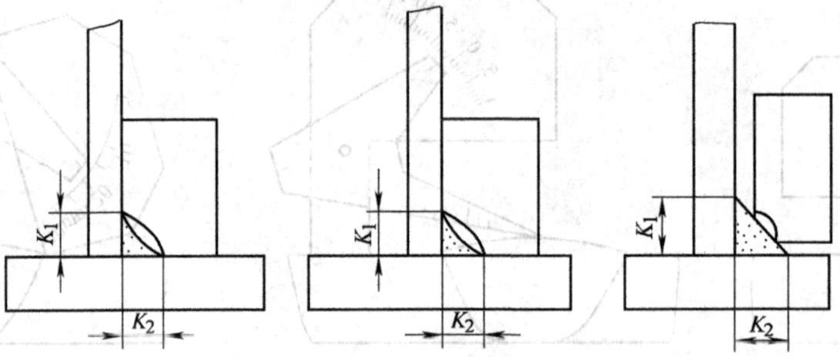

图 2-10　用样板测量焊脚尺寸

a）K_1、K_2 符合要求　b）K_1、K_2 尺寸偏小　c）K_1、K_2 尺寸偏大

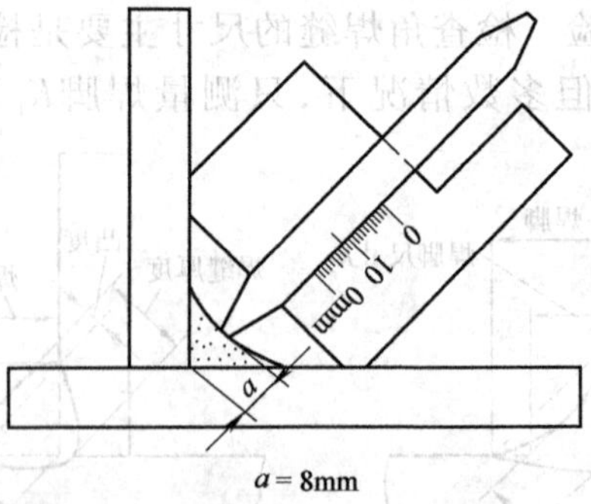

图 2-11　用焊接检验尺测量角焊缝厚度 a

三、致密性试验和压力试验

（一）致密性试验

储存液体或气体的焊接容器都有致密性要求。生产中常用致密性试验来检查焊缝的贯

穿性裂纹、气孔、夹渣、未焊透等缺陷。常用的致密性试验方法及应用范围见表2-7。

表2-7　致密性试验方法及应用范围

名　称	试验方法	适用范围
气密性试验	将焊接容器密封，按图样规定的压力通入压缩空气，在焊缝外面涂以肥皂水检查，不产生肥皂泡为合格	密封容器
吹气试验	用压缩空气对着焊缝的一面猛吹，焊缝的另一面涂以肥皂水，不产生肥皂泡为合格 试验时，要求压缩空气的压力>405.3kPa，喷嘴到焊缝表面的距离不超过30mm	敞口容器
载水试验	将容器充满水，观察焊缝外表面，无渗水为合格	敞口容器
水冲试验	对着焊缝的一面用高压水流喷射，在焊缝的另一面观察，无渗水为合格 水流的喷射方向与试验焊缝表面夹角>70°。水管喷嘴直径为15mm以上，水压应使垂直面上的反射水环直径大于400mm；检查竖直焊缝应从下往上移动喷嘴	大型敞口容器，如船甲板等密封焊缝的检查
沉水试验	先将容器浸到水中，再向容器内充入压缩空气，使检验焊缝处在水面下50mm左右的深处，观察无气泡浮出为合格	小型容器密封性检查
煤油试验	煤油的粘度小，表面张力小，渗透性强，具有透过极小的贯穿性缺陷的能力。试验时，将焊缝表面清理干净，涂以白粉水溶液，待干燥后，在焊缝的另一面涂上煤油浸润，经半小时后白粉无油浸为合格	敞口容器如储存石油、汽油的固定式储器和同类型的其他产品
氨渗透试验	氨渗漏属于比色检漏，以氨为示踪剂，试纸或涂料为显色剂进行渗漏检查和贯穿性缺陷的定位。试验时，在检验焊缝上贴上比焊缝宽的石蕊试纸或涂料显色剂，然后向容器内通以规定压力的含氨的压缩空气，保压5～30min，检查试纸或涂料，未发现色变为合格	密封容器，如尿素设备的焊缝检验
氦检漏试验	氦气质量轻，能穿过微小的空隙。利用氦气检漏仪可以发现千万分之一的氦气存在，是灵敏度很高的致密性试验方法	用于致密性要求很高的压力容器

（二）压力试验

压力试验又称为强度试验，可用于检查焊接接头的强度和致密性，是对焊接产品整体质量的检验。其检验结果不仅是产品是否合格和等级划分的关键，而且是保证其安全运行的重要依据。

压力试验包括水压试验和气压试验。

1. 水压试验

水压试验是最常用的压力试验方法。水的压缩性很小，倘若容器一旦因缺陷扩展而发生泄露，水压立即下降，不会引起爆炸。水压试验既廉价又安全，操作也很方便，因此得到了广泛应用。对于极少数不能充水的容器，则可采用不会发生危险的其他液体，但要注意试验温度应低于液体的燃点或沸点。

（1）水压试验前的准备

1）产品在进行水压试验之前，焊接工作必须全部结束，且焊缝的返修、焊后热处理、力学性能检验和无损探伤都必须合格。

2）受压部件充水之前，药皮、焊渣等杂物必须清理干净。

3）根据试验压力选择压力表的量程，并要求表盘直径不小于100mm。压力表的量程应为试验压力的2倍左右，但应不低于1.5倍和高于4倍的试验压力。压力表的精度等级见表2-8。

表2-8　压力表精度等级和选择

工作压力/MPa	精确度
<2.45	不低于2.5级
≥2.45	不低于1.5级

（2）水压试验的规范　水压试验的规范包括环境温度、水的温度、试验压力和保压时间等。

1）水压试验的环境温度应高于5℃，低于5℃时应采取防冻措施。

2）水压试验时水的温度应高于材料的脆性转变温度，但不能太高，以防汽化造成检验时渗漏难以发现。我国现行标准规定碳素钢、16MnR和正火15MnVR钢制容器水压试验的水温不得低于5℃；其他低合金钢不低于15℃。一般情况下使用的水温为20~70℃。

3）试验压力见表2-9。

表2-9　试验压力

压力等级	耐压试验压力 p_T		气密试验压力
	水压	气压	
低压	$1.25p$	$1.20p$	$1.05p$
中压	$1.25p$	$1.15p$	$1.05p$
高压	$1.25p$	—	（1.25或1.05）p
超高压	$1.25p$	—	$1.00p$

注：p_T—试验压力；p—设计压力；单位均为MPa。

（3）试验方法

1）试验时容器顶部应设排气口，充满水将空气排净后再密封加压。试验过程中应保持表面的干燥，并注意观察。

2）试验时，升压或降压应缓慢进行。当达到规定试验压力后，保压时间一般不少于30min。然后将压力降至规定压力的80%，并保持足够长的时间，以便对所有焊缝进行检查。如有渗漏，修补后重新试验。注意必须降压、排水、干燥后才能修补，不得在有压力和与水接触的情况下补焊。

3）对于夹套容器（如空分设备中液氧储槽），应先进行内筒水压试验，合格后再焊夹套，然后进行夹套内的水压试验。

4）水压实验完毕后，应将水排净并用压缩空气将内部吹干。

2. 气压试验

由于气体的体积压缩比大，气压试验时因缺陷扩展有可能引起爆炸危险，因此只有当容器的结构设计不允许进行水压试验，或者有水渍存在不便清除而有可能参与介质反应发生爆炸时，才能采用气压试验。同时还应采取如下措施，以确保安全。

1）作气压试验的容器必须经100%无损探伤，并保证达到相应的规定标准。

2）试压环境必须安全可靠，要设有防爆墙及其他安全设施。

3）试验温度（包括气体温度）应不低于15℃，使材料有足够的韧性储备。

4）制订合理的试压工艺规程，并使压力缓慢地上升。当升至规定压力的10%时，保持该压力10min，并对焊缝做初次检查（可在焊缝和连接处涂肥皂水检查是否漏气），合格后继续升压至规定压力的50%；之后，按每级为试验压力10%的级差逐级升压到试验压力，并保持30min；再降至设计压力并保持30min，然后做检查。检查中不允许做任何敲击，也不允许在带压条件下进行返修。

气压试验压力见表2-9，所用气体应为干燥、洁净的空气、氮气或其他惰性气体。

根据有关规定，气密性试验之前，必须先经水压试验，合格后才能进行气密性试验；而已经做了气压试验的合格产品，可以免做气密性试验。

【综 合 训 练】

一、判断题

1. 按焊接缺陷在焊缝中位置的不同，可分为外部缺陷与内部缺陷两大类。（　　）

2. 形状缺陷是内部缺陷的一种。（　　）

3. 焊接材料和工件不符合工艺要求，不干净，焊条吸潮会使焊缝产生表面气孔和内部气孔。（　　）

4. 预热属于焊前准备工作。（　　）

5. 水压试验能代替致密性试验。（　　）

二、选择题

1. 下列缺陷中属于外部缺陷的是____。

a. 未焊透　　b. 夹杂物　　c. 未熔合　　d. 焊瘤

2. 下列缺陷中不属于内部缺陷的是____。

a. 夹渣　　b. 夹杂物　　c. 咬边　　d. 焊接裂纹

3. 埋弧焊需要检查的焊接参数主要有____、电弧电压、焊接速度、焊丝直径和伸出长度等。

a. 焊接电流　　b. 焊接电弧　　c. 保护气流量　　d. 焊件厚度

4. 压力试验包括____。

a. 水压试验　　b. 水压试验和气压试验

c. 气压试验　　d. 强度试验

5. 水压试验可以用来检验压力容器焊缝的____。

a. 致密性　　b. 强度

c. 强度和致密性　　d. 焊缝内部缺陷

三、问答题

1. 焊接检验过程中如何检查焊接预热和焊接后热？

2. 压力容器等重要产品为何要做产品试板？

第三单元 射线探伤

【学习目标】 本单元主要介绍探伤用常用射线源的种类，射线探伤的原理，射线探伤方法及缺陷评定等内容。学习过程中，第一，要了解各种射线的特性及获得方法，以及射线在物质中的衰减规律；第二，要了解射线照相法的探伤原理和系统组成，掌握探伤条件的基本内容和选择方法，能够按照射线照相法探伤的操作程序进行探伤；第三，要掌握底片缺陷影像识别方法，并能够正确对焊缝缺陷判断和质量评定；第四，要了解射线对人体的危害，并掌握射线的防护方法。

射线探伤是利用X射线或γ射线可以穿透物质和在物质中有衰减的性质来发现物质内部缺陷的一种无损探伤方法。按所使用的射线源种类，分为X射线探伤、γ射线探伤、高能X射线探伤等。按其显示缺陷的方法，又有射线照相法探伤、射线荧光屏观察法探伤、射线实时成像法探伤和计算机断层扫描技术等之分。本章讲解射线探伤的基本原理及射线照相法探伤技术。

综合知识模块一 射线的基本知识

工业射线探伤中应用的射线主要有X射线、γ射线，它们都是波长很短的电磁波，习惯上统称为光子。

X射线的波长为0.001～0.1nm，γ射线的波长为0.0003～0.1nm。

能力知识点1 X射线的产生及其性质

一、X射线的产生

实验证明，具有一定能量的高速运动着的电子突然被阻止时，伴随电子动能的消失或转化会产生X射线。

现代用来产生X射线的装置是X射线管。它由阴极、阳极和真空玻璃（或金属陶瓷）外壳组成，其简单结构和工作原理如图3-1所示。阴极通以电流（称为管电流）后释放出热电子，经加在阴极和阳极间的高电压（称为管电压）电场加速后，即以高速度向阳极靶撞击。具有极大动能的电子轰击阳极靶时，其绝大部分动能（99%以上）转变为热量被阳极吸收，一小部分（约1%）转变为X射线，透过X射线管的管壁向外发射。

X射线能量（光子的能量）与管电压有关。管电压越高，电子飞向阳极的速度就越大，产生的射线能量也就越大。射线能量决定了射线穿透工件厚度的能力，射线能量越大，其穿透能力就越强。探伤时，要求根据被检测工件的透照厚度来选择合适的射线能量。

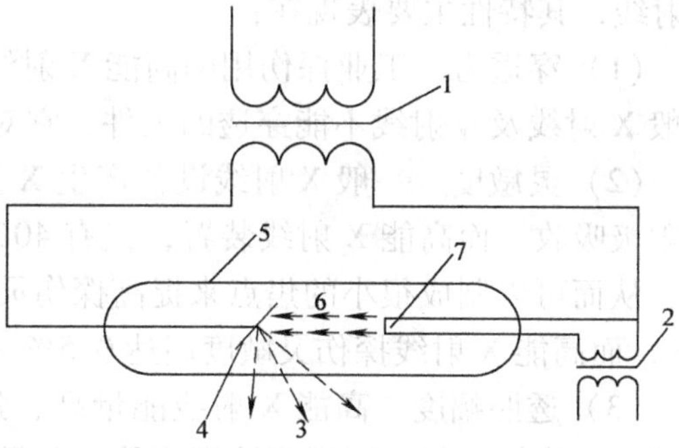

图 3-1 X 射线产生装置示意图

1—高压变压器 2—灯丝变压器 3—X 射线 4—阳极 5—X 射线管 6—电子 7—阴极

X 射线强度与管电流、管电压的平方及靶材原子序数三者之间的乘积成正比。对于射线探伤，既要求射线具有足够的能量，以保证其穿透力；同时也要求有合适的强度，使胶片感光。探伤时，可通过改变管电压和管电流的大小来调节 X 射线的能量和强度。

二、X 射线的性质

与探伤有关的 X 射线的性质主要如下：

1）不可见，以光速直线传播。

2）不带电，不受电场和磁场的影响。

3）具有穿透可见光不能穿透的物质（如骨骼、金属等）的能力，并且在物质中有衰减。

想一想 射线能量与强度有何区别？为什么说射线的穿透能力主要取决于其能量而不是强度？

4）可以使物质电离，能使胶片感光，也能使某些物质产生荧光。

5）能产生生物效应，伤害和杀死细胞。

能力知识点 2 γ 射线的产生及其特性

γ 射线是由放射性物质（如 Co60、Ir192 等）内部原子核的衰变过程产生的。虽然放射性的衰变速度有的很快，有的很慢，但是对于特定的放射性物质，其衰变速度是恒定的。因此，对于固定的 γ 射线源，其能量不能改变，衰变的几率也不能控制。

γ 射线的性质与 X 射线相似，由于其波长比 X 射线短，因而射线能量高，具有更大的穿透力。例如，目前广泛使用的 γ 射线源 Co60，它可以检查 250mm 厚的铜质工件、350mm 厚的铝制件及 300mm 厚的钢制件。

能力知识点 3 高能 X 射线的产生及其特性

高能 X 射线是指射线能量在 1MeV 以上的 X 射线。它主要是通过加速器对射线管的电子进行加速，从而获得能量强大的电子束，轰击靶面而产生。所谓加速器，它是一种利用超高压、强磁场、微波等技术来加速带电粒子的装置。

加速器产生的高能 X 射线，其射线束能量、强度和方向均可精确控制，能量更是可高达 35MeV。对钢制工件，探伤厚度达 500mm。

高能 X 射线除具有一般 X 射线的性质外，由于其能量很大，因此又不同于一般

X射线，其特性主要表现在：

（1）穿透力　工业探伤用的高能X射线能量一般在15～30 MeV范围，可以穿透一般X射线及γ射线不能穿透的工件，它对于解决大厚件的探伤问题很有成效。

（2）灵敏度　一般X射线设备产生X射线过程中，99%以上的能量将变成热能被阳极吸收。而高能X射线装置，仅有40%～50%的能量变成热能，故散热问题不大，从而可以制成很小的焦点来提高探伤灵敏度。一般X射线探伤灵敏度仅有1%～2%，而高能X射线探伤灵敏度高达0.5%～1%。

（3）透照幅度　高能X射线能量高、强度大，探伤所需要的曝光时间短，故散射线少。这样不仅可以得到清晰底片，而且它透照零件的厚度差幅度也宽，厚度相差一倍而不用补偿时，在底片上也能得到清晰的图像。而一般X射线透照厚度差只能在10%～20%。

能力知识点4　射线在物质中的衰减

射线通过物质时，由于物质对射线有吸收和散射作用，从而引起射线能量的衰减。

射线在物质中的衰减是按照指数规律变化的。以强度为I_0的一束平行射线束穿过厚度为w的物质为例，穿过物质后的射线强度为：

$$I = I_0 e^{-\mu w}$$

式中　μ——物质的线衰减系数（cm^{-1}）。

它与射线本身的能量（波长）及物质本身的性质（原子序数、密度）有关。对同一种物质，其射线的波长越大，μ值也越大；对同样波长或能量的射线，物质的原子序数越大，或密度越大，则μ值也越大。

小知识　射线可分为以下几类：

（1）X射线和γ射线　它们都是波长很短的电磁波，按波粒二相性观点，也可以看作是能量很高的光子流。

（2）电子射线和β射线　它们都是高速电子流。

（3）质子射线、氘核射线和α射线　它们都是带正电的粒子流。

（4）中子射线　它是高速中子流。

目前用于探伤的主要是X射线、γ射线和中子射线。其中X射线和γ射线广泛用于工业探伤，中子射线用于特种检验。

资料卡　X射线的发现是19世纪末20世纪初物理学的三大发现（X射线、放射线、电子）之一，这一发现标志着现代物理学的产生。1884年，德国物理学家伦琴发现了一种新的射线，当时无法确定这一新射线的本质，称之为X射线。

自伦琴发现X射线后，许多物理学家都在积极地研究和探索，先后发现X射线的偏振现象、通过晶体时产生衍射现象等。随着研究的深入，X射线被广泛应用于晶体结构的分析以及医学和工业等领域，对于促进20世纪的物理学乃至整个科学技术的发展产生了巨大而深远的影响。

1901年12月10日，瑞典皇家学院把世界上第一枚诺贝尔物理学奖章、证书和奖金，授予伦琴这位杰出的科学家。

综合知识模块二　射线探伤的主要方法及其原理

射线探伤按其显示缺陷的方法不同，分为射线照相法探伤、射线荧光屏观察法探伤、射线实时成像法探伤和计算机断层扫描技术等。它们的探伤原理基本相同，但每种方法有其特点及适用范围，实际检测时可能多种方法一起使用，才能准确评定焊缝缺陷。

能力知识点 1　射线照相法探伤

射线照相法探伤是根据被检工件与其内部缺陷介质对射线能量衰减程度的不同，引起射线透过工件后的强度差异，使缺陷在底片上显示出来的一种方法。如图 3-2 所示，当平行射线束透过工件时，由于缺陷内部介质（如空气、非金属夹渣等）对射线的吸收能力比基本金属对射线的吸收能力要低得多，因而透过缺陷部位（图中 A、B 处）的射线强度高于周围完好部位（如 C 处）。在感光胶片上，对应有缺陷部位将接受较强的射线曝光，经暗室处理后将变得较黑（图中 A、B 处黑度比 C 处大）。因此，工件中的缺陷通过射线照相后，就会在底片上产生黑色的缺陷影迹。这种缺陷影迹的大小实际上就是工件中缺陷在投影面上的大小。

值得注意的是，缺陷在底片上的显示与缺陷和射线之间的相对位置有关。由图可知，缺陷沿射线方向的尺寸越大，在底片中缺陷影像黑度就越大，如 B 处黑度比 A 处大。因此，像裂纹这样的缺陷，如果其裂向与射线方向平行时则容易被发现。如果垂直则不易发现，甚至不能显示出来。

想一想　射线探伤，对于气孔、夹渣、凹坑等体积性缺陷和裂纹、未熔合、未焊透那样的面状缺陷，哪种更容易检查出？为什么？

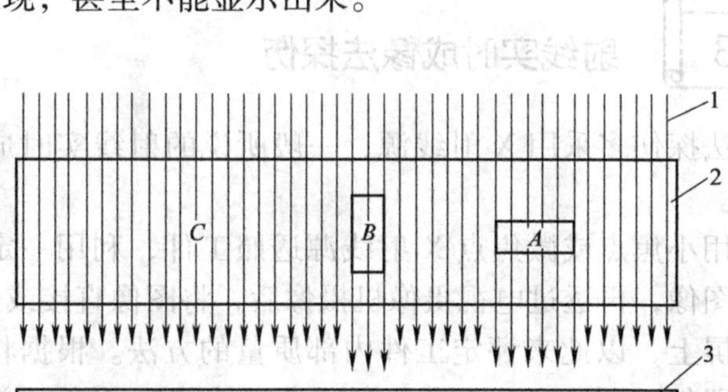

图 3-2　射线照相法原理

1—X 射线　2—工件　3—胶片　4—底片黑度变化

能力知识点2 射线荧光屏观察法探伤

荧光屏观察法是将透过被检物体后的不同强度的射线，再投射在涂有荧光物质的荧光屏上，激发出不同强度的荧光而得到反映物体内部缺陷的影像的方法。此法所用设备主要由X射线发生器及其控制设备、荧光屏、观测和记录用的辅助设备、防护及传送工件的装置等部分组成。检验时，把工件送至观察箱上，X射线管发出的射线透过被检工件后落到与之紧挨着的荧光屏上，显示的缺陷影像经平面镜发射，通过平行于镜子的铅玻璃观察，如图3-3所示。

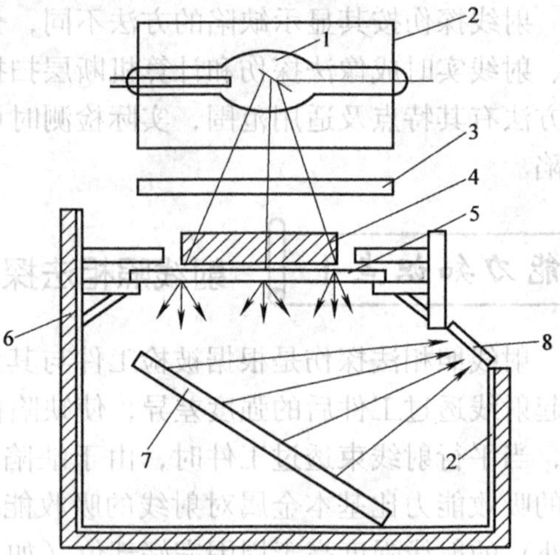

图3-3 射线荧光屏观察法示意图

1—X射线管 2—防护罩 3—铅遮光罩 4—工件 5—荧光屏 6—观察箱 7—平面发射镜 8—铅玻璃

荧光屏观察法与照相法不同之处，在于它反映缺陷不是用底片，而是用荧光屏。缺陷的图像不是底片上的黑色影像，而是荧光屏上的发光图像。由于不用胶片和暗室处理，因此成本低，对工件可连续检查并迅速得出结果。但由于它不能像照相法那样把射线的能量积累起来，因此只能检查较薄且结构简单的工件。灵敏度也较照相法低得多，最高灵敏度仅在2%～3%，大量检验时，仅有4%～7%，对于微小裂纹是无法发现的。

能力知识点3 射线实时成像法探伤

射线实时成像法探伤多采用X射线源，一般所说的射线实时成像探伤是指X射线实时成像法探伤。

这种方法是利用小焦点或微焦点X射线源透照工件，利用一定的器件将X射线图像转换为可见光图像，再透过电视摄像机摄像后，将图像直接或透过计算机处理后再显示在电视监视屏上，以此来评定工件内部质量的方法。根据将X射线图像转换为可见光图像所用器件不同，又分有荧光屏—电视成像法、光电增强—电视成像法、X光图像增强—电视成像法和X射线光导摄像机直接成像法等。通常所说的工业X射线电视探伤，是指X光图像增强—电视成像法，其探伤系统基本组成如图3-4所示。该法在国内外应用最为广泛，是当今射线实时成像法探伤的主流设备，其探伤灵敏度已高于2%，并可与射线照相法相媲美。

射线实时成像探伤是工业射线探伤很有发展前途的一种新技术。与传统的照相法相比，具有实时、高效、不用射线胶片、可记录和劳动条件好等显著优点。国内外将

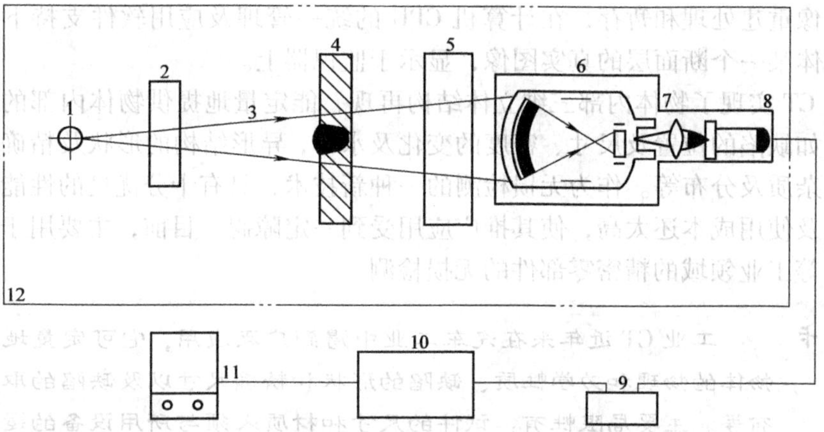

图 3-4 X 光图像增强—电视成像法探伤系统

1—射线源 2、5—电动光阑 3—X 射线束 4—工件 6—图像增强器
7—耦合透镜组 8—电视摄像机 9—控制器 10—图像处理器
11—监视器 12—防护设施

它主要用于钢管、压力容器壳体焊缝检查，微电子器件和集成电路检查，食品包装夹杂物检查及海关安全检查等。

能力知识点 4 射线计算机断层扫描技术

计算机断层扫描技术，简称 CT（Computer Tomography）。它是根据物体横断面的一组投影数据，经计算机处理后，得到物体横断面的图像。所以，它是一种由数据到图像的重建技术，其装置结构如图 3-5 所示。

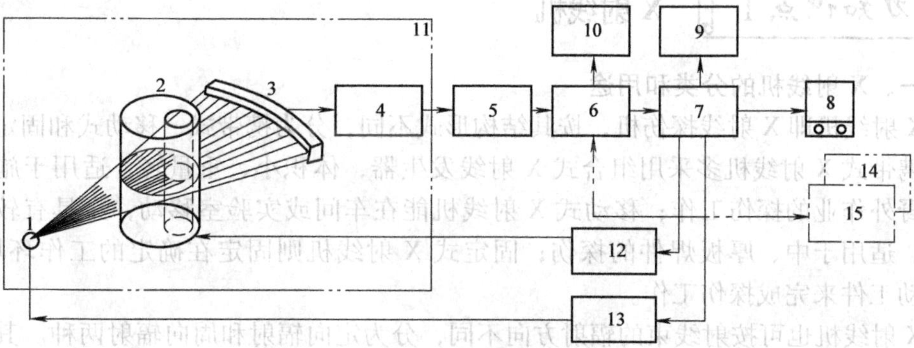

图 3-5 射线工业 CT 系统组成框图

1—射线源 2—工件 3—检测器 4—数据采集部 5—高速运算器 6—计算机 CPU
7—控制器 8—显示器 9—摄影单元 10—磁盘 11—防护设施 12—机器控制单元
13—射线控制单元 14—应用软件 15—图像处理器

射线源发出扇形射线束，被工件衰减后的射线强度投影数据经接收检测器（300个左右，能覆盖整个扇形扫描区域）被数据采集部采集，并进行从模拟量到数字量的高速 A/D 转换，形成数字信息。在一次扫描结束后，工件转动一个角度再进行下一次扫描，如此反复下去，即可采集到若干组数据。这些数字信息在高速运算器中进行

修正、图像重建处理和暂存，在计算机 CPU 的统一管理及应用软件支持下，便可获得被检物体某一个断面层的真实图像，显示于监视器上。

工业 CT 实现了物体内部三维立体结构再现，能定量地提供物体内部的物理、力学特性，如缺陷的位置及尺寸、密度的变化及水平，异形结构的形状及精确尺寸，物体内部的杂质及分布等。作为无损检测的一种新技术，具有十分优良的性能。但由于设备成本及使用成本还太高，使其推广应用受到一定障碍。目前，主要用于航空、航天、兵器等工业领域的精密零部件的无损检测。

资料卡 工业 CT 近年来在汽车工业中得到广泛应用，它可定量地检测出物体的物理和力学性质、缺陷的形状和精确尺寸以及缺陷的取向及分布等。主要局限性有：试件的尺寸和材质必须与所用设备的运转系统和射线的能量相适应，即存在几何尺寸的局限性；由于射线 CT 系统对微弱信号变化十分敏感且图像上每一点都是经过大量运算给出的结果，导致产生与试件物理结构不相符的伪像；扫描时间典型的是每幅图像若干分钟，整个的三维检测可能是很费时的；试件的检测要求有大的储存容量和先进的显示技术等。

综合知识模块三 射线探伤设备简介

射线探伤常用的设备主要有 X 射线机、γ 射线机和加速器。了解其原理、构造、主要性能及用途，是正确选择设备和有效进行探伤工作的保证。

能力知识点 1 X 射线机

一、X 射线机的分类和用途

X 射线机即 X 射线探伤机，按其结构形式不同，分为携带式、移动式和固定式三种。携带式 X 射线机多采用组合式 X 射线发生器，体积小、重量轻，适用于施工现场和野外作业的探伤工作；移动式 X 射线机能在车间或实验室移动，且具有较高管电压，适用于中、厚板焊件的探伤；固定式 X 射线机则固定在确定的工作环境中，靠移动工件来完成探伤工作。

X 射线机也可按射线束的辐射方向不同，分为定向辐射和周向辐射两种。其中周向辐射 X 射线机特别适用于管道、锅炉和压力容器的环形焊缝探伤，由于一次曝光可以检查整个焊缝，显著提高了工作效率。

二、X 射线机的组成

X 射线机主要由 X 射线管、高压发生器、控制装置、冷却器、机械装置和高压电缆等部件组成。移动式及固定式 X 射线机采用将高压发生器与 X 射线管分开装置。而便携式 X 射线机是将高压发生器与 X 射线管直接相连构成组合式 X 射线发生器，省去了高压电缆，并和冷却器一起组装成射线柜。为携带方便，一般也没有为支撑机器而设计的机械装置。

三、X射线管

X射线管是X射线机的核心部件。它是一种由阴极、阳极和管套组成的真空电子器件，其结构如图3-6所示。

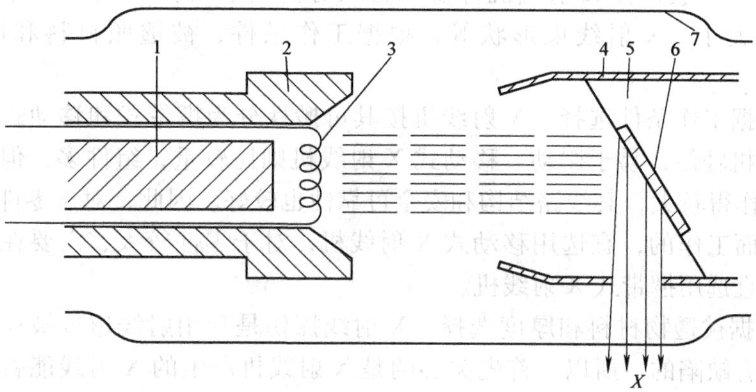

图3-6 X射线管结构示意图

1—阴极 2—聚焦罩 3—灯丝 4—阳极罩 5—阳极体 6—阳极靶 7—管套

（1）管套 它是X射线管的外壳。为了使高速电子在X射线管内运动时阻力减小，管内要求有较高的真空度，一般在1.33×10^{-4}Pa以上。

（2）阴极 X射线管的阴极起着发射电子和聚焦电子作用。它主要由发射电子的钨丝和聚焦电子的聚焦罩（纯铁或纯镍制成的凹面形）组成。X射线管内阳极焦点的形成取决于阴极的形状。平面螺旋形钨丝，将形成圆形焦点；螺旋管形钨丝，则形成方形或矩形线焦点。而当有两组钨丝时，可产生两个大小不同的焦点，称之为双焦点。

（3）阳极 X射线是从射线管的阳极发出的。整个阳极构造包括阳极靶（钨等）、阳极体和阳极罩（铜，导电和散热）三部分。一般阳极靶与管轴垂直方向约成20°倾角，X射线束则形成一个约40°的圆锥向外辐射。由于X射线管能量转换率很低，阳极靶接受电子轰击的动能绝大部分转换为热能而被阳极靶吸收，因此阳极的冷却至关重要。目前采用的冷却方式主要有辐射散热及油、水冷却等。

（4）焦点 X射线管的焦点是决定X射线管光学性能好坏的重要标志，焦点大小直接影响探伤灵敏度。

X射线管的焦点尺寸主要取决于阴极钨丝的形状和大小，管电压和管电流也有一定的影响。如图3-7所示，阳极靶被电子轰击的部分叫实际焦点，又称几何焦点。实际焦点在垂直于射线束轴线的投影，即在X射线传播方向经光学投影后的尺寸（面积），称为有效焦点。影响透照清晰度和灵敏度的主要是有效焦点的大小，技术指标中给出的焦点尺寸通常是有效焦点。由于阳极靶块与射线束轴线一般成20°倾角，所以有效焦点大约是实际焦点的1/3。

用于X射线检测用的X射线管，就焦点大小区分，可分为大焦点、小焦点和微焦点；就结构形式区分有玻璃壳管、金属陶瓷管和波纹陶瓷管；就辐射形式区分有定向曝光和周向曝光（有平靶和锥靶两种）、软X射线管、棒阳极等。

四、X射线机的选择

实际探伤时，应根据不同的透照对象、灵敏度要求、工作场地等因素选择适用的X射线机。一般选择X射线机都要考虑其穿透力、可搬运性、X射线管焦点大小、管电流大小、X射线束形状等，根据工作条件、被透照材料和厚度进行选择。

（1）根据工作条件选择　X射线机按其可搬性分为携带式和移动式两大类。携带式X射线机轻便，易于搬动。移动式X射线机则比较重，组件多，但管电压、管电流可以制作得较大，其线路结构和安全可靠性也较好。因此，对于零件较小、可以搬至集中地面工作的，宜选用移动式X射线机；对于零件较大、需要在高空或地下工作的，则宜选用携带式X射线机。

（2）根据被透物材料和厚度选择　X射线探伤是利用射线透过被检验物质来发现其中是否有缺陷的。所以，首先关心的是X射线机产生的X射线能否穿透欲检验的材料或焊缝。X射线的穿透能力取决于其能量或波长。X射线机的管电压越高，产生的X射线波长就越短，能量也就越大，透过物质的能力也就越强。因此，选择管电压高的X射线机可以得到高的穿透能力。

另外，X射线穿过不同物质时，物质对射线的衰减能力不同。一般来说，被透照物质原子序数越大、密度越大则对射线衰减能力越大。因此，透照轻金属或厚度较薄的工件时，宜选用管电压低的X射线机；透照重金属或厚度较大的工件时，宜选用管电压高的X射线机。

对于钢铁材料，各种射线源适宜透照的厚度如图3-8所示并见表3-1。

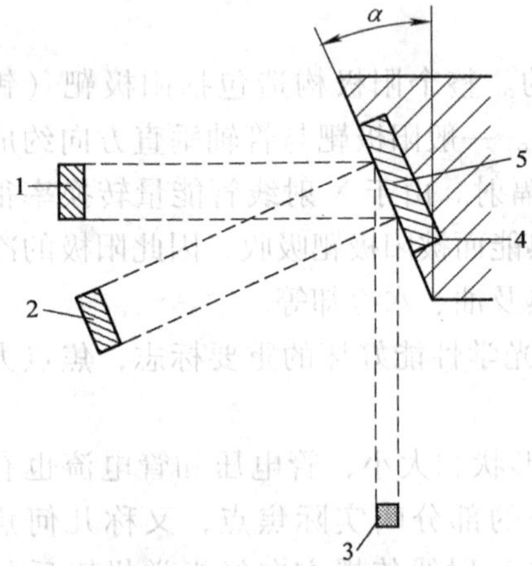

图3-7　焦点示意图

1—电子束尺寸　2—实际焦点

3—有效焦点　4—阳极靶块　5—轰击区

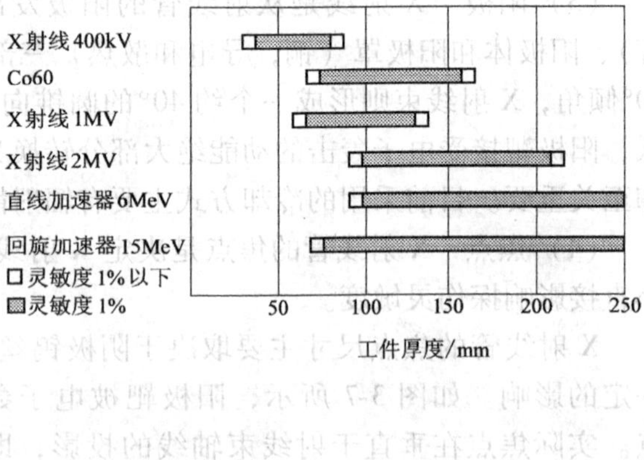

图3-8　各种射线源使用范围

表3-1 不同厚度钢材采用的射线探伤设备

工件厚度/mm	射线探伤设备	备注
6	100kV X射线机	
12	150kV X射线机	
25	250kV X射线机	也可采用Ir192、Se75等γ射线机
50	300kV X射线机	
75	400kV X射线机	
100	Co60 γ射线机	
>100	加速器	

能力知识点2 γ射线机

γ射线机按其结构形式分为携带式、移动式和爬行式三种。携带式γ射线机多采用Ir192作为射线源，适用于较薄件的探伤。移动式γ射线机多采用Co60作为射线源，用于厚件探伤。爬行式γ射线机主要用于野外焊接管线探伤。

γ射线机具有以下优点：穿透力强，最大可透照300mm钢材；透照过程中不需要水和电，因而可在野外、带电（高压电器设备）、高空、高温及水下等多种场合工作，可在X射线机和加速器无法达到的狭小部位工作。主要缺点是：半衰期短的γ源更换频繁；要求有严格的射线防护措施；探伤灵敏度略低于X射线机。

能力知识点3 加速器

加速器是一种利用电磁场使带电粒子（如电子、质子、氘核、氦核及其他重离子）获得能量的装置。用于产生高能X射线的加速器主要有电子感应式、电子直线式和电子回旋式三种。其中，电子直线加速器应用最为广泛。

由于加速器能量高，射线焦点尺寸小，探伤灵敏度高，且其射线束能量、强度与方向均可精确控制，其应用日益广泛。

资料卡 目前已有近50种方法被列入无损检测的范畴。但目前检测焊接缺陷的无损检测方法主要是超声波检测法、射线检测法、磁粉检测法、涡流检测法、渗透检测法。

随着科技的发展，以上无损检测方法本身也在不断发展，如X射线实时成像、工业CT、超速B扫描、超声成像、自动磁粉探伤判伤系统、漏磁自动探伤系统、新型渗透材料的问世等。除此之外，无损检测还增添了许多新的方法，如声发射、微波、红外等。

综合知识模块四 焊缝的射线照相法探伤

射线照相法具有灵敏度较高、所得射线底片能作为质量凭证长期保存等优点，在射线探伤中应用最为广泛。

能力知识点1 探伤系统的组成

射线照相法探伤系统的组成如图3-9所示。

一、射线源

射线源可以是X射线机、γ射线机或高能X射线加速器。

二、射线胶片与暗盒

射线胶片不同于普通照相胶片之处是在片基的两面均涂有乳剂，以增加对射线敏感的卤化银含量。通常依据卤化银颗粒粗细和感光速度快慢，将射线胶片予以分类。探伤时可按检验的质量和像质等级要求来选用。检验质量和像质等级要求高，选用颗粒小、感光速度慢的胶片；反之，则可选用颗粒大、感光速度较快的胶片。

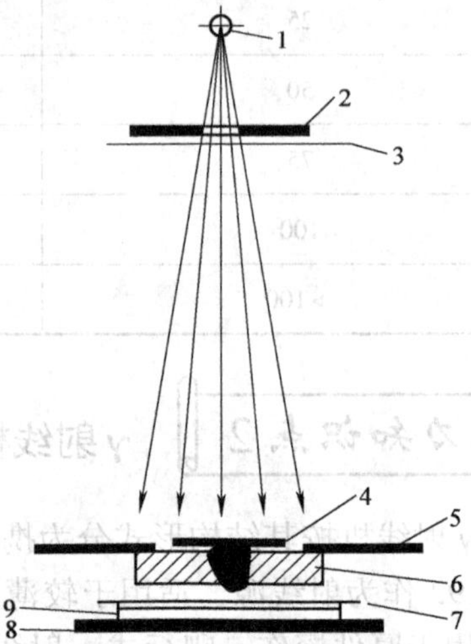

图3-9 照相法探伤系统组成

1—射线源 2—铅光阑 3、7—滤板 4—标记带、像质计 5—铅遮板 6—工件 8—底部铅板 9—暗盒、胶片、增感屏

在实际探伤时，胶片须放在暗袋内，以免光照曝光和机械损伤。暗袋通常采用对射线吸收不明显的柔软材料（如不透明橡胶或不透明黑塑料袋）制成，以便很好地弯曲并能贴紧工件，其大小由胶片尺寸决定。

三、增感屏

射线照相法探伤中，常使用金属增感屏来提高胶片感光速度和底片的成像质量。金属增感屏是由金属箔（常用铅、钢或铜等）粘合在纸基或胶片片基上制作而成。其主要作用是通过增感屏被射线透照时产生的二次电子和二次射线，增强对胶片的感光作用，从而达到提高感光速度的目的。同时，它对波长较长的散射线有吸收作用（称滤波作用），可以提高成像质量。

金属增感屏有前、后屏之分，使用时夹于胶片两侧。前屏（覆盖胶片靠近射线源一面）较薄，后屏（覆盖胶片背面）较厚。其厚度应根据射线能量进行适当的选择。使用时应与胶片贴紧，否则会使射线照相清晰度和反差严重下降。另外，增感屏应保持清洁，表面不能划伤或磨损。若有污物，可用酒精药棉轻轻擦洗。受潮的增感屏可用红外线或在烘箱中低温烘干，切不可曝晒。

四、像质计

像质计是用来定量评价射线照相灵敏度的一种工具。有线型、孔型和槽型三种，焊缝探伤多采用线型像质计。线型像质计的规格和技术要求应满足JB/T 7902和

EN 462—1 标准，其型式如图 3-10 所示。

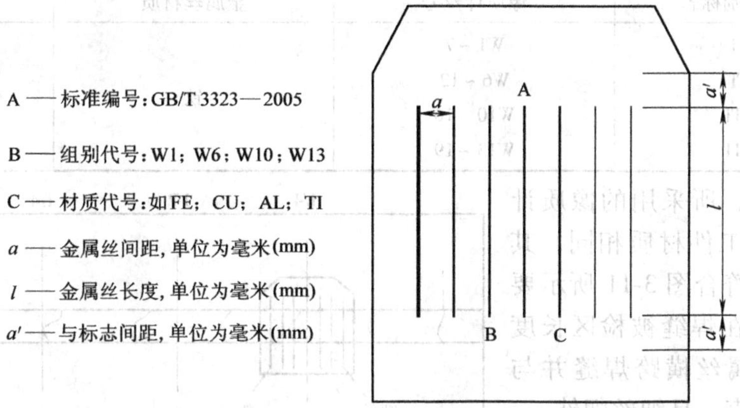

图 3-10　线型像质计

线型像质计是由相同材质和长度的不同直径金属丝组成，以七根编号相连续的金属丝为一组，共分 W1 ~ 7、W6 ~ 12、W10 ~ 16、W13 ~ 19 四组。每条金属丝之间互相平行，并固定在由弱吸收材料制成的包壳中，使一组金属丝组成一个整体。国家标准规定的线型像质计组别见表 3-2。不同材质的像质计的标志和适用范围见表 3-3。

表 3-2　线型像质计组别　（单位：mm）

像质计组别代号	W1	W6	W10	W13
线径	3.20	1.00	0.40	0.20
	2.50	0.80	0.32	0.16
	2.00	0.63	0.25	0.125
	1.60	0.50	0.20	0.100
	1.25	0.40	0.16	0.080
	1.00	0.32	0.125	0.063
	0.80	0.25	0.100	0.050

表 3-3　不同材质线型像质计的组别标志和适用范围

像质计组别标志	像质计丝号	金属丝材质	适用范围
W1FE	W1 ~ 7	碳素钢	铁类材料
W6FE	W6 ~ 12		
W10FE	W10 ~ 16		
W13FE	W13 ~ 19		
W1CU	W1 ~ 7	铜	铜、锌、锡及锡合金
W6CU	W6 ~ 12		
W10CU	W10 ~ 16		
W13CU	W13 ~ 19		
W1AL	W1 ~ 7	铝	铝及铝合金
W6AL	W6 ~ 12		
W10AL	W10 ~ 16		
W13AL	W13 ~ 19		

（续）

像质计组别标志	像质计丝号	金属丝材质	适用范围
W1TI W6TI W10TI W13TI	W1～7 W6～12 W10～16 W13～19	钛	钛及钛合金

探伤时，所采用的像质计必须与被检工件材质相同，其放置方式应符合图 3-11 所示要求，即安放在焊缝被检区长度 1/4 处，金属丝横跨焊缝并与焊缝轴线垂直，且细丝朝外。

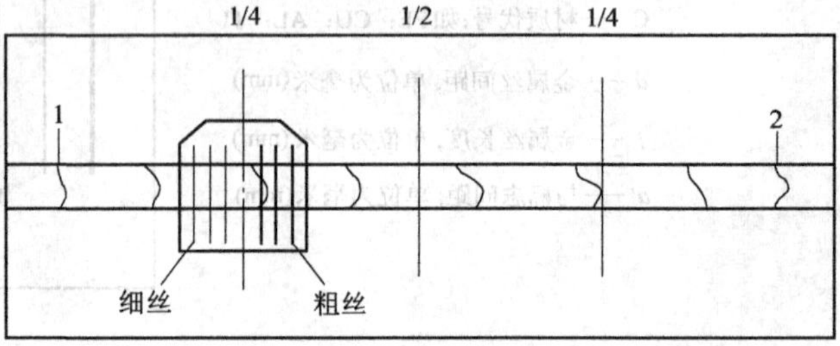

图 3-11　线型像质计的正确安放（1～2 为被检区）

五、标记系

对于选定的焊缝探伤位置必须进行标记，使每张射线底片与焊件被检部位能够始终对照，易于找出返修位置。标记内容主要有：

（1）定位标记　包括中心标记、搭接标记。

（2）识别标记　包括工件编号、焊缝编号、部位编号、返修编号等。

（3）B 标记　该标记贴附在暗盒背面，用以检查背面散射线防护效果。若此标记影像较暗或不可见，表明散射线屏蔽良好，则此底片合格；若底片上出现该标记的较亮影像，此底片作废无效，应予重照。

工件表面应作出永久性标记，以确保每张射线底片可准确定位。若材料性质或使用条件不允许在工件表面作永久标记时，应采用准确的底片分布图来记录。在曝光区工件表面上放置与工件表面对应的高密度材料（如铅质）的标记，与工件一起曝光后，可使标记在底片上留下清晰的影像，从而形成底片上的标记。标记的安放位置如图 3-12 所示。

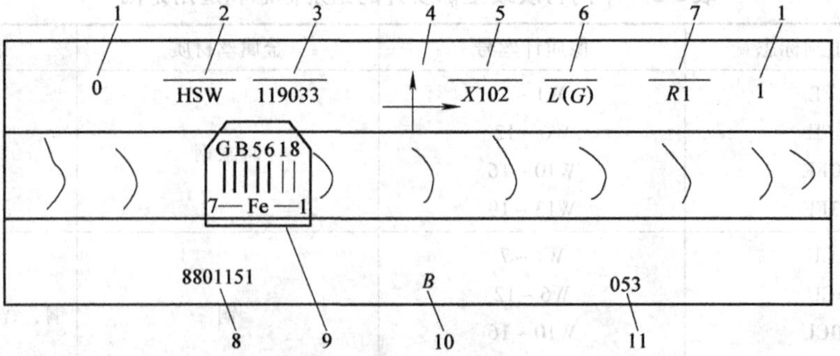

图 3-12　各种标记相互位置（标记系）

1—定位及分编号（搭接标记）　2—制造厂代号　3—产品令号（合同号）
4—工件编号　5—焊缝类别（纵、环缝）　6—返修次数　7—检验日期
8—中心定位标记　9—像质计　10—B 标记　11—操作者代号

六、散射线防护装置

散射线会使射线底片灰雾度（未经曝光的胶片经暗室处理后获得的最小黑度）增加，影像对比度降低，降低射线照相质量。因此，在射线探伤时应采取措施对散射线加以防护。具体使用以下装置：

（1）铅光阑和滤光板　附加在射线机窗口的铅光阑，可将一次射线尽量限制在被检区段内，限制射线照射区域大小，减少来自其他物体（试件、墙壁、地面等）的散射作用，从而在一定程度上减少散射线。采用 Ir192 和 Co60 射线源或产生边缘散射时，可将铅箔或薄铅板（厚度在 0.5 ~ 2mm）插在工件和暗袋之间，作为低能散射线的滤光板。

（2）铅遮板　放置在工件表面和周围，能有效屏蔽前方散射线（来自暗袋正面的散射线）。

（3）底部防护板　底部防护板又称后防护板，贴附在胶片暗袋后，用于防止来自暗袋背面的散射线对胶片的影像。常用 1mm 以上的铅板或 1.5mm 以上锡板作为后防护板。

能力知识点 2　探伤条件的选择

射线照相法探伤是通过底片上缺陷影像，对照有关标准来评定工件内部质量的。因此，获得高质量的射线底片是焊接质量分析工作的前提。为获得高质量的射线底片，必须合理选择各种探伤条件。对于钢制焊件射线探伤，主要标准为 GB/T 3323—2005《金属熔化焊焊接接头射线照相》（下略标准名称）。

一、射线透照技术等级的选择

射线透照技术等级是对射线探伤本身的质量要求。GB/T 3323—2005 标准中将其划分为两个等级：

A 级——普通级；

B 级——优化级。

射线透照技术等级的选择，应按照相关规程及设计要求由合同各方商定。当 A 级灵敏度不能满足检测要求时，应采用 B 级透照技术。当 B 级规定的透照条件无法实现时，经合同各方商定，也可选用 A 级规定的透照条件，通过底片黑度增高或选用较高对比度的胶片系统来补偿灵敏度的损失。当需要采用优于 B 级的透照技术时，相应的检测参数可由合同各方商定。

二、探伤位置的选择

对焊件的探伤，应按产品制造标准的具体要求对产品的工作焊缝进行全检（即 100% 检查）或抽检。抽检面有 5%、10%、20%、40% 等几种，采用何种抽检面应依据有关标准及产品技术条件而定。

对允许抽检的产品，抽检位置一般选在：可能或常出现缺陷的位置；危险断面或受力最大的焊缝部位；应力集中部位；外观检查感到可疑的部位。典型焊接产品射线探伤位置确定实例如图 3-13 所示。

图 3-13 所示压力容器（I 类）是由两节筒体和两个封头对接焊成，其钢板厚度

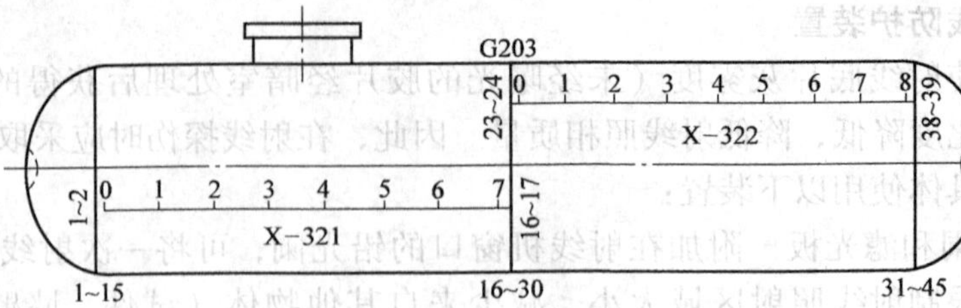

图 3-13　压力容器射线探伤位置的确定

12mm。根据《压力容器监察规程》规定，可对探伤位置确定如下：

1）规程规定：“筒体与封头连接部位必须进行探伤”。因此，1～15、31～45 两条环焊缝应作 100% 探伤，共拍片 30 张。

2）规程规定：“筒节纵、环缝交叉部位必须探伤”。因此，16～17、23～24 二个区段必须探伤。同时，规程要求 I 类压力容器 20% 焊缝应用射线探伤抽查，中间环焊缝 16～30 共有 15 个区段，应至少探伤三个区段才能满足 20% 抽检面要求。因此，该焊缝除 16～17、23～24 二个区段外，尚需再增加一个探伤区段。

3）筒体纵焊缝 X—321 上的 0～1、6～7 二个区段占该焊缝长度的 28%，X—322 上的 0～1、7～8 二个区段占该焊缝长度 25%，均达到 20% 抽检面要求。

上述（2）、（3）是将规程规定的 20% 抽检面落实到每条焊缝上考虑，是正确合理的。

三、灵敏度的选择

灵敏度是评价射线照相质量的最重要指标，它标志着射线探伤时发现最小缺陷的能力，一般以在工件中能够发现的最小缺陷尺寸来表示。由于事先无法了解沿射线穿透方向上的最小缺陷尺寸，为此必须采用已知尺寸的人工“缺陷”——像质计来度量。

GB/T 3323—2005 规定，射线照相灵敏度以像质计数值表示。通过观察底片上的像质计影像，确定可识别的最细丝径编号，以此作为像质计数值。对于线型像质计，若在黑度均匀的区域内有至少 10mm 丝长连续清晰可见，该丝就视为可识别。该标准同时规定了钢铁材料射线照相时，不同的透照方法、透照技术等级和透照厚度所需达到的像质计数值。

值得注意的是，利用像质计得到的射线照相灵敏度，仅用以衡量射线照相的质量，而不能直接表示可以发现自然缺陷的实际尺寸。在透照灵敏度相同情况下，由于缺陷性质、取向、内含物的不同，所能发现的实际尺寸不同。所以在达到某一灵敏度时，并不能断定能够发现缺陷的实际尺寸究竟有多大。但是像质计得到的灵敏度反映了对于某些人工“缺陷”（金属丝）发现的难易程度，因此它完全可以对影像质量作出客观的评价。

四、射线能量的选择

射线能量的选择实际上是对射线源的 kV、MeV 值或 γ 射线源的种类的选择。射线能量越大，其穿透能力越强，即可透照的工件厚度越大。但同时也会造成由于衰减系数的降低而导致成像质量下降。所以在保证穿透的前提下，应根据材质和成像质量要求，尽量选择较低的射线能量。在 GB/T 3323—2005 中对允许使用的最高管电压和透照厚度的下限值均做了规定，见图 3-14 和表 3-4。

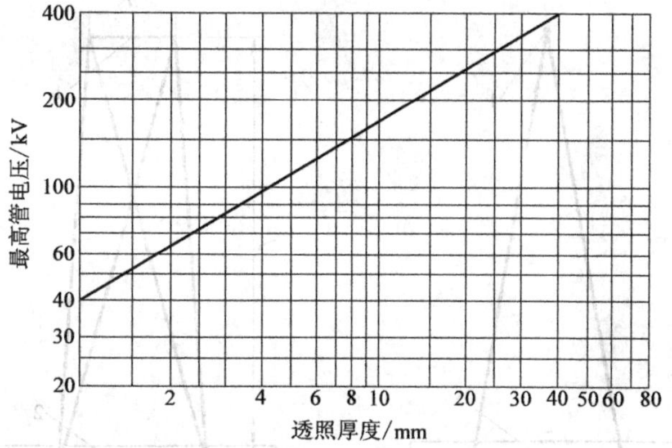

图 3-14　透照厚度和允许使用的最高管电压

1—铜、镍及其合金　2—钢　3—钛及其合金　4—铝及其合金

表 3-4　γ 射线和 1MeV 以上 X 射线对钢、铜和镍基合金材料所适用的透照厚度范围

射线源种类	穿透厚度 w /mm	
	A 级	B 级
Tm170	$w \leqslant 5$	$w \leqslant 5$
Yb169[a]	$1 \leqslant w \leqslant 15$	$2 \leqslant w \leqslant 12$
Se75[b]	$10 \leqslant w \leqslant 40$	$14 \leqslant w \leqslant 40$
Ir192	$20 \leqslant w \leqslant 100$	$20 \leqslant w \leqslant 90$
Co60	$40 \leqslant w \leqslant 200$	$60 \leqslant w \leqslant 150$
X 射线 1　MeV ~4MeV	$30 \leqslant w \leqslant 200$	$50 \leqslant w \leqslant 180$
X 射线 >4 MeV ~12MeV	$w \geqslant 50$	$w \geqslant 80$
X 射线 >12MeV	$w \geqslant 80$	$w \geqslant 100$

注：a—对于铝和钛的穿透厚度为：A 级时，$10 < w < 70$；B 级时，$25 < w < 55$；

b—对于铝和钛的穿透厚度为：A 级时，$35 \leqslant w \leqslant 120$。

五、透照几何参数的选择

1．射线焦点大小的影响

射线焦点的大小对射线底片图像细节的清晰程度影响很大，因而影响探伤灵敏度。如图 3-15 所示，当焦点为点状时，得到的缺陷影像最为清晰，底片上的黑度由 D_2 急剧过渡到 D_1。而当焦点为直径 d 的圆截面时，缺陷在底片上的影像将存在黑度逐渐变化的区域 u_g，称为半影。它使得缺陷的影像边缘变得模糊而降低底片的清晰度。且焦点越大，半影也越大，成像就越不清晰。

通常用半影 u_g 的数值来衡量几何不清晰度的大小。由图 3-15 所示的几何关系可知，u_g 的大小与焦点尺寸 d 及工件表面至胶片距离 b 均成正比，与射线源至工件表面距离 f 成反比。因此，为减小影像的几何不清晰度，应在尽量选择焦点小的射线源，或者增加焦点至工件表面的距离 f，并尽量把胶片贴紧工件（减小工件表面至胶片距离）。

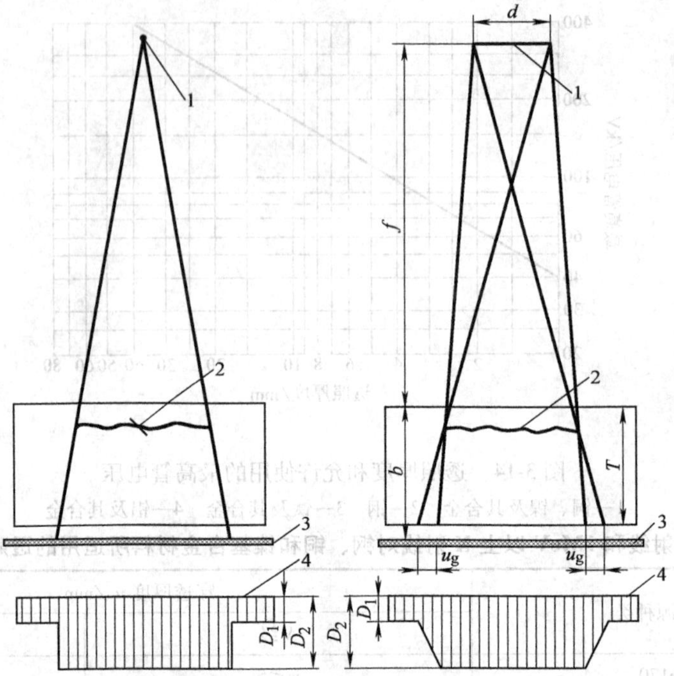

图 3-15　射线照相几何关系

1—射线源（焦点）　2—缺陷　3—胶片　4—底片黑度变化

2. 射线源至工件距离的选择

在射线源选定后，增大射线源至工件距离 f，可提高底片清晰度，也可增大每次透照面积。GB/T 3323—2005 标准规定，射线源至工件距离 f 的选择，应使 f/d 符合下列要求：

A 级：　$f/d \geqslant 7.5 \times b^{2/3}$

B 级：　$f/d \geqslant 15 \times b^{2/3}$

式中　d——射线源尺寸，单位为 mm。

b——工件至胶片距离，单位为 mm。当 $b < 1.2t$ 时，可用公称厚度 t 取代。

但射线源至工件距离 f 的增大，将会大大削弱照射面积上的单位面积的射线强度，从而使得曝光时间过长。因此，不能为了提高清晰度而无限地加大透照距离。探伤通常采用的透照距离为 400 ~ 700mm。

目前在射线探伤中，对射线源至工件距离 f 的选择，以根据几何不清晰度原理制作的诺模图来确定最小透照距离的方法最为实用。例如，若射线源焦点尺寸 d = 3mm，工件表面至胶片距离（胶片紧贴工件时即为工件厚度）b = 40mm。在图 3-16 中 d 线上找到“3”刻度，在 b 线上找到“40”刻度，连接这两点交于中间 $f_{min}^{1)}$ 线上的刻度值 $f_{min}^{1)}$ = 520 及 $f_{min}^{2)}$ = 270。即 A 级透照时，射线源至工件距离最小值应为 270mm；B 级透照时，射线源至工件距离应为 520mm。

六、曝光规范的选择

曝光规范是影响照相质量的重要因素。X 射线探伤的曝光规范包括管电压、管电流、曝光时间及焦距等四个参数，其中管电流和曝光时间的乘积称为曝光量。γ 射线探伤的曝光规范包括射线源种类、剂量、曝光时间及焦距等四个内容。射线剂量反映了射线强度，它和曝光时间的乘积称为曝光量。曝光量决定底片的感光量，即直接影响底片黑度。

射线探伤中，通常利用曝光曲线进行曝光规范的选择。曝光曲线是表示工件（材质和厚度）与工艺规范（管电压、管电流、曝光时间、焦距、暗室处理条件等）之间相关性的曲线图示。由于二维坐标图只能表示三个相关的参数，因此在构成曝光曲线时，通常选择工件厚度、管电压和曝光量作为可变参数，其他条件必须相对固定。目前应用较多的是以横坐标表示工件厚度，纵坐标表示曝光量的对数，管电压为变化参数的曝光曲线，即工件厚度—曝光量曲线，如图 3-17 所示。

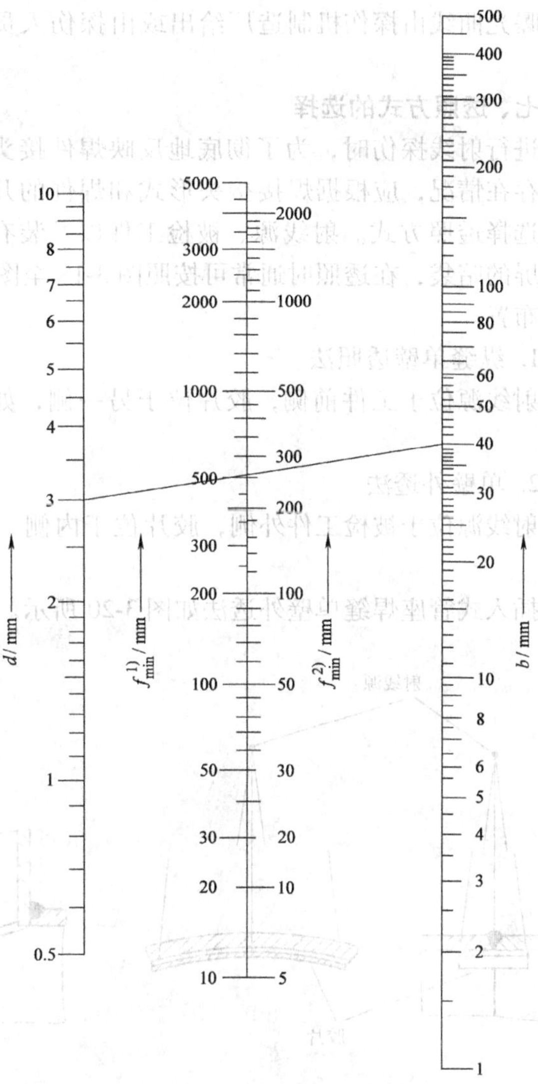

图 3-16　确定射线源至工件最小距离 f_{min} 的诺模图

1）—B 级　2）—A 级

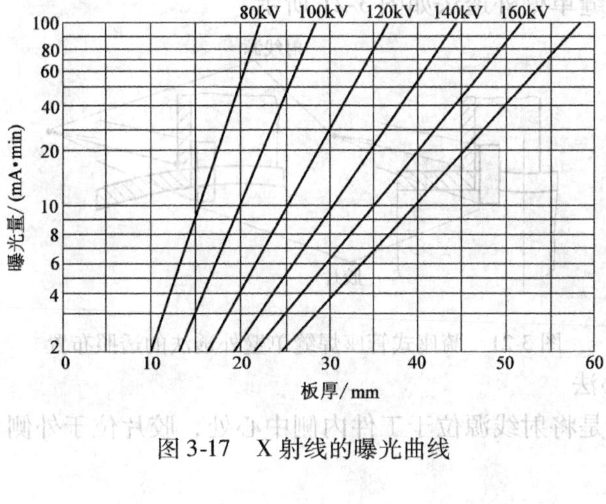

图 3-17　X 射线的曝光曲线

曝光曲线由探伤机制造厂给出或由探伤人员自己用试验方法作出，后者更为实用。

七、透照方式的选择

进行射线探伤时，为了彻底地反映焊件接头内部缺陷的存在情况，应根据焊接接头形式和焊件的几何形状合理选择透照方式。射线源、被检工件以及装有胶片和增感屏的暗袋，在透照时通常可按照图 3-18 至图 3-34 的方式布置。

1. 纵缝单壁透照法

射线源位于工件前侧，胶片位于另一侧，如图 3-18 所示。

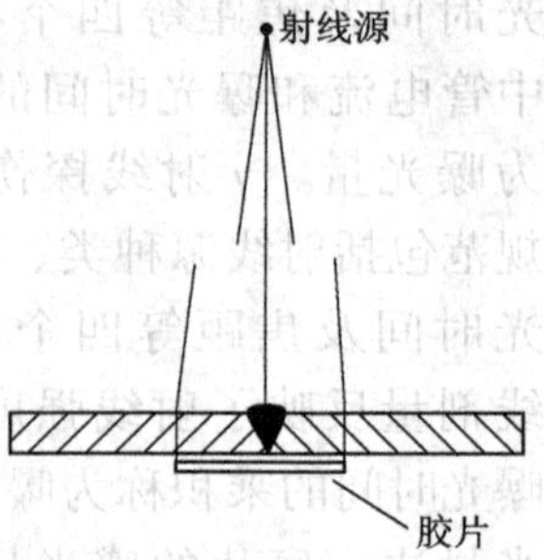

图 3-18　纵缝单壁透照布置

2. 单壁外透法

射线源位于被检工件外侧，胶片位于内侧。对接环焊缝单壁外透法如图 3-19 所示。

插入式管座焊缝单壁外透法如图 3-20 所示。

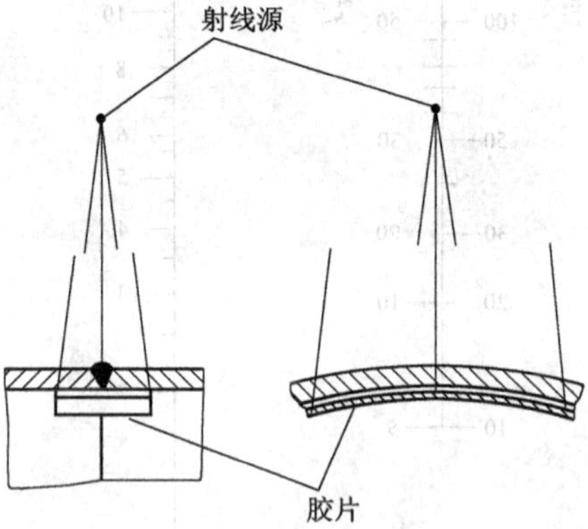

图 3-19　对接环焊缝单壁外透法的透照布置

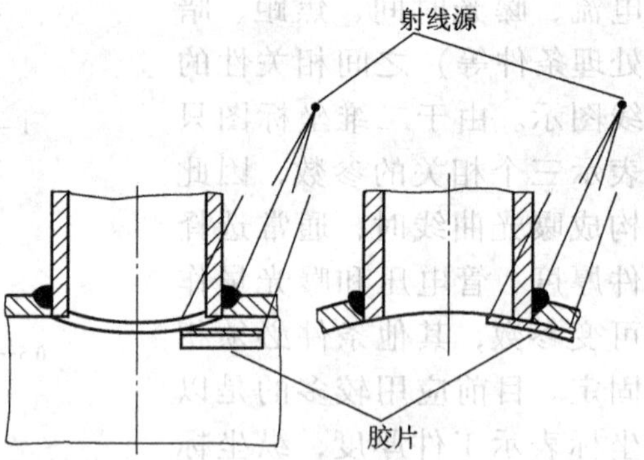

图 3-20　插入式管座焊缝单壁外透法的透照布置

骑座式管座焊缝单壁外透法如图 3-21 所示。

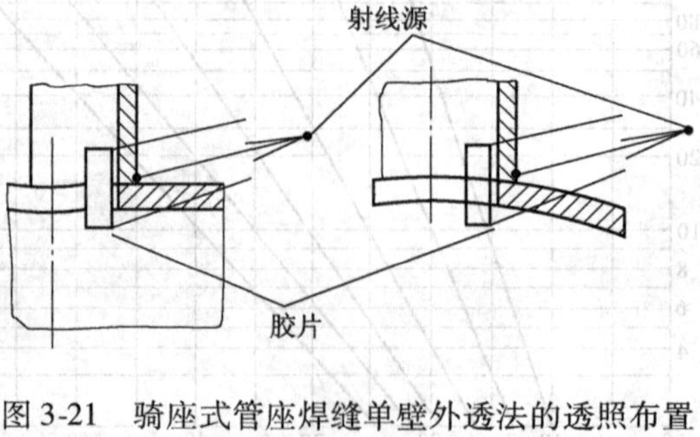

图 3-21　骑座式管座焊缝单壁外透法的透照布置

3. 射线源中心法

射线源中心法是将射线源位于工件内侧中心处，胶片位于外侧。对接环焊缝周向曝光的透照布置如图 3-22 所示。

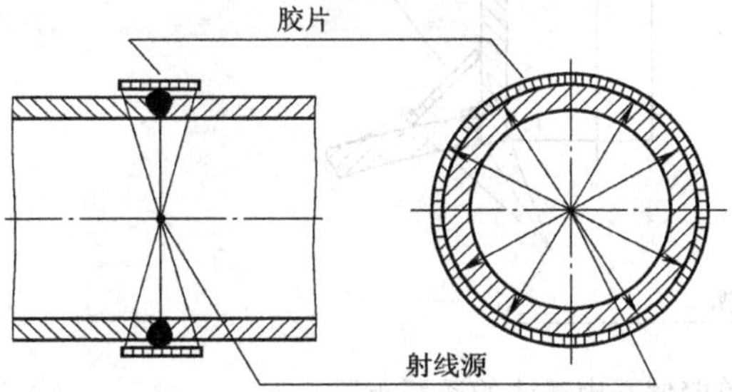

图 3-22 对接环焊缝周向曝光的透照布置

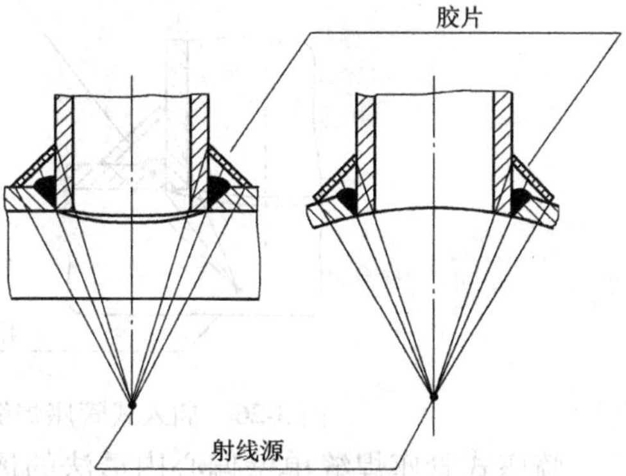

图 3-23 插入式管座焊缝单壁中心内透法的透照布置

插入式管座焊缝单壁中心内透法的透照布置如图 3-23 所示。

骑座式管座焊缝单壁中心内透法的透照布置如图 3-24 所示。

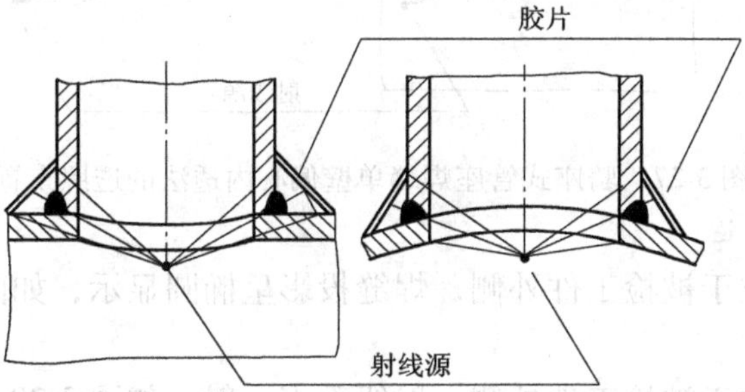

图 3-24 骑座式管座焊缝单壁中心内透法的透照布置

4. 射线源偏心法

射线源位于被检工件内侧偏心处，胶片位于外侧。对接环焊缝单壁偏心法的透照布置如图 3-25 所示。

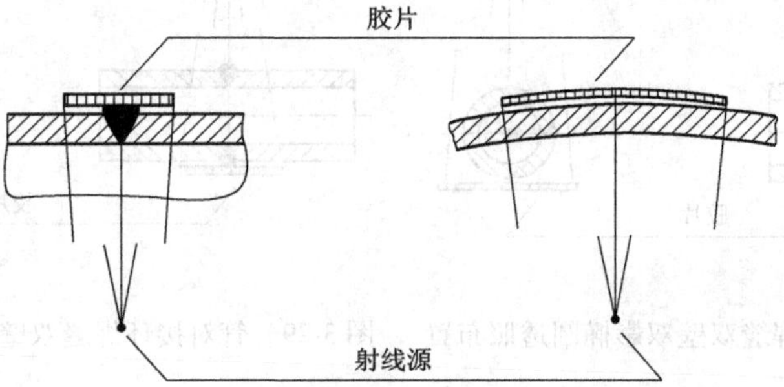

图 3-25 对接环焊缝单壁偏心内透法的透照布置

插入式管座焊缝单壁偏心内透法的透照布置如图 3-26 所示。

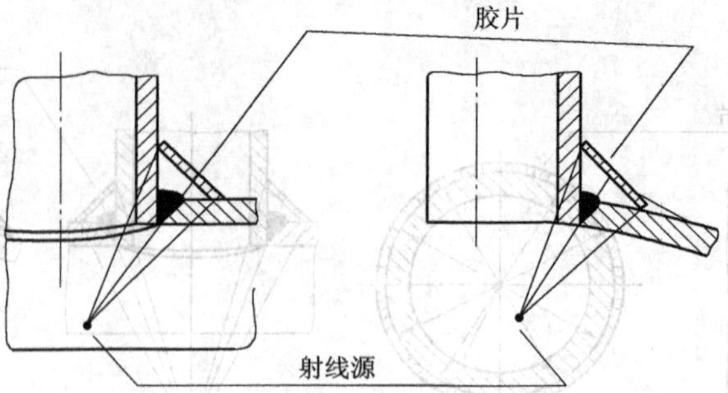

图 3-26 插入式管座焊缝单壁偏心内透法的透照布置

骑座式管座焊缝单壁偏心内透法的透照布置如图 3-27 所示。

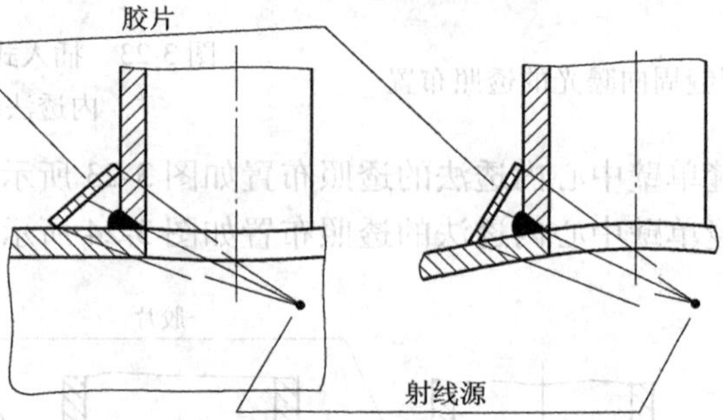

图 3-27 骑座式管座焊缝单壁偏心内透法的透照布置

5. 椭圆透照法

射线源和胶片位于被检工件外侧，焊缝投影呈椭圆显示，如图 3-28 所示。

6. 垂直透照法

射线源和胶片位于被检工件外侧，射线垂直入射，如图 3-29 所示。

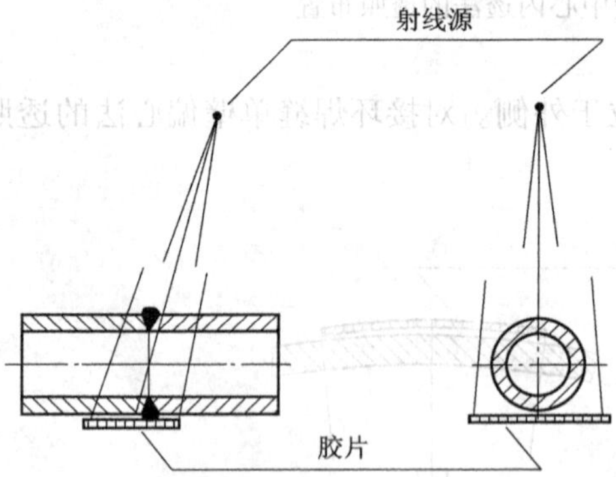

图 3-28 管对接环焊缝双壁双影椭圆透照布置

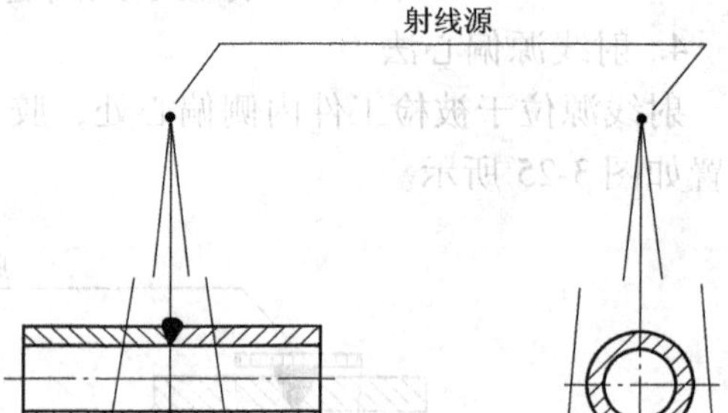

图 3-29 管对接环焊缝双壁双影垂直透照布置

7. 双壁单影法

射线源位于被检工件外侧，胶片位于另一侧。对接环焊缝双壁单影法的透照布置如图 3-30 所示。

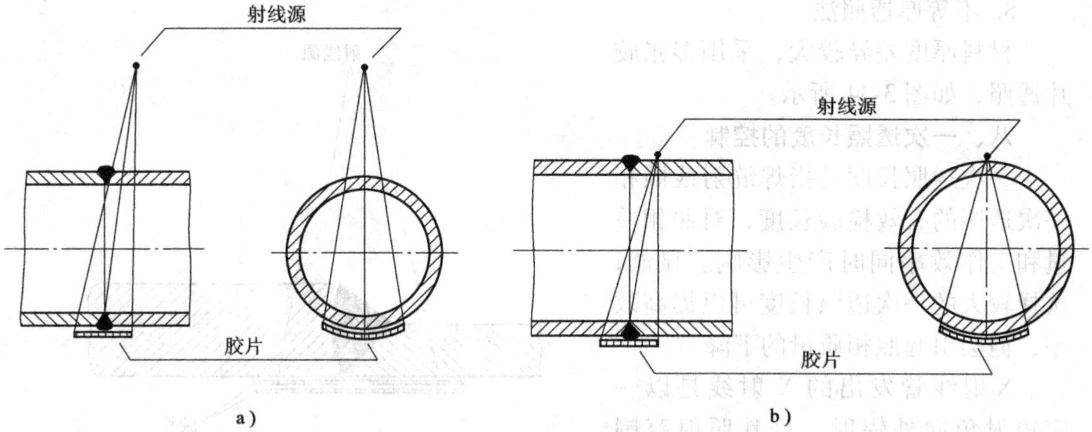

图 3-30 对接环焊缝双壁单影法的透照布置

纵缝双壁单影法的透照布置如图 3-31 所示。

插入式支管连接焊缝双壁单影法的透照布置如图 3-32 所示。

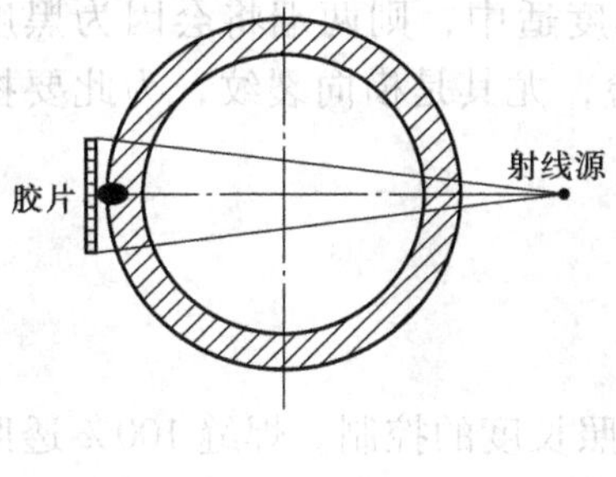

图 3-31 纵缝双壁单影法的透照布置

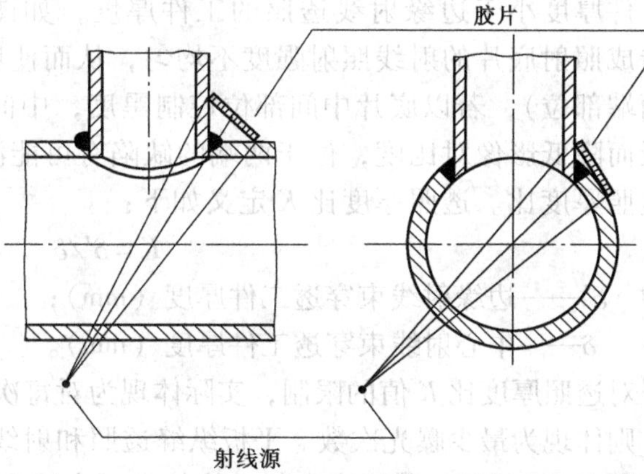

图 3-32 插入式支管连接焊缝双壁单影法的透照布置

角焊缝的透照布置如图 3-33 所示。

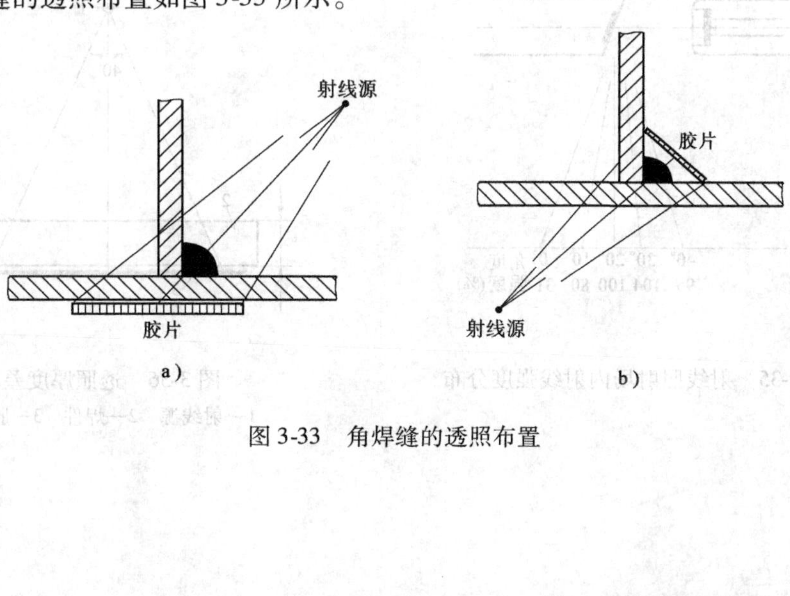

图 3-33 角焊缝的透照布置

8. 不等厚透照法

材料厚度差异较大，采用多张胶片透照，如图 3-34 所示。

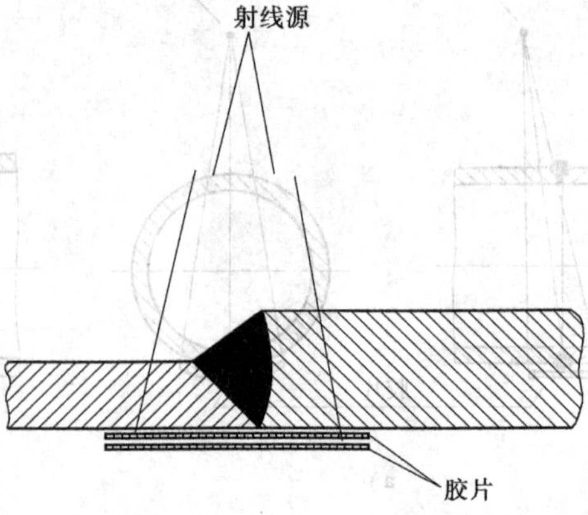

图 3-34 不等厚对接焊缝的多胶片透照布置

八、一次透照长度的控制

一次透照长度是指焊缝射线照相一次透照的有效检验长度，对照相质量和工作效率同时产生影响。显然，选择较大的一次透照长度可以提高效率，但会引起照相质量的下降。

X 射线管发出的 X 射线是以一定辐射角向外辐射，且其照射范围内的射线强度分布不均匀，如图 3-35 所示；同时，以射线束垂直照射工件表面时，射线束中心射线透照的工件厚度小于边缘射线透照的工件厚度，如图 3-36 所示。由于上述两个原因，会造成照射底片的射线照射强度不均匀，从而使底片黑度不均匀（中间部位黑度高于两端部位），若以底片中间部位控制黑度，中间黑度适中，则两端将会因为黑度过低而降低影像对比度，位于两端的缺陷有可能漏检，尤其是横向裂纹，为此要控制透照厚度比。透照厚度比 K 定义如下：

$$K=\delta'/\delta$$

式中 δ'——边缘射线束穿透工件厚度（mm）；

δ——中心射线束穿透工件厚度（mm）。

对透照厚度比 K 值的限制，实际体现为对每次透照长度的控制。焊缝 100% 透照时，则体现为最少曝光次数。平板纵缝透照和射线源位于偏心位置透照曲面焊缝时，为保证 100% 透照，其曝光次数应按技术要求确定。对接环焊缝 100% 透照时，其曝光次数最小值见 GB/T 3323—2005 附录 A。

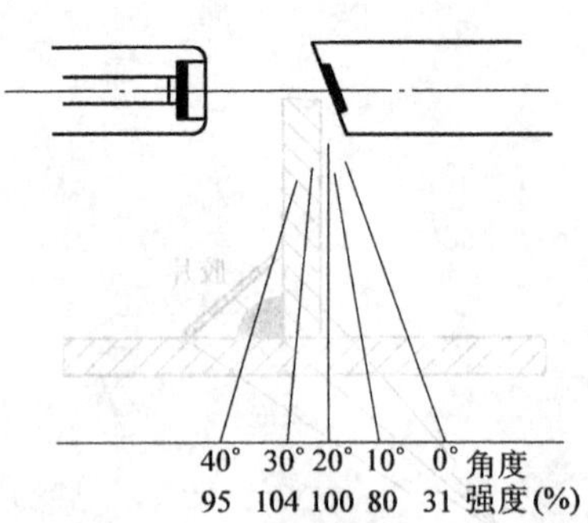

图 3-35 射线照射场内射线强度分布

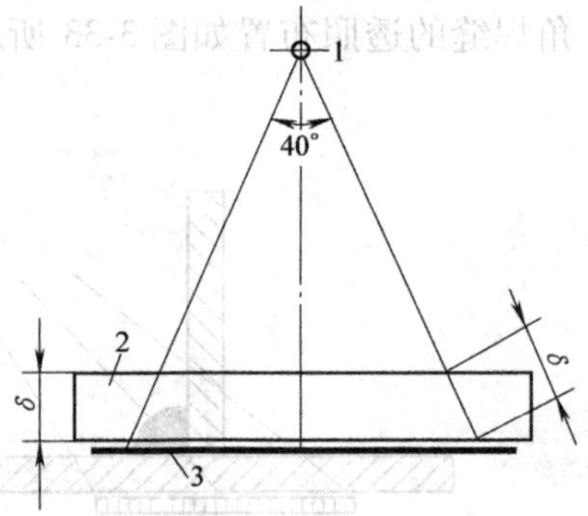

图 3-36 透照厚度差

1—射线源 2—焊件 3—胶片

能力知识点3 射线检测工艺

所谓射线检测工艺实际上就是对射线检测的方案和要求作出一个统一的规定，以符合有关规范、规程、标准的要求，保证射线检测诊断结果的一致性和可靠性。

一般射线检测工艺分为“射线检测工艺规程”和“射线检测工艺卡”两种。它们是属于同一性质的工艺文件。

1. 工艺规程

“射线检测工艺规程”是针对主要产品通用性射线检测操作的指导性文件，具有强制性。它内容比较详细，是一项必须严格遵守的企业质量管理法规，也是实际操作的主要依据。

射线检测工艺规程应包括必要的内容，遵循这些内容进行射线检测操作，才能保证检测质量。一般应包括：

1）适用范围（编制依据的标准，检测质量等级，检测母材厚度范围，工件种类，焊接方法和类型等）。

2）检测人员要求（资格，视力等）。

3）对工件的要求（工件，探伤时机，工件表面状况等）。

4）设备器材（射线源和能量选择，胶片牌号和类型，增感屏，像质计，暗盒，铅字等）。

5）透照方法及相关要求（100%分段透照及要求，局部透照及扩透要求，焦距，划片长度，编号方法，像质计和标记的摆放，散射线的屏蔽等）。

6）钢印标记方法。

7）曝光曲线（管电压，管电流，曝光时间等）。

8）暗室处理（洗片方法，胶片处理程序、条件及要求等）。

9）底片评定（评片条件，验收标准，像质鉴定，级别评定，返修规定）。

10）记录报告（记录报告及要求，资料，档案管理要求等）。

11）安全管理规定。

12）其他必要的说明。

2. 工艺卡

“射线检测工艺卡”是针对产品具体结构检测操作指导性的工艺文件，它是工艺规程的“浓缩”。一般是用一张表或卡片来说明应当执行的各种工艺参数。其内容具体，简明扼要。它没有详细的文字叙述，最多对一些工艺要点难点有少量的“注释”和用简图说明工艺方法的要点。

射线检测工艺卡通常包括以下内容：

（1）试件原始数据　包括试件名称（编号）、类别、材质、规格尺寸、焊接方法、坡口形式、检测焊缝及部位（编号）以及草图等。

（2）规范标准数据　包括试件质量验收标准和照相技术标准、照相质量等级、检查比例、底片质量要求等。

（3）检测技术数据　包括选定的设备、材料、检测方式、射线能量、焦距以及其他曝光参数等。

（4）特殊的技术措施及说明　对复杂的试件或特殊的工作条件，有时需要增加一些措施或做说明。

（5）有关人员签字　表3-5为检测工艺卡的一种形式。工艺卡一般是以卡片样式进行填写，并随委托单流程流动，最终进行存档。

表3-5　射线检测工艺卡

产品	名　称		材　料		类　别		编　号	
	透照部位		厚　度		质量标准		照相标准	
设备器材	射线源		焦点		像质计		增感屏	
	胶片型号		尺寸		暗室处理			
透照参数		工件草图与透照部位编号			透照布置示意图			
管电压								
焦　距								
曝光量								
透照长度								
像质指数								
黑　度								
辅助措施		使用背防护铅板						
备　注							编制： 审核： 批准： 单位：	
更改记录：							年　月　日	

3. 焊缝检测的基本操作

检测操作应严格遵守工艺规定、操作程序，基本内容及有关要求如下：

（1）试件检查及清理　试件上如有妨碍射线穿透或贴片的附加物，应尽可能去除；表面如有可能产生掩盖焊缝缺陷图像的不规则状态，应对表面进行打磨修整。

（2）划线　按照工艺文件规定的检查部位、比例、一次检测长度，在工件上划线。

（3）像质计和标记摆放　按照标准和工艺的有关规定摆放像质计和各种标记。标记应放在适当位置，距焊缝边缘应不少于5mm。

（4）贴片　采用可靠的方法（磁铁、绳带等）将胶片（暗盒）固定在被查位置上，胶片应与工件表面紧密贴合，尽量不留间隙。

（5）对焦　将射线源安放在适当位置，使射线束中心对准被检区中心，并使焦距符合工艺规定。

（6）散射线防护　按工艺的有关规定执行散射线的防护措施。

（7）曝光 在以上各步骤完成后，在确定现场射线防护安全符合要求后，方可按照工艺规定的参数和仪器操作规则进行曝光。

曝光后的胶片应及时进行暗室处理。

能力知识点 4 胶片的暗室处理

暗室处理是将曝光后具有潜像的胶片变为能长期保存的可见像底片的处理过程。它包括显影、停显、定影、水洗和干燥等五个步骤。其中显影、停显和定影必须在暗室中进行。暗室内的安全光线为亮度适中的红色光线。

胶片的暗室处理应根据胶片及化学药剂制造者推荐的条件进行，以获得选定的胶片系统性能。特别要注意温度、显影及冲洗时间。

1. 显影

显影的作用是把胶片中的潜像变成可见像。产生显影作用的药液叫显影液，一般呈碱性。显影时，显影时间和显影液温度对显影质量影响很大。显影液温度过高及显影时间过长都易使显影过度，底片黑度过大。

2. 停显

停显就是胶片显影到预定时间时，把胶片放到停显液中，显影作用立即被停止。如果不使用停显液，胶片从显影液中拿出来时乳剂上吸满了显影液，显影过程会继续进行从而造成显影过度；同时，碱性的显影液若被带入酸性的定影液中，会引起定影液浓度降低而影响定影效果，因此定影之前应先将胶片放入酸性的停显液。

3. 定影

显影后的胶片中，影像虽然可见，但并不稳定。胶片受到光线作用仍会继续曝光而变黑，从而使整个影像变坏。定影就是要除去未感光和未被显影的银盐而使影像固定下来。另外，通过定影液的作用还可使胶片胶膜硬化而不易损坏。

4. 水洗

胶片经显影、停显、定影等化学反应后，必须进行充分的水洗处理，以除去胶膜上的残留物质。

经过以上显影、停显、定影、水洗处理，胶片上的影像已清晰可见，且已固定下来，这时的胶片称为底片。

5. 干燥

底片在水洗后即可进行干燥。干燥的方法有自然干燥和烘箱干燥两种。自然干燥是将底片悬挂起来，在清洁通风的空间晾干；烘箱干燥是把胶片悬挂在烘箱内，用热风烘干，热风温度一般不超过40℃。

底片干燥后即可进行焊缝质量的评定工作。

综合知识模块五 底片的评定及焊缝质量分级

射线底片的评定工作简称评片，由经过专业培训获得Ⅱ级或Ⅱ级以上射线探伤资格证书的人员，在评片室内利用观片灯、黑度计等仪器和工具来进行。

评片工作包括底片质量的评定、缺陷的定性和定量、焊缝质量的评级等内容。

能力知识点1 底片质量评定

射线照相法探伤是通过射线底片上缺陷影像来反映焊缝内部质量的。底片质量的好坏直接影响到对焊缝质量评价的准确性。因此，只有合格的底片才能作为评定焊缝质量的依据。

合格底片的以下各项指标应符合 GB/T 3323—2005 标准中的规定。

1. 黑度值

黑度是指胶片经暗室处理后的黑化程度，与含银量有关。它是射线底片质量的一个重要指标，直接关系到射线底片的照相灵敏度。射线底片只有达到一定的黑度，细小缺陷的影像才能在底片上显露出来。

射线底片的黑度可用黑度计直接在底片的规定部位测量，如图 3-37 所示。GB/T 3323—2005 标准规定的各像质等级底片黑度值见表 3-6。

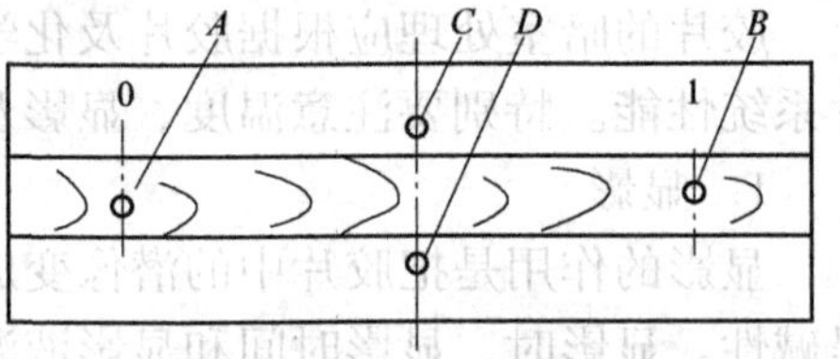

图 3-37 底片黑度测量部位

C、D—最大处 A、B—最小处

表 3-6 底片的黑度范围

等级	黑度[a]	灰雾度[d]
A	≥2.0[b]	≤0.3
B	≥2.3[c]	

注：a—测量误差允许为 ±0.1。

b—经合同各方商定，可降为 1.5。

c—经合同各方商定，可降为 2.0。

d—灰雾度指未经曝光即进行暗室处理的胶片的总黑度（片基 + 乳剂）。

采用多胶片透照，而用单张底片观察评定时，每张底片的黑度应满足表 3-7 规定。用两张底片重叠观察时，单张底片的黑度应不小于 1.3。

2. 灵敏度

射线照相灵敏度是用底片上像质计影像反映的像质指数来表示的。因此，底片上必须有像质计显示，且位置正确，被检测部位必须达到灵敏度要求。GB/T 3323—2005 标准规定的各像质等级下，不同透照厚度要求达到的像质指数。

3. 标记系

底片上的定位标记和识别标记应齐全，且不掩盖被检焊缝影像。值得注意的是，若在较黑背景上出现“B”的较淡影像，应予重照。

4. 表面质量

底片上被检焊道影像应规整齐全，不缺边角。底片表面不应存在明显的机械损伤和污染。检验区内无伪缺陷。

质量不符合要求的底片必须重照。

能力知识点 2　底片上缺陷影像的识别

一、焊接缺陷在射线探伤中的显示

各种焊接缺陷在射线底片上和 X 射线工业电视屏幕上的显示特点见表 3-7。

表 3-7　焊接缺陷显示特点

焊件缺陷 种类	焊件缺陷 名称	射线照相法底片	工业 X 射线电视法屏幕
裂纹	横向裂纹	与焊缝方向垂直的黑色条纹	形貌同左的灰白色条纹
	纵向裂纹	与焊缝方向一致的黑色条纹，两头尖细	形貌同左的灰白色条纹
	放射裂纹	由一点辐射出去星形黑色条纹	形貌同左的灰白色条纹
	弧坑裂纹	弧坑中纵、横向及星形黑色条纹	位置与形貌同左的灰白色条纹
未熔合和未焊透	未熔合	坡口边缘、焊道之间以及焊缝根部等处的伴有气孔或夹渣的连续或断续黑色影像	分布同左的灰色图像
	未焊透	焊缝根部钝边未熔化的直线黑色影像	灰白色直线状显示
夹渣	条状夹渣	黑度值较均匀的呈长条黑色不规则影像	亮度较均匀的长条灰白色图像
圆形缺陷	夹钨	白色块状	黑色块状
	点状夹渣	黑色点状	灰白色点状
	球形气孔	黑度值中心较大，边缘较小，且均匀过渡的圆形黑色影像	黑度值中心较小，边缘较大，且均匀过渡的圆形灰白色显示
	均布及局部密集气孔	均匀分布及局部密集的黑色点状影像	形状同左的灰白色图像
	链状气孔	与焊缝方向平行的成串、直线状黑色影像	方向与形貌同左的灰白色图像
	柱状气孔	黑度极大且均匀的黑色圆形显示	亮度极高的白色圆形显示
	斜针状（螺、虫形）气孔	单个或呈人字分布的带尾巴黑色影像	形貌同左的灰白色图像
	表面气孔	黑度值不太高的圆形影像	亮度不太高的圆形显示
	弧坑缩孔	指焊道末端的凹陷，为黑色显示	呈灰白色图像
形状缺陷	咬边	位于焊缝边缘与焊缝走向一致的黑色影像	灰白色条纹
	缩沟	单面焊，背部焊道两侧的黑色影像	灰白色图像
	焊缝超高	焊缝正中的灰白色突起	焊缝正中的黑色突起
	下塌	单面焊，背部焊道正中的灰白色影像	分布同左的黑色图像
	焊瘤	焊缝边缘的灰白色突起	黑色突起
	错边	焊缝一侧与另一侧的黑色的黑度值不同，有一明显界限	
	下垂	焊缝表面的凹槽，黑色值较高的一个区域	分布同左，亮度较高
	烧穿	单面焊，背部焊道由于熔池塌陷形成孔洞，在底片上为黑色影像	灰白色显示
	缩根	单面焊，背部焊道正中的沟槽，呈黑色影像	灰白色显示

（续）

焊件缺陷		射线照相法底片	工业 X 射线电视法屏幕
种类	名称		
其他缺陷	电弧擦伤	母材上的黑色影像	灰白色显示
	飞溅	灰白色圆点	黑色圆点
	表面撕裂	黑色条纹	灰白色条纹
	磨痕	黑色影像	灰白色显示
	凿痕	黑色影像	灰白色显示

在焊缝射线底片上除了上述缺陷影像外，还可能出现一些伪缺陷影像，应注意区分，避免将其误判成焊件缺陷。所谓伪缺陷，是指由于胶片本身质量、胶片保管、剪切、装取、暗室操作处理不当，以及操作者其他操作不慎等原因，在底片上留下可辨别的影像，但并非是被检验工件缺陷在底片上留下的影像。几种常易发生的伪缺陷及其产生见表 3-8。

表 3-8 焊缝射线底片上常出现的伪缺陷及其产生原因

显像特征	可能的原因	显像特征	可能的原因
细小霉斑区域	底片陈旧发霉	黑度较大的点和线	局部受机械压伤或划伤
底片角上边缘上有雾	暗盒封闭不严，漏光	淡色圆环斑	显影过程中有气泡
普遍严重发灰	红灯不安全，显影液失效或胶片存放不当或过期	淡色斑点或区域	增感屏损坏或夹有纸片。显影前胶片上溅上定影液也会产生这种现象
暗黑色球状影像	显影处理前溅上显影液滴		
黑色枝状条纹	静电感光	密集黑色小点	定影时银粒子流动

二、焊接缺陷的识别

对于射线底片上影像所代表的缺陷性质的识别，通常可从以下三个方面来进行综合分析与判断。

1. 缺陷影像的几何形状

缺陷影像的几何形状常是判断缺陷性质的最重要依据。分析缺陷影像几何形状时，一是分析单个或局部影像的基本形状；二是分析多个或整体影像的分布形状；三是分析影像轮廓线的特点。不同性质的缺陷具有不同的几何形状和空间分布特点。例如，气孔一般成球状，在底片上呈黑色斑点。裂纹多为宽度很小、并且变化的缝隙，在底片上呈两头尖、中间宽的黑色线条等。

应注意的是，对于不同的透照布置，同一缺陷在射线底片上形成的影像的几何形状将会发生变化。例如，球形可能变成椭圆形；裂纹可能呈现为鲜明的细线，也可能呈现为模糊的片状影像等。

2. 缺陷影像的黑度分布

缺陷影像的黑度分布是判断缺陷性质的另一重要依据。分析影像黑度特点时，一是考虑影像黑度相对于焊件本体黑度的高低；二是考虑影像自身各部分黑度的分布。在缺陷具有相同或相近的几何形状时，影像的黑度分布特点往往成为判断影像缺陷性质的主要依据。

不同性质的缺陷，其内在性质往往是不同的。可以认为气孔内部不存在物质，夹渣是不同于焊件本体材料的物质等。这种不同内在性质的缺陷对射线的吸收也不同，从而形成的缺陷影像的黑度分布也就不同。

3．缺陷影像的位置

缺陷影像在射线底片上的位置是判断缺陷性质的又一重要依据。缺陷影像在底片上的位置是缺陷在焊件中位置的反映，而缺陷在焊件中出现的位置常具有一定的规律，某些性质的缺陷只能出现在焊接特定位置上。例如，对接焊缝的未焊透缺陷，其影像出现在焊缝影像中心线上；而未熔合缺陷的影像往往偏离焊缝影像中心。

能力知识点3　焊接缺陷的定量测定

在厚壁工件的探伤中，需要知道缺陷的确切位置，以便判断焊缝中缺陷的大小及进行返修。缺陷在焊缝中的平面位置及大小可在底片上直接测定，而其埋藏深度却必须用特殊的透照方法才能确定。

1．缺陷埋藏深度的测定

确定缺陷的埋藏深度可采用双重曝光法，即移动射线源（焦点）与被检焊件之间的相互位置，对同一张胶片进行两次重复曝光，如图3-38所示。为测定缺陷 x 的深度 h，可分别在 A、B 两位置进行两次曝光，即可在底片上得到缺陷的两个影像 E_1 和 E_2，根据它们的几何关系可以计算出缺陷的埋藏深度：

$$h=[s(L-l)-al]/(a+s)$$

式中　h——缺陷距工件下表面的距离（mm）；

s——底片上两个缺陷影像之间的距离（mm）；

L——焦距（mm）；

l——工件与胶片的距离（mm）；

a——射线源移动的距离（mm）。

一般透照时，暗盒很薄且紧贴工件，可取 $l=0$，则上式简化为：

$$h=sL/(Q+s)$$

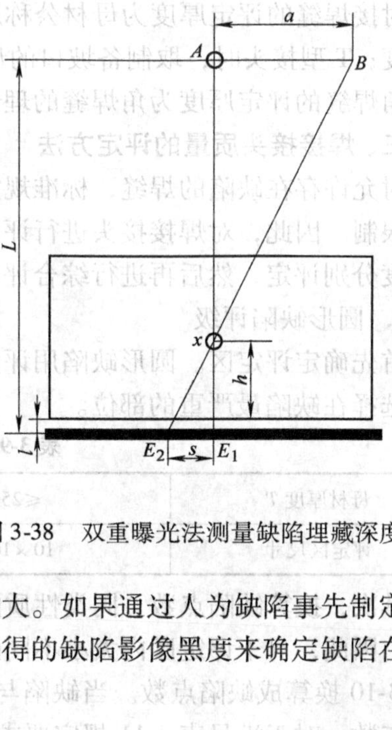

图3-38　双重曝光法测量缺陷埋藏深度

2．缺陷在射线方向上的尺寸

缺陷在射线方向上的尺寸大小可用黑度计测量。根据射线照相法原理，底片上缺陷影像的黑度越大，说明照射时透过该部位的射线越强，缺陷在射线方向的尺寸也就越大。如果通过人为缺陷事先制定出缺陷尺寸与黑度的关系曲线，便可以从黑度计上测得的缺陷影像黑度来确定缺陷在射线方向上的尺寸大小。

能力知识点4　焊缝质量的评定

一、焊缝质量分级

GB/T 3323—2005标准中，根据焊接缺陷形状、大小，将焊缝中的缺陷分成圆形缺陷、条形缺陷、未焊透、未熔合和裂纹等五种。其中圆形缺陷是指长宽比小于或等于3的缺陷，它们可以是圆形、椭圆形、锥形或带有尾巴（在测定尺寸时应包括尾部）等不规则的形状，包括气孔、夹渣和夹钨。长宽比大于3的气孔、夹渣和夹钨定义为条形缺陷。

根据缺陷性质、数量和大小将焊接接头质量分为四个等级，即Ⅰ、Ⅱ、Ⅲ、Ⅳ，质量依次降低。

Ⅰ级焊接接头：不允许存在任何裂纹、未熔合、未焊透以及条形缺陷，允许有一定数量和一定尺寸的圆形缺陷存在。

Ⅱ级焊接接头：不允许存在任何裂纹、未熔合以及未焊透，允许有一定数量和一定尺寸的条形缺陷和圆形缺陷存在。

Ⅲ级焊接接头：不允许存在任何裂纹、未熔合以及双面焊和加垫板的单面焊中的未焊透，允许有一定数量、一定尺寸的条形缺陷和圆形缺陷及未焊透（指非氩弧焊封底的不加垫板的单面焊）存在。

Ⅳ级焊接接头：焊接接头中缺陷超过Ⅲ级者。

二、评定厚度的确定

评定厚度 T 是指用于缺陷评定的母材厚度或角焊缝厚度。

对接焊缝的评定厚度为母材公称厚度。不等厚材料对接时，取其中较薄的母材公称厚度；T型接头时，取制备坡口的母材公称厚度。

角焊缝的评定厚度为角焊缝的理论厚度。

三、焊接接头质量的评定方法

对允许存在缺陷的焊缝，标准规定要根据母材厚度对缺陷数量、大小及密集程度加以限制。因此，对焊接接头进行评定时应根据缺陷种类、单个缺陷尺寸、总量和密集程度分别评定，然后再进行综合评定。

1. 圆形缺陷评级

首先确定评定区。圆形缺陷用评定区进行评定。评定区域的大小见表3-9。评定区应选择在缺陷最严重的部位。

表3-9　圆形缺陷评定区　　（单位：mm）

母材厚度 T	≤25	>25～100	>100
评定区尺寸	10×10	10×20	10×30

其次，换算缺陷点数。同类性质的缺陷，其尺寸越大，对焊接接头的危害程度也越大。因此，对于评定区内大小不同的圆形缺陷不能等同对待，评定时应将缺陷尺寸按表3-10换算成缺陷点数。当缺陷与评定区边界相接时，应把缺陷划入该评定区内计算点数。对于满足表3-11规定要求的缺陷不计缺陷点数。

表 3-10 缺陷点数换算表

缺陷长径/mm	≤1	>1~2	>2~3	>3~4	>4~6	>6~8	>8
点数	1	2	3	6	10	15	25

表 3-11 不计点数的缺陷尺寸 （单位：mm）

评定厚度 T	缺陷长径
≤25	≤0.5
>25~50	≤0.7
>50	≤1.4% T

最后，计算出评定区域内缺陷点数总和，然后按表 3-12 提供的数值确定缺陷的等级。

表 3-12 圆形缺陷的分级

评定区/mm		10×10			10×20		10×30
评定厚度 T/mm		≤10	>10~15	>15~25	>25~50	>50~100	>100
质量等级	Ⅰ	1	2	3	4	5	6
	Ⅱ	3	6	9	12	15	18
	Ⅲ	6	12	18	24	30	36
	Ⅳ	缺陷点数大于Ⅲ级者					

注：表中的数字是允许缺陷点数的上限。

对由于材质或结构等原因进行返修可能会产生不利后果的焊接接头，经合同各方商定，各级别的圆形缺陷可放宽 1~2 点。

对于致密性要求高的焊接接头，经合同各方商定，可将圆形缺陷的黑度作为评定依据，对黑度大的圆形缺陷定义为深孔缺陷。有深孔缺陷时评为Ⅳ级。

Ⅰ级焊接接头和评定厚度小于等于 5mm 的Ⅱ级焊接接头内不计点数的圆形缺陷，在评定区内不得多于 10 个。圆形缺陷长径大于 $1/2T$ 时，评为Ⅳ级。

［例 1］ 板厚为 20mm 的对接焊缝，在 10mm×10mm 评定区内有长径分别为 1mm、3mm、4mm 的三个圆形缺陷。该焊缝应评为几级？

评级过程：根据表 3-10 可查得三个圆形缺陷对应的缺陷点数分别为 1、3、6；评定区内缺陷点数总和为：1+3+6=10；查表 3-12 可知，该焊接接头为Ⅲ级。

2. 条形缺陷评级

条形缺陷评级应根据单个缺陷长度、缺陷总长及相邻两缺陷间距三个方面来进行综合评定。

单个条形缺陷的评定。当底片上存在单个条形缺陷时，以缺陷长度确定其等级。考虑到条形缺陷长度对不同板厚的焊件危害程度不同，一般较厚的焊件允许较长的条形缺陷存在。因此 GB/T 3323—2005 标准规定，用条形缺陷长度占板厚的比值来进行等级评定。同时规定：对薄板焊缝采用最小允许值（Ⅱ级焊缝为 4mm，Ⅲ级焊缝为 6mm），以避免对薄板要求过高的倾向；而在厚板焊缝中，采用最大允许值（Ⅱ级焊缝为 20mm，Ⅲ级焊缝为 30mm），以避免按厚度比值确定使厚板焊缝中存在过长缺陷的可能。条形缺陷的分级见表 3-13。

表 3-13 条状夹渣的分级 （单位：mm）

质量等级	评定厚度 T	单个条形缺陷长度	条形缺陷总长
Ⅱ	$T \leqslant 12$	4	平行于焊缝轴线的任意直线上，相邻两缺陷间距均不超过 $6L$ 的任何一组缺陷，其累计长度在 $12T$ 焊缝长度内不超过 T
	$12 < T < 60$	$T/3$	
	$T \geqslant 60$	20	
Ⅲ	$T \leqslant 9$	6	平行于焊缝轴线的任意直线上，相邻两缺陷间距均不超过 $3L$ 的任何一组缺陷，其累计长度在 $6T$ 焊缝长度内不超过 T
	$9 < T < 45$	$2T/3$	
	$T \geqslant 45$	30	
Ⅳ	大于Ⅲ级者		

注：表中“L”为该组缺陷中最长者的长度。

［例 2］ 板厚为 $T = 10$mm 的对接焊接接头，在底片上发现 4mm 长的单个条形缺陷。该焊接接头应评为几级？

评级过程：对照表 3-13，若按照条形缺陷长度占板厚比值的规定，该条形缺陷大于 $T/3$，而小于 $2T/3$，应评为Ⅲ级。但标准规定Ⅱ级焊接接头条形缺陷最小允许长度为 4mm，因此该焊缝应评为Ⅱ级。

断续条形缺陷的评定。如果在底片上不是单个条形缺陷，而是有几段相隔一定距离的条形缺陷组成，此时的等级评定应从单个条形缺陷长度、缺陷间距以及缺陷总长三方面进行评定。首先，对最长的缺陷按单个条形缺陷评定方法进行评定；然后从其相邻两缺陷间距来判断缺陷成“组”情况；最后评定缺陷总长。

［例 3］ 板厚为 $T = 24$mm 的焊接接头中，条形缺陷分布如图 3-39 所示，试评定该焊接接头质量等级。

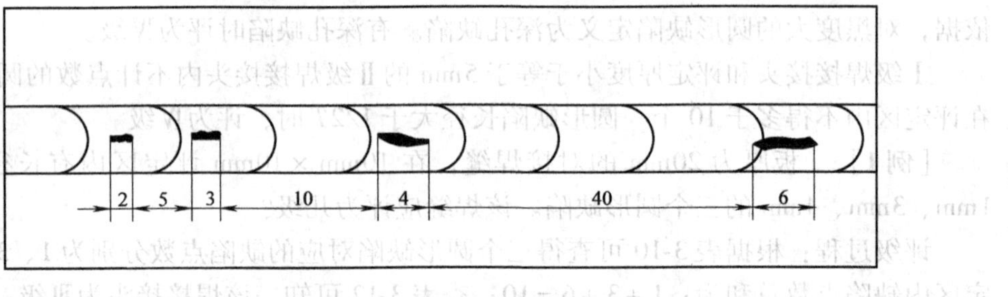

图 3-39 条形缺陷的评定

评级过程：对照表 3-13，评定单个条形缺陷。每个缺陷长度均未超过评定厚度的三分之一（$T/3 = 8$mm），符合Ⅱ级，暂定为Ⅱ级。

评定缺陷总长。首先判别缺陷成“组”情况：最长的条形缺陷的长度 $L = 6$mm，它与最近邻的缺陷之间的间距为 40mm，超出 $6L$（$= 36$mm）范围，故它们之间不属于“组”的范围。再看剩余三条缺陷成“组”情况：剩下的三条缺陷中，最长者 $L = 4$mm，由于它们之间的间距均小于 $6L$ 而构成“组”，因此计算其总长 4mm + 3mm + 2mm = 9mm，未超过板厚，故可以评为Ⅱ级。

在厚焊缝中，当 $12T$ 长度（Ⅱ级）或 $6T$（Ⅲ级）大于底片长度、或者焊缝本身长度 $< 12T$（Ⅱ级）或 $6T$（Ⅲ级）时，条形缺陷总长可按比例折算。值得注意的是，

如果上述折算后的数值小于单个缺陷的允许长度，应按单个缺陷长度允许值规定处理。在薄板中，板厚小于单个缺陷允许长度，也应按单个缺陷长度允许值规定处理。

［例 4］ 板厚为 $T=100$mm 的对接焊缝内两个长度均为 10mm 的条形缺陷，间距为 50mm，拍摄的底片长度为 200mm，如图 3-40 所示，试评定该焊接接头等级。

评级过程：从条形缺陷长度及间距来评定，该片无疑符合Ⅱ级要求。但在评定缺陷总长时，按照 12T 焊缝内不得超过 T 的规定，200mm 长的底片上按比例折算缺陷总长不得超过 16.7mm，而实际缺陷总长为 20mm，并不符合Ⅱ级的要求。这种情况下，就该按单个条状缺陷长度允许值（Ⅱ级为 20mm）的规定评为Ⅱ级。

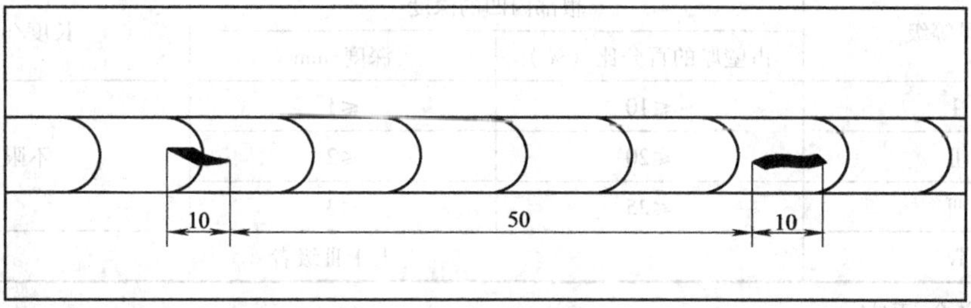

图 3-40 厚板焊缝条形缺陷的评定

［例 5］ 板厚为 $T=3$mm 的对接焊缝内有如图 3-41 所示分布的条形缺陷，试评定该焊接接头等级。

评级过程：按照 12T 焊缝长度内条形缺陷总长不超过 T 的规定，缺陷总长不能大于 3mm，这比Ⅱ级焊缝中允许的单个条形缺陷最小值 4mm 还小，在这种情况下，也应按照单个条形缺陷长度允许值规定评为Ⅱ级。

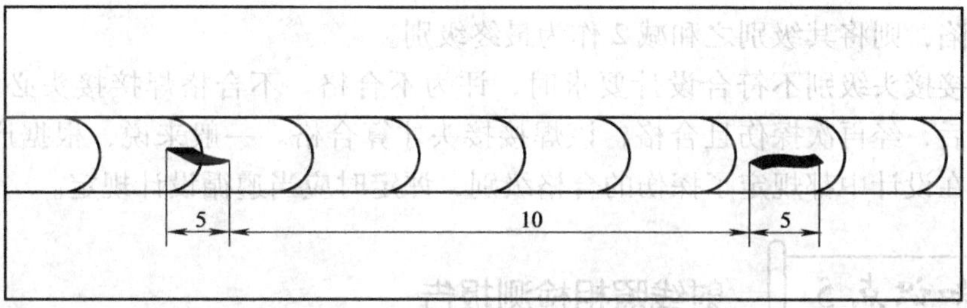

图 3-41 薄板焊缝条形缺陷的评定

3. 未焊透评级

Ⅰ、Ⅱ级以及双面焊和加垫板的单面焊中的Ⅲ级焊缝内均不允许存在未焊透缺陷。只有在不加垫板的单面焊的Ⅲ级焊缝中才允许存在未焊透，其允许长度按表 3-13 中条形缺陷的Ⅲ 级评定。

角焊缝的未焊透是指角焊缝的实际熔深未达到理论熔深值，应按表 3-13 中条形缺陷的Ⅲ 级评定。

设计焊缝系数小于等于 0.75 的钢管根部未焊透的分级见表 3-14。

表 3-14　未焊透的分级

质量等级	未焊透深度		长度/mm
	占壁厚的百分比（%）	深度/mm	
Ⅱ	≤15	≤1.5	≤10%周长
Ⅲ	≤20	≤2.0	≤15%周长
Ⅳ	大于Ⅲ级者		

4．根部内凹和根部咬边评级

钢管根部内凹缺陷和根部咬边的分级见表 3-15。

表 3-15　根部内凹和根部咬边缺陷的分级

质量等级	根部内凹的深度		长度/mm
	占壁厚的百分比（%）	深度/mm	
Ⅰ	≤10	≤1	不限
Ⅱ	≤20	≤2	
Ⅲ	≤25	≤3	
Ⅳ	大于Ⅲ级者		

5．综合评定

在圆形缺陷评定区内，同时存在圆形缺陷和条形缺陷（或未焊透、根部内凹和根部咬边）时，应各自评级再综合评级。如有两种缺陷，则将两种缺陷所评级别之和减 1 作为最终级别；如有三种缺陷，则将其级别之和减 2 作为最终级别。

小知识

目前，一种新型的无损检测方法——X 射线实时成像技术，利用计算机进行辅助评定，用计算机对焊缝中的缺陷进行定量和定级，而缺陷的定性则以取得 PT Ⅱ级以上资格人员评判为准。采用计算机辅助评定，可大大提高评定速度和准确性。

当焊接接头级别不符合设计要求时，评为不合格。不合格焊接接头必须进行返修。返修后，经再次探伤且合格，该焊接接头才算合格。一般来说，根据产品要求，每种产品在设计中都规定了探伤的合格级别，评定时应当遵循设计规定。

能力知识点 5　射线照相检测报告

射线照相后，应对检测结果及有关事项进行详细记录，并填写检测报告。检测报告的主要内容应包括：检测单位，产品名称，材质，热处理状况，焊接接头的坡口形式，公称厚度，焊接方法，检测标准（包括验收要求），透照技术及等级（包括像质计和要求达到的像质计数值），透照布置，标记，布片图，射线源种类和焦点尺寸及所选用的设备，胶片、增感屏和滤光板，管电压和管电流或 γ 源的活度，曝光时间及射线源—胶片距离，胶片处理（手工/自动），像质计的型号和位置，检测结果（包括底片黑度、像质计数值），由合同各方之间商定的与 GB/T 3323—2005 标准规定的差异说明，有关人员的签字及资格，透照及检测报告日期。

能力知识点 6 焊缝射线探伤的一般程序

焊缝射线探伤的一般程序如图 3-42 所示。

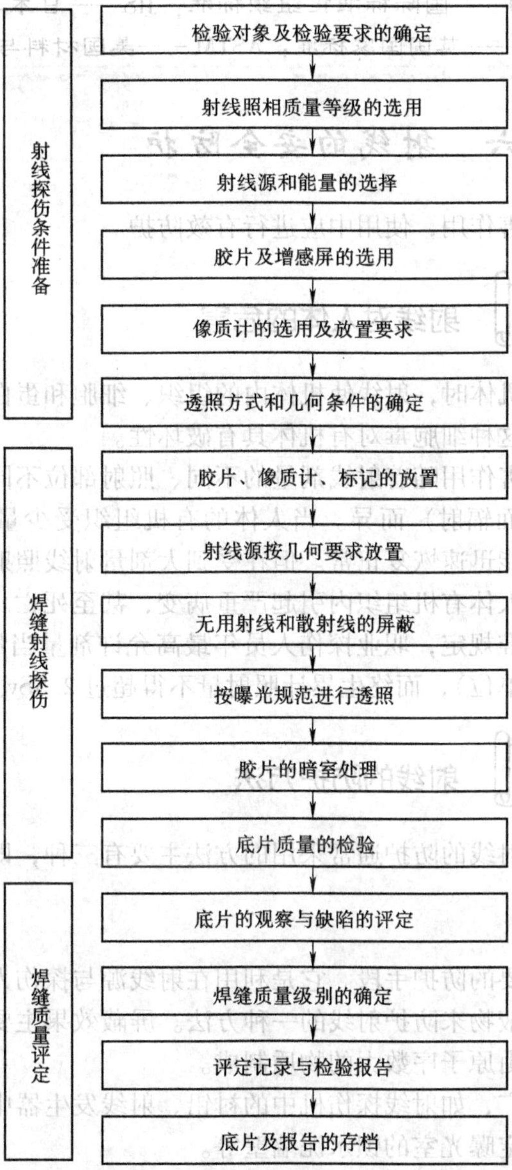

图 3-42 焊缝射线探伤的一般程序

资料卡 国内外标准代号

GB——中国国家标准；GJB——中国国家军用标准；HB——中国航空行业标准；JB——中国机械行业标准；ZB——中国专业标准；ZBY——中国仪器仪表行业标准；CB——中国船舶行业标准；EJ——中国核工业标准；QJ——中国航天工业标准；YB——中国黑色冶金行业标准；CNS——台湾工业标准；ISO——国际标准化组织标准；JIS——日本工业标准；DIN——德国工业标准；BS——英国国家标准；ASTM——美国材料与试验协会标准。

综合知识模块六　射线的安全防护

射线对人体有危害作用，使用中应进行有效防护。

能力知识点1　射线对人体的危害

当射线作用到有机体时，射线使机体内的组织、细胞和蛋白质等起生物化学作用而变成一种细胞毒，这种细胞毒对有机体具有破坏性。

射线对人体的危害作用随着射线剂量的不同、照射部位不同以及射线对机体的作用的不同（穿透或表面辐射）而异。当人体的有机组织受少量射线照射时，其作用并不显著，有机组织能迅速恢复正常。但在受到大剂量射线照射或连续超过容许剂量射线照射时，将会在人体有机组织内引起严重病变，甚至死亡。

放射卫生防护标准规定，职业探伤人员年最高允许剂量当量为5×10^{-2}Sv（希沃特，射线计量当量的单位），而终生累计照射量不得超过2.5Sv。

能力知识点2　射线的防护方法

射线探伤时，对射线的防护通常采用的方法主要有三种，即屏蔽防护、距离防护和时间防护。

1. 屏蔽防护

屏蔽防护是最重要的防护手段。它是利用在射线源与探伤人员及其他邻近人员之间加上有效合理的屏蔽物来防护射线的一种方法。屏蔽效果主要取决于屏蔽材料及其厚度，屏蔽材料一般由原子序数大的物质制成。

屏蔽防护应用很广，如射线探伤机中的衬铅、射线发生器中的遮光器、现场使用的流动铅房、建立固定曝光室的钡水泥墙壁等。

2. 距离防护

距离防护就是通过增大射线源与探伤人员及其他邻近人员之间距离来防护射线的一种方法。实践表明，射线剂量率与距离的平方成反比。随着距离的增大，剂量率的降低十分显著。因此，在没有防护物或防护层厚度不够时，利用增大距离的方法同样能够达到防护目的。

在实际探伤中，究竟采用多远距离才安全，应当用剂量仪进行测量。当该处射线剂量率低于规定的最大允许剂量率时，可视为安全。在进行野外或流动性检验时，利用距离防护射线是极为经济且有效的方法。

3. 时间防护

在可能的情况下，尽量减少接触射线的时间也是防护方法之一。因为人体所接受的射线总剂量与辐射源接触的时间成正比。

为了更好地进行防护，实际探伤中往往是三种防护方法同时使用。

能力知识点3 透照现场中的安全技术

在一般企业条件下，很大一部分的工作是透照固定的设备和各种结构的部件，这种透照对象中最常遇到的是锅炉、船体以及起重或运输设备等的焊缝。所有上述的对象可以在工地上，也可以在车间中进行检查，而且最好在无人或很少有人的地方进行检查。如果在工作人数很多的工地上或车间内进行透照时，在危险区边缘要设置警告标志，防止外人误入。例如，用三角小红旗围起来，上写带有警告性的字样或用几块警告牌置于安全距离处，操作人员要保持安全距离，选择散射线小的方向，并尽量利用屏蔽物防护。

在试验室中进行透照的工件一般是较小的焊接件，因此采用放射线探伤的工件和容器均可在有利于防护的适当位置固定下来，同时试验室又有围壁和外界隔绝，所以对防护的范围来说，在试验室中的条件较工地或车间好，但也不能忽视射线防护。为了保证工作中最大程度的安全，室内射线机房应有射线安全指示灯，防止意外事故发生。另外，试验室内应有通风设备，通风的入气孔和出气孔应设置在适宜的地方，保证室内有良好的通风。室内用具，包括清扫工具都必须作为专用工具，禁止他人动用。

值得指出的是，在探伤工作中，操作人员必须使用各种防护品，不留指甲，以免遭受无谓的损伤。绝对禁止在探伤工作场所进食、吸烟和储藏食品。工作完毕后应彻底地洗手。

综合知识模块七 工程应用实例——水电站大型引水压力钢管纵环焊缝的射线检测诊断

1. 目的对象

某水电站引水压力钢管共4条，直径7.5～9.5m，材料为SM58Q、16MnR，材料厚度30～50mm，钢管纵、环焊缝坡口形式为X形，焊接材料为T507R。焊接方式为焊条电弧焊，焊缝总长为12116.06m。为保证质量，用射线对钢管纵、环焊缝进行检测。

2. 使用的主要设备与器材

（1）设备 EG—S2—3005理光工业X射线机；QXX—3005西安工业X射线机；XPG—103型恒温洗片机；XMD—5数字式黑白密度计。

（2）主要器材　工业X射线胶片，天Ⅲ型、公元E—7，规格：14×17；铅箔增感屏，规格：360mm×100mm×0.03mm；各种铅制标记及铅字码；暗袋、屏蔽铅板及贴片夹。

3. 检测工艺技术条件及措施

（1）暗室处理技术及要求　显、定影液配方应使用胶片推荐的配方，并严格按照显、定影液配制说明书中规定的顺序配置、使用。显、定影时间按制作曝光曲线预定时间，流水冲洗不少于30min。显影液温度控制在18～20℃范围内，并在每次使用前检查药液显影效果。暗室处理过程中，红灯不可太亮，观片时尽可能远离红光，并尽量减少观片次数，以免胶片再次感光，增加底片灰雾度，降低对比。使用的增感屏应清洁、平整、粒度均匀。每次使用前均应将其表面擦拭干净，对有划痕、折痕、破损、污染的增感屏需及时更换。

（2）透照部位及底片布置与标记　纵缝透照部位可根据管节放置的相对位置确定透照部位。环缝透照部位，可根据现场情况选择透照部位，但尽可能将丁字接头置于透照部位中，同时应考虑在难于施焊部位布片。

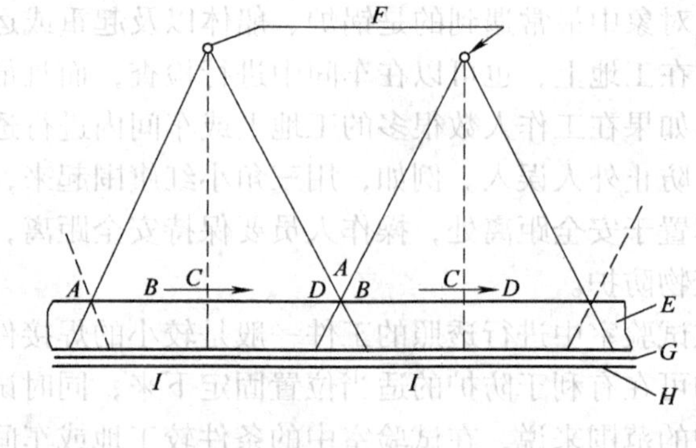

图3-43　焊缝透照布置图

A—置搭接标记　B—置像质计　C—置中心标记　D—置工件、焊缝底片编号　E—工件　F—射线源　G—胶片、暗盒　H—铅板　I—置B字

现场透照布置时，应注意每张底片上的各种标记必须齐全，布置图如图3-43、图3-44所示。现场透照中，应对每张底片在工件上的位置作出永久性标记，同时绘制出与工件相对应的透照布置图。

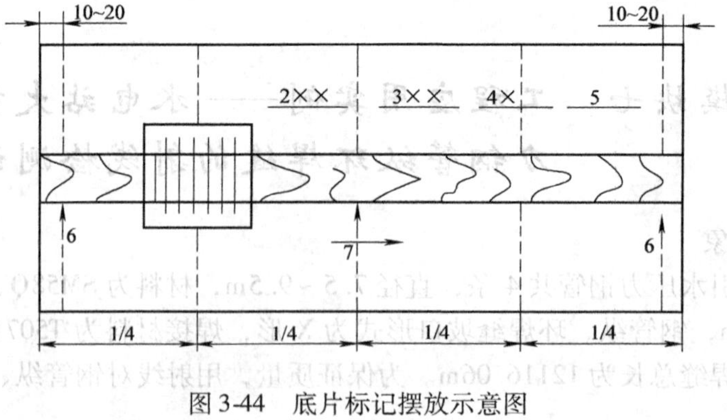

图3-44　底片标记摆放示意图

1—像质计　2—透照时间　3—工件编号　4—部位、焊缝编号　5—底片编号　6—搭接标记或区段标记　7—中心标记

4. 安全与防护

在射线透照过程中，应对工作现场地设置明显的警告标志，以防工作人员和非工作人员误入透照现场内，受到射线伤害。

5. 射线检测的资料管理

射线检验后，应对检验结果及有关事项进行详细记录，并出具检验报告。报告的内容主要包括产品名称、检验部位、检验方法、透射规范、缺陷名称、评定等级、返修情况、透照日期、布片部位图等。

底片评定后，其评定记录报告需经评片人员签字，复评人员签字后整理归档，原始记录及检验报告须妥善保存归档，以备随时查实。

6. 结果分析

检测结果表明，采用上述仪器设备、工艺方法对4条引水压力钢管纵、环焊缝的射线检测是有效的，符合国家有关焊缝质量检测规定。

由于在检测中，对于钢管上纵、环焊缝及热影响区的表面质量和探伤时机，提出了明确要求，即焊接完成24h后，并经表面外观检查合格，方可进行检测。避免了表面的不规则状态在底片上的图像与焊缝中的缺陷相混淆。另外，在实施透照时，为防止散乱射线对胶片的影响，采取在胶片暗袋背后使用了3mm铅板作屏蔽保护等措施，为保证检测质量起到了很好作用。

【综合训练】

一、判断题

1. X射线与可见光主要的区别仅仅是振动频率不同。　　（　）

2. X射线的能量与管电流有关，与管电压无关。　　（　）

3. 波长相同的X射线和γ射线具有相同的性质。　　（　）

4. 金属陶瓷X射线管有抗震性强，管电流和焦点稳定性好，体积小的优点，而且真空度优于玻璃X射线管。　　（　）

5. X射线和γ射线虽然产生机理不同，但它们的传播速度相同。　　（　）

6. 射线穿过试件时，其强度的减弱程度与试件的厚度和材质相关。　　（　）

7. 像质计灵敏度等于缺陷探测灵敏度。　　（　）

8. 在允许的能量范围内，为提高底片对比度，应尽可能选用能量较高的射线。　　（　）

9. 当射源侧无法放置像质计时，也可将像质计放置在胶片侧来进行射线照相，其效果是一样的。　　（　）

10. 只要不超出几何不清晰度允许值，应使焦距尽可能长。　　（　）

11. 在胶片背面放一个“B”铅字，曝光后冲洗出来的底片上出现该铅字的影像，说明对背散射的防护不足。　　（　）

12. 底片整体黑度不够的原因可能是曝光不足。　　（　）

13. 装在暗盒内而未经曝光的胶片边缘呈有淡黑色的原因是暗盒边缘处漏光。　　（　）

14. 人体吸收射线剂量与离射线的距离平方成正比。　　（　）

15. 在室外，野外进行放射工作时应注意划出安全区域和设置辐射危险标志，必要时还应设专人警戒。（ ）

二、选择题

1. 射线检测所采用的X射线、γ射线属于____。
a. 机械波 b. 冲击波 c. 电磁波 d. 微波
2. 轰击X射线管阳极靶的电子速度取决于____。
a. 阳极靶材料的密度 b. 灯丝材料的密度
c. 管电流 d. 管电压
3. 射线照相的原理主要是利用了X射线与γ射线____。
a. 穿透力强 b. 能使底片感光
c. 成直线行进不会折射 d. 以上都是
4. X射线的强度____。
a. 与管电流的平方基本成正比 b. 与管电流的平方基本成反比
c. 与管电流基本成正比 d. 与管电流基本成反比
5. X射线管焦点的大小直接影响____。
a. 穿透深度 b. 影像清晰度
c. 管子的功率比 d. 散热效果
6. 射线照相法和荧光屏观察法的图像之间的基本区别是____。
a. 荧光屏显像更灵敏
b. 荧光屏显像较暗
c. 两者之间无差别
d. 荧光屏显像是正的透明图像，而射线照相是负的透明图像
7. 控制散射线的基本方法是____。
a. 采用铅增感屏法 b. 采用屏蔽与光阑法
c. 采用滤波法 d. 以上方法都使用
8. 投射到胶片单位面积上的射线辐照量是____。
a. 单位时间的射线强度 b. 与强度成反比，而与时间成正比的量
c. 射线辐照强度与时间的乘积 d. 随时间按指数变化的与强度成反比的量
9. 射线照相灵敏度这个概念是用来描述____的。
a. 射线照相能够发现的最小缺陷尺寸
b. 射线照片记录和显示缺陷的能力
c. 射线照相能够发现最小缺陷能力的定量评价
d. 以上都对
10. 评定射线照相灵敏度是通过____的显示。
a. 像质计 b. 底片黑度
c. 底片清晰度 d. 以上都不是
11. 由于射线源的尺寸、射线源到被检件的距离、被检件到胶片距离等原因，在显示缺陷的边缘轮廓时可能发生缺乏完整的清晰度，这个由于几何原因引起的不清晰度称为____。

a. 像散效应　　　　　　　　　　b. 几何不清晰度
c. 图像畸变　　　　　　　　　　d. 图像投影模糊

12. 底片处理时遭弯折损伤，会在底片上出现黑色类似手指掐伤的痕迹，这是____发生弯折而引起的。

a. 曝光前　　　　　　　　　　　b. 曝光后
c. 定影后　　　　　　　　　　　d. 不一定

13. 评定底片时发现有黑色指纹状显示，可能原因是____。

a. 手沾到定影液后接触未冲洗的底片
b. 手沾到显影液后接触未冲洗的底片
c. 手沾到定影液后接触未曝光的底片
d. 以上都可能

14. 当管电压在400kV以上时，如果采用铅防护，会发生其他有害因素，故一般可选用____来代替。

a. 钢　　　　　　　　　　　　　b. 硼
c. 铝　　　　　　　　　　　　　d. 含钡水泥混凝土

15. 人体对射线危害最敏感的是____。

a. 神经细胞　　　　　　　　　　b. 皮肤细胞
c. 骨骼细胞　　　　　　　　　　d. 血球细胞

三、问答题

1. 产生X射线的条件是什么？X射线、γ射线性质的异同点是什么？
2. 射线照相法探伤的原理是什么？
3. 到图书馆查阅GB/T 3323—1987标准的主要内容。
4. 试比较增感屏前屏后屏的作用与区别。
5. 试叙述探伤位置的确定及标记的主要工作。
6. 射线照相主要参数是怎样选定的？
7. 试叙述射线照相法探伤的步骤。
8. 试叙述射线照相法底片评定步骤。
9. 比较实验室和工厂探伤室射线防护措施及剂量控制方法。

四、实践题

确定自己实习时所生产的焊接构件的探伤方法。

第四单元　超声波探伤

【学习目标】　本单元主要介绍超声波的种类，超声波探伤的原理，超声波探伤方法及缺陷评定等内容。学习过程中，第一，要了解超声波的产生及性质，超声波在介质中的传播和波型转换；第二，要了解超声波探伤设备的组成，熟记探头的种类与参数，并会使用常见仪器；第三，要掌握超声波探伤条件的选择和准备，能够按照超声波探伤操作程序进行探伤，并正确对焊缝缺陷判断和质量评定。

超声波探伤是利用超声波在物体中的传播、反射和衰减等物理特性来发现缺陷的一种无损检测方法。它主要用于检测金属材料和部分非金属材料的内部缺陷。超声波探伤具有成本低、操作方便、检测厚度大、对人和环境无害等突出优点，但也存在诸如探伤不直观、难以确定缺陷的性质、评定结果在很大程度上受操作者技术水平和经验的影响及不能给出永久性记录等缺点。

综合知识模块一　超声波探伤的基本原理

能力知识点1　超声波的产生与接收

人们所能感觉到的声音是机械波传到人耳引起耳膜振动的反应，能引起听觉的声波的频率范围为20Hz～20kHz。当声波的频率高于人耳听阈上限时，人们便听不出来了，这样的声波称为超声波。超声波是频率大于20kHz的声波。金属材料超声波探伤常用的频率范围在1～5MHz，其中2～2.5MHz被推荐为焊缝检测的公称频率。

1. 超声波的波型

高频机械振动在介质中的传播形成了超声波。根据介质质点的振动方向与波的传播方向之间关系的不同，可将超声波分为多种波型，在焊缝检测中使用的超声波主要有以下波型。

（1）纵波　质点振动方向与波传播方向一致的波称为纵波或压波，用符号“L”表示。纵波可在固体、液体和气体介质中传播。

（2）横波　质点振动方向与波传播方向垂直的波称为横波，用符号“S”表示。由于介质传播横波是通过交变的切应力作用，而液体、气体没有剪切弹性就不能传播横波。故横波只能在固体中传播。

（3）表面波　仅在固体表面传播且介质表面质点做椭圆运动的声波，称为表面波，用符号“R”表示。

资料卡

人类直到第一次世界大战才学会利用超声波，这就是利用“声纳”的原理来探测水中目标及其状态，如潜艇的位置等。此时人们向水中发出一系列不同频率的超声波，然后记录与处理反射回声，从回声的特征我们便可以估计出探测物的距离、形态及其动态改变。医学上最早利用超声波是在1942年，奥地利医生杜西克首次用超声技术扫描脑部结构；以后到了20世纪60年代医生们开始将超声波应用于腹部器官的探测。如今超声波扫描技术已成为现代医学诊断不可缺少的工具。

2. 超声波的声速与波长

（1）超声波的声速　单位时间内超声波传播的距离即超声波的声速。习惯上用符号“c”表示。超声波声速的大小基本与频率的高低无关。就给定的波形和材料而言，c为常量。常见液、固材料中纵波与横波的声速见表4-1。

表4-1　常见液、固材料中的声速

材　料	密度/（g/cm^3）	纵波 c_L/（m/s）	横波 c_S/（m/s）
钢	7.8	5950	3230
铸铁	7.3	5600	3200
铝	2.7	6260	3080
铜	8.9	4700	2260
有机玻璃	1.18	2730	1460
陶瓷	2.4	5600	3500
机油	0.92	1400	—
水（20℃）	1.0	1500	—
空气	0.0012	340	—

（2）超声波波长　在超声波的传播方向上相位相同的相邻两质点间的距离称为超声波的波长，习惯上用符号“λ”表示。横波波长是相邻两波峰或波谷之间的距离，纵波波长为相邻两稠密或稀疏中心之间距离。

（3）声速、波长和频率之间的关系　超声波的声速c（m/s）、波长λ（m）和频率f（Hz）之间存在如下的简单关系：

$$c=f\lambda \tag{4-1}$$

由式（4-1）可见，在同一频率下横波的波长比纵波的波长短。例如当$f=2.5$MHz时，钢中的$\lambda_L\approx2.36$ mm；$\lambda_S\approx1.30$mm。正是由于波长很短，所以超声波才能像光波一样在介质中直线传播，而且声束具有很强的指向性。

3. 超声波的产生与接收

利用某些材料的物理效应可以实现超声波的产生和接收，实现电能与声能之间的相互转换。

（1）逆压电效应与超声波的产生　在如石英、钛酸钡、硫酸锂等天然或人工压电材料制成的压电晶片两面施加高频的交变电场，以致在晶片的厚度方向上出现相应的压缩和伸长变形，这一现象称为压电材料的逆压电效应，如图 4-1a 所示。在逆压电效应作用下，压电晶片将随外加电压的变化在其厚度方向上作相应热振动，发出超声波。

（2）压电效应与超声波的接收　沿厚度方向作超声振动的压电晶片的表面随之产生交变电压的现象称为正压电效应，如图 4-1b 所示。接收并显示这一源于超声振动的交变电压即实现了超声波的接收。

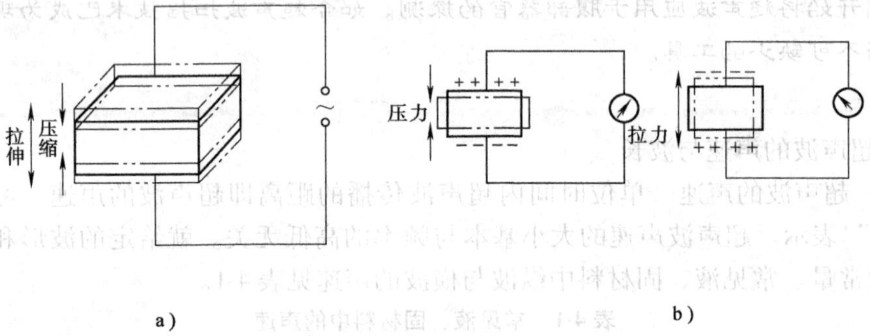

图 4-1　压电效应

a）逆压电效应　b）正压电效应

能力知识点 2　超声波的性质

超声波之所以能在无损探伤中获得广泛应用，主要由于超声波具有以下几方面的性质：

一、有良好的指向性

所谓超声波具有良好的指向性，有以下二个含义：

1. 直线性

超声波的波长很短（毫米数量级），因此它在弹性介质中能像光波一样沿直线传播，并符合几何光学规律。由于超声波在固定的介质中传播速度是个常数，因此根据传播时间就能求得其传播距离，从而为探伤中缺陷定位提供了依据。

2. 束射性

声源发生的超声波能集中在一定区域（称为超声场）定向辐射。今以圆形压电晶片在液体介质中以脉冲波形式发射的纵波超声场为例进行讨论，这时的超声场可视为理想声场。分析表明：

1）超声波的能量主要集中在 2θ 以内的锥形区域内，如图 4-2 所示。θ 愈小，波束指向性愈好，超声波能量愈集中，探伤灵敏度高，分辨力好和定位精确。

$$\theta = \arcsin 1.22\frac{\lambda}{D} \tag{4-2}$$

式中　θ——半扩散角（°）；

λ——波长（mm）；

D——压电晶片直径；

式（4-2）表明，波长愈短（或超声波频率愈高）、压电晶片直径愈大，则声束指向性愈好。

2）近场区中由于波的干涉声压起伏很大，如图 4-2b 所示。这会使处于声压极大值处的较小缺陷回波较高，而处于声压极小值处的较大缺陷却回波较低，这必将引起误判。因此，超声波探伤中总是尽量避免在近场区定量。

$$N\approx\frac{D^2}{4\lambda}$$

式中　N——近场区长度（mm）。

3）超声场中不同纵截面上的声压分布是不同的（图 4-2c），而当 $x\geqslant N$（x——距压电晶片表面的距离）的各纵截面中心声压最高，偏离中心轴线的声压逐渐降低。实际探伤中测定探头波束轴线的偏离程度时，规定在 N 以外就是这个原因。

4）未扩散区（图 4-2a 中，$b\approx1.64N$）内，波阵面近似平面，声场可看成是平面波声场，平均声压基本不变；扩散区其主波声束可视为底面直径为 D 的截头圆锥体，当 $x\geqslant3N$ 时，波束按球面波规律扩散。

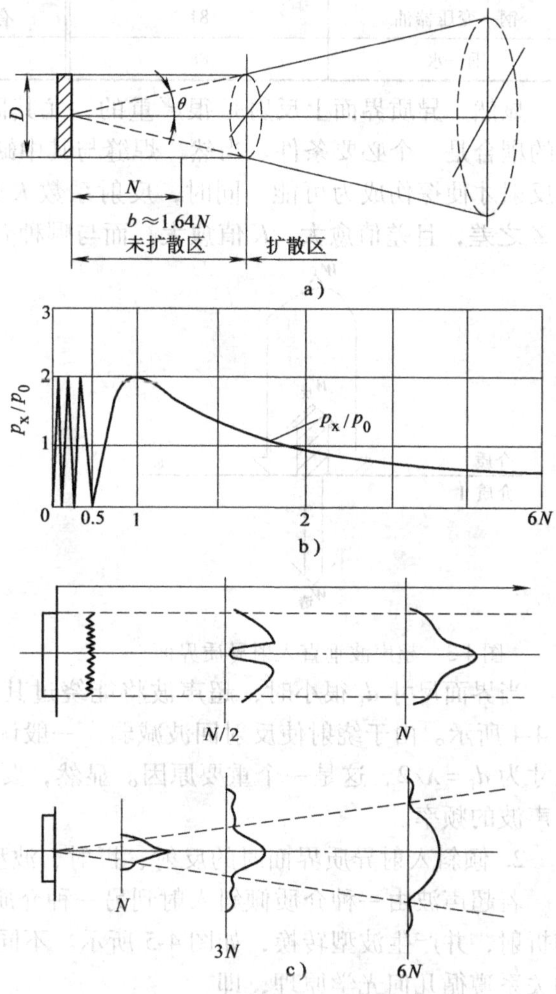

图 4-2　圆盘源超声场
a）声束未扩散区与扩散区　b）轴线上声压分布
c）不同截面上的声压分布

应该指出，实际焊缝探伤中所用的常是金属介质中的脉冲波横波声场，这要比以上分析的理想声场复杂得多，但二者有其基本相似之处。

二、异质界面上的透射、反射、折射和波型转换

超声波从一种介质垂直入射到另一种介质时，经过异质界面将产生以下几种情况：

1. 垂直入射异质介面时的透射、反射和绕射

当超声波从一种介质垂直入射到第二种介质上时，其能量的一部分被反射而形成与入射波方向相反的反射波，其余能量刚透过界面产生一与入射波方向相同的透射波，如图 4-3 所示。超声波反射能量 $W_{反}$ 与入射能量 $W_{入}$ 之比称之为超声波能量反射系数，即 $K=W_{反}/W_{入}$。几种界面的 K 值见表 4-2 所示。

表 4-2　异质界面反射系数 K

钢—钢	0	钢—空气	100
钢—有机玻璃	77	有机玻璃—变压器油	17
钢—变压器油	81	有机玻璃—空气	100
钢—水	88		

显然，异质界面上反射是很严重的，尤其固—气界面 $K\approx 100\%$，因此探伤中良好的耦合是一个必要条件。当然，焊缝与其中缺陷构成的异质界面，也正因为有极大的反射才使探伤成为可能。同时，反射系数 K 值仅决定于构成界面的两种介质声阻抗 Z 之差，且差值愈大，K 值愈大，而与哪种介质为第一介质无关。

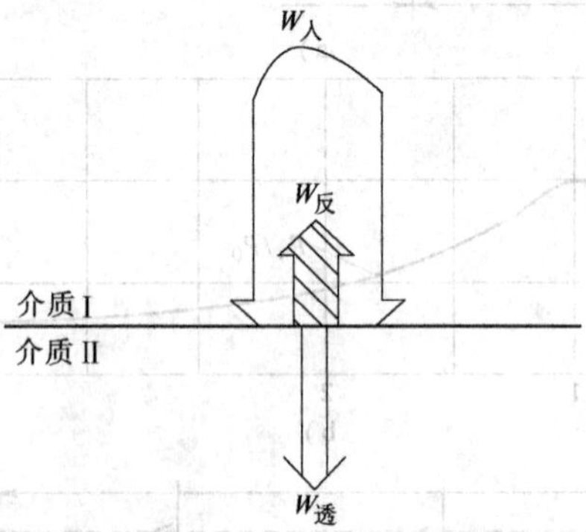

图 4-3　超声波垂直入射异质界面

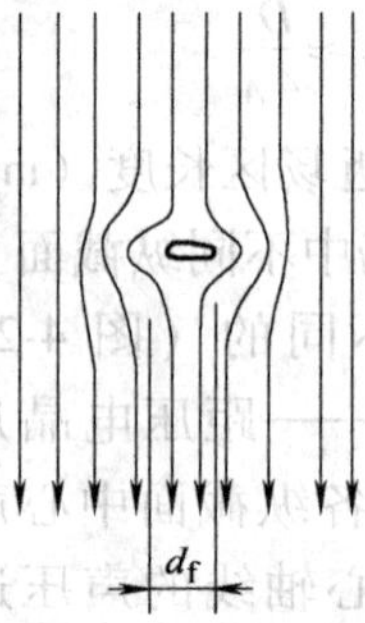

图 4-4　超声波的绕射现象

当界面尺寸 d_f 很小时，超声波将能绕过其边缘继续前进，即产生波的绕射，如图 4-4 所示。由于绕射使反射回波减弱，一般认为超声波探伤中能探测到的最小缺陷尺寸为 $d_f=\lambda/2$，这是一个重要原因。显然，要想能探测到更小的缺陷，就必须提高超声波的频率。

2. 倾斜入射异质界面时的反射、折射、波型转换和聚焦

若超声波由一种介质倾斜入射到另一种介质时，在异质界面上将会产生波的反射和折射，并产生波型转换，如图 4-5 所示。不同波型的声波入射角、反射角、折射角的关系遵循几何光学原理，即

$$\frac{\sin\alpha}{c_L}=\frac{\sin\alpha_L}{c_{L1}}=\frac{\sin\alpha_S}{c_{S1}}=\frac{\sin\gamma_L}{c_{L2}}=\frac{\sin\gamma_S}{c_{S2}} \tag{4-3}$$

式中　c_L、c_{L1}——介质 I 的纵波声速（m/s）；

c_{S1}——介质 I 的横波声速（m/s）；

c_{L2}——介质 II 的纵波声速（m/s）；

c_{S2}——介质 II 的横波声速（m/s）；

α——声波入射角（°）；

α_L——纵波反射角（°）；

α_S——横波反射角（°）；

γ_L——纵波折射角（°）；

γ_S——横波折射角（°）。

从式（4-3）知，当纵波入射角增大时，折射角和反射角将随之增大。由于同一

介质中，纵波声速大于横波声速，所以纵波反射角 α_L 大于横波反射角 α_S。从图4-5知，当纵波折射角 $\gamma_L=90°$ 时，在第二介质内只有横波存在，这时的纵波入射角称为第一临界角（α_{1m}）；当横波折射角 $\gamma_S=90°$ 时，在第Ⅰ介质和第Ⅱ介质的界面上产生表面波的传播，这时的纵波入射角称为第二临界角（α_{2m}）在进行焊缝超声波探伤时，第Ⅰ介质为探头的有机玻璃或环氧树脂，第Ⅱ介质为钢材，这时有 $\alpha_{1m}=27.6°$、$\alpha_{2m}=57.7°$。

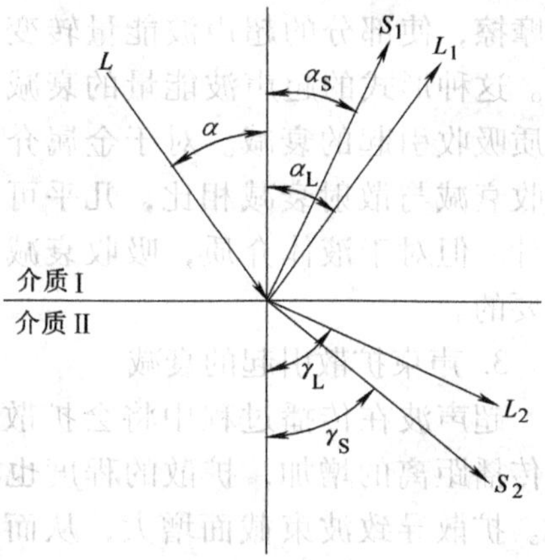

图4-5 超声波纵波倾斜入射时的反射和折射（$Z_1<Z_2$）

由第一、第二临界角的物理意义可知：

1）当 $\alpha<\alpha_{1m}$ 时，第Ⅱ种介质中同时存在着折射纵波和折射横波，这种情况在探伤中不采用。

2）当 $\alpha_{1m}\leqslant\alpha<\alpha_{2m}$ 时，第Ⅱ种介质中只存在折射横波，这是常用的斜探头的设计原理和依据，也是横波探伤的基本条件。

3）当 $\alpha\geqslant\alpha_{2m}$ 时，第Ⅱ种介质中既无折射纵波又无折射横波，但这时在第Ⅱ种介质表面形成表面波，这是常用表面波探头的设计原理和依据。

由于超声波通过介质时具有折射的性质，因此如同光线一样，可利用透镜产生聚焦性能。聚焦所用的声透镜可用液体、金属、有机玻璃和环氧树脂等材料制作。同理对于曲面工件进行探伤时，由于曲面的凹凸亦将产生聚焦和发散问题，从而对探伤产生影响。

想一想 何谓超声波？它有哪些重要特性？

能力知识点3 超声波的衰减

超声波在介质传播过程中，其能量随着传播距离的增加而逐渐减弱的现象称为超声波的衰减。引起超声波衰减的原因主要有以下三个方面：

1. 散射引起的衰减

超声波在传播过程中，在介质内部如遇到阻抗不同的界面（例如不均匀的和各向异性的金属晶粒界面），则会在界面上产生散乱反射、折射和波型转换，从而损耗声波的能量，这种衰减称为散射衰减。超声波通过金属材料时，其散射程度取决于晶粒度大小与超声波波长之比，当晶粒尺寸比波长小得很多时，几乎没有散射现象，超声波很容易通过。一般说，频率越高，晶粒尺寸越大，散射引起的衰减越厉害。当波长与晶粒尺寸的比值约为3时，其衰减量最大，实际探伤中由于奥氏体钢焊缝晶粒粗大，衰减很严重，同时在示波屏上形成“草状回波”，如图4-6所示。

2. 介质吸收性引起的衰减

超声波的传播过程是以介质质点的机械振动而进行的。由于质点的相对运动和互相摩擦，使部分的超声波能量转变成热能。这种形式的超声波能量的衰减称为介质吸收引起的衰减。对于金属介质的吸收衰减与散射衰减相比，几乎可略去不计。但对于液体介质，吸收衰减则是主要的。

3. 声束扩散引起的衰减

超声波在传播过程中将会扩散，随着传播距离的增加，扩散的程度也将增大。扩散导致波束截面增大，从而使单位面积上声能减小。这种形式引起的超声波能量衰减称为扩散衰减。

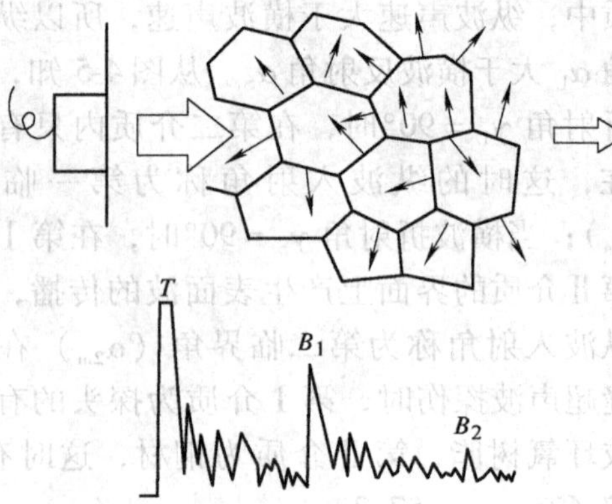

图 4-6 粗晶引起的散射和草状回波

T——始波 B_1——一次底波 B_2——二次底波

总之，在金属材料的超声波探伤中，主要考虑散射引起的衰减。因此，探测晶粒较粗大的工件时，多采用低频和提高发射功率的方法，以增加穿透力。对可淬硬的焊缝，亦建议在其调质热处理晶粒得到细化后再进行超声波探伤。

综合知识模块二 超声波探伤设备简介

超声波探伤设备一般由超声波探伤仪、探头和试块组成。超声波探伤仪和探头是超声波探伤的重要设备，了解其原理、主要性能和用途，是正确选择和有效进行探伤工作的保证。

能力知识点 1 超声波探头

超声波探头又称压电超声换能器，是实现电—声能量相互转换的能量转换器件。

一、探头的种类

由于工件形状和材质、探伤目的及探伤条件等不同，因而将使用各种不同形式的探头。

在焊缝探伤中常用的探头有以下几种：

1. 直探头

声束垂直于被探工件表面入射的探头称为直探头。它可发射和接收纵波。直探头的典型结构如图 4-7 所示，它由压电元件、吸收块、保护膜和壳体等组成。

（1）压电元件 它由一定形状和大小的压电晶片，经过极化和涂上电极（例如在晶片两面敷上银层）制成。在压电晶片上涂上电极的目的是使供给晶片的电压能够均匀分布。

（2）吸收块 它主要由环氧树脂和钨粉制成，浇铸在晶片背面上。其作用是吸收杂波，并使晶片在激励电脉结束后，将声能很快损耗掉而停止振动，以便接收来自工件内的反射回波。吸收块又称阻尼块。

（3）保护膜 它可使压电元件免于和工件直接接触受磨损、碰坏。保护膜有软膜、硬膜之分，其中软膜（耐磨橡胶、塑料等）用于粗糙表面的工件；硬膜（不锈钢片、刚玉片、环氧树脂等）声能损失小，比软膜应用广。

（4）壳体　它由金属或塑料制成，其上装有小型电缆接插件。金属壳体常用作压电元件的接收极。

2. 斜探头

利用透声斜楔块使声束倾斜于工件表面射入工件的探头称为斜探头。它可发射和接收横波。

典型的斜探头结构如图 4-8 所示，它由探头芯、斜楔块和壳体等部分组成。斜楔块用有机玻璃制作，它与工件组成固定倾斜的异质界面，使探头芯中压电元件发射的纵波通过波型转换，以折射波的形式在工件中传播。通常横波斜探头以钢中折射角标称：$\gamma = 40°$、$45°$、$50°$、$60°$、$70°$；有时也以折射角的正切标称：$K = \tan\gamma = 1.0$、1.5、2.0、2.5、3.0。

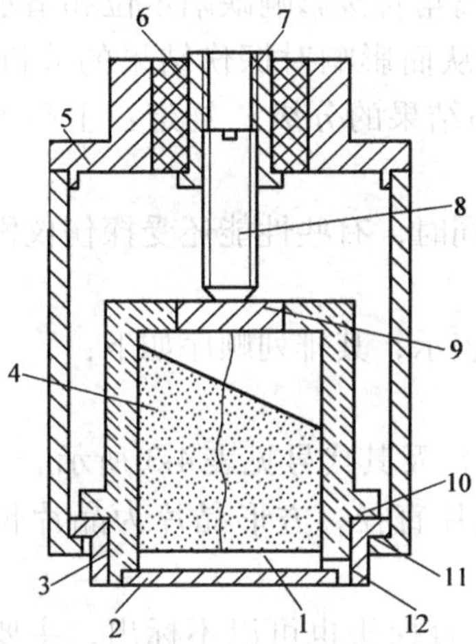

图 4-7　直探头的基本结构

1—晶片　2—保护膜　3—接地铜圈　4—吸收块　5—金属盖　6—绝缘柱　7—接触座　8—导线螺杆　9—接线片　10—晶片座　11—金属外壳　12—地线

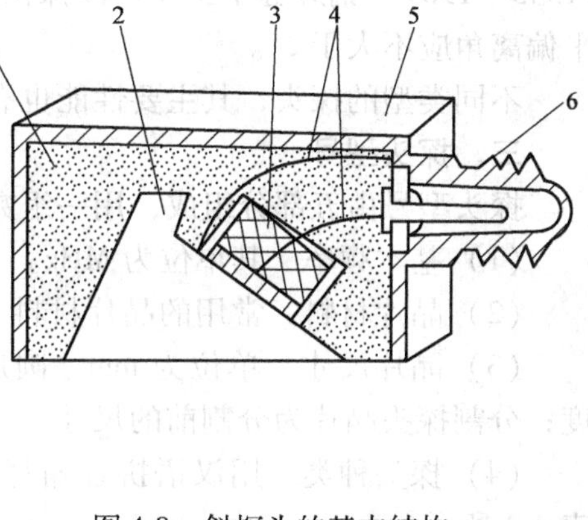

图 4-8　斜探头的基本结构

1—吸收块　2—斜楔块　3—压电元件　4—内部电源线　5—外壳　6—接头

3. 水浸聚焦探头

它是一种由超声探头和声透镜组合而成的探头。声透镜由环氧树脂浇铸成环形或圆柱形凹透镜，类似光学透镜能使光线聚焦一样，它可使超声束集聚成一点（点聚焦探头）或一条线（线聚焦探头）。由于聚焦探头的声束变细，声能集中，从而大幅改善了超声波指向性，并可提高灵敏度和分辨力。

4. 双晶探头

它是为了弥补普通直探头探测近表面缺陷时存在着盲区大，分辨力低的缺点而设计的，其结构内含三个压电元件，分别为发射、接收晶片，中间用隔声层隔开。

双晶探头又称分割式 TR 探头，主要用探测近表面缺陷和薄工件的测厚。

二、探头的主要参数

探头性能的好坏，直接影响探伤结果的可靠性和准确性。因此对探头有关性能指标（使用过程中由于磨损会发生变化）需要定期测试以保证探伤结果的准确性和可靠性。

焊缝超声波探伤常使用斜探头。斜探头的主要性能如下：

1. 折射角 γ（或探头 K 值）

γ 或 K 值大小决定了声束入射工作的方向和声波传播途径，是为缺陷定位计算提供的一个有用数据，因此探头使用磨损后均需测量 γ 或 K 值。

2. 前沿长度

声束入射点至探头前端面的距离称前沿长度，又称接近长度。它反映了探头对有余高的焊缝可接近的程度。入射点是探头声束轴线与楔块底面的交点。探头在使用前和使用过程中要经常测定入射位置，以便对缺陷进行准确定位。

3. 声轴偏离角

探头主声速轴线与晶片中心法线之间的夹角称为声速轴线偏向角。它反映了主声束中心轴线与晶片中心法线的重合程度。声轴偏离角直接影响缺陷定位和指示长度测量精度外，还会导致者对缺陷方向性产生误判，从而影响对探伤结果的分析。GB/T 11345—1989《钢焊缝手工超声波探伤方法和探伤结果的分级》规定：主声束轴线水平偏离角应不大于2°。

不同类型的探头，其主要性能也有所不同，同时，有些性能还受探伤仪影响。

三、探头型号

探头型号由五部分组成，用一组数字和字母表示，其排列顺序如下：

（1）基本频率　其单位为 MHz。

（2）晶片材料　常用的晶片材料（压电材料）及其代号见表 4-3 所示。

（3）晶片尺寸　单位为 mm。圆形晶片为晶片直径；方形晶片为晶片长度 × 宽度；分割探头晶片为分割前的尺寸。

（4）探头种类　用汉语拼音缩写字母表示，直探头也可以不标出，主要种类见表 4-4 所示。

表 4-3　晶片代号

晶片材料	代　号
锆钛酸铅	P
钛酸钡	B
钛酸铅	T
铌酸锂	L
碘酸锂	I
石英	Q
其他压电材料	N

表 4-4　探头种类代号

探头种类	代号
直探头	Z
斜探头	K
斜探头	X
分割探头	FG
水浸聚焦探头	SJ
表面波探头	BM
可变角探头	KB

（5）探头特征　斜探头为其 K 值或 γ，单位为°；分割探头为被探工件中声束交区深度，单位为 mm；水浸聚焦，XJ 表示线聚焦。

探头型号举例说明：

直探头型号举例

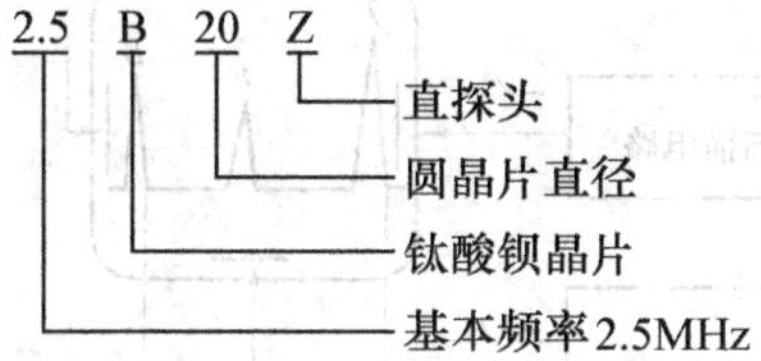

斜探头型号举例

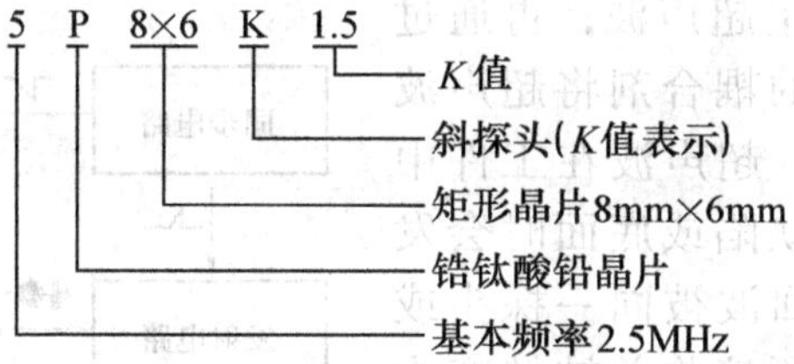

能力知识点2　超声波探伤仪

超声波探伤仪是探伤的主体设备，主要功能是产生超声频率电振荡，并以此来激励探头发射超声波。同时，它又将探头接收到的回波电信号予以放大、处理，并通过一定方式显示出来。

一、超声波探伤仪的分类方式

1）按超声波的连续性可将探伤仪分为脉冲波、连续波和调频波探伤仪三种。其中后两种探伤仪，由于其探伤灵敏度低，缺陷测定有较大局限性，故在焊缝探伤中均不采用。

2）按缺陷显示方式，可将探伤仪分为A型显示（缺陷波幅显示）、B型显示（缺陷俯视图像显示）、C型显示（缺陷侧视图像显示）和3D型显示（缺陷三维图像显示）超声波探伤仪等。

3）按超声波的通道数目又可将探伤仪分为单通道和多通道超声波探伤仪两种。前者是由一个或一对探头单独工作；后者是由多个或多对探头交替工作，而每一通道相当于一台单通道探伤仪，适用于自动化探伤。

目前，焊缝超声探伤中广泛使用A型显示脉冲反射式单通道超声波探伤仪。

> **小知识**　A型显示具有检波与非检波两种形式：非检波信号又称为射频信号，是探头输出的脉冲信号的原始形式，可用于分析信号特征；检波形式是探头输出的脉冲信号经检波后显示的形式。由于检波形式可将时基线从屏幕中间移到刻度板底线，可观察的幅度范围增加了一倍，同时，图形较为清晰简单，便于判断信号的存在及读出信号幅度。

二、A型脉冲反射式超声波探伤仪

A型脉冲反射式超声波探伤仪相当于一种专用示波器，尽管型号、性能有所不同，但其基本结构、工作原理均大同小异。

1. 工作原理

A型脉冲反射式超声波探伤仪电路框图如图4-9所示。接通电源后，同步电路产生的触发脉冲同时加至扫描电路和发射电路。扫描电路受触发后开始工作，产生的锯齿波电压加至示波管水平（x轴）偏转板上，使电子束发生水平偏转，从而在示波屏上产生一条水平扫描线（又称时间基线）。与此同时，发射电路受触发产生高频窄脉冲加至探头，激励压电晶片振动而产生超声波，再通过探测表面的耦合剂将超声波导入工件。超声波在工件中传播遇到缺陷或底面时会发生反射，回波被同一探头或接收探头所接收并被转变为电信号，经接收电路放大和检波后加至示波管垂直（y 轴）偏转板上，使电子束发生垂直偏转，在水平扫描线的相应位置上产生始波 T（表面反射波）、缺陷波 F、底波 B。

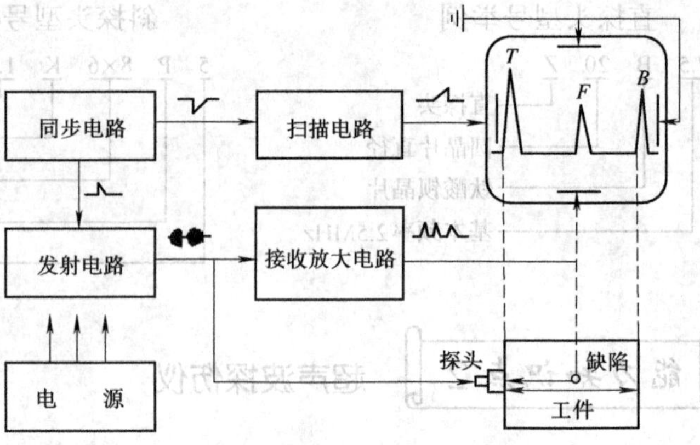

图 4-9　A 型脉冲反射式超声波探伤仪电路框图

实际上，该探伤仪示波屏上横坐标反映了超声波的传播时间，纵坐标反映了反射波的振幅，因此通过始波 T 和缺陷波 F 之间的距离，便可决定缺陷离工件表面位置，同时通过缺陷波 F 的高度可决定缺陷的大小。

2. 探伤仪主要性能

仪器性能将直接影响探伤结果的正确，为此规定了探伤仪的各项性能。

（1）水平线性　又称时基线性或扫描线性。是指扫描线上显示的反射波距离与反射体距离成正比关系的程度，它关系到缺陷定量的准确性。

（2）垂直线性　又称放大线性，是指示波屏反射波幅与接收信号电压成正比的程度，它关系到缺陷定量的准确性。

（3）动态范围　是示波屏上回波高度从满幅（100%）降至消失时仪器衰减器的变化范围，其值愈大，可检出缺陷愈小。

下列性能为探伤仪与探头组合后的超声探伤系统的性能：

（1）灵敏度余量　指组合灵敏度，并以灵敏度余量来表示。它是在规定条件下的探伤灵敏度至仪器最大灵敏度的富裕量（ΔdB 数表示）。

（2）分辨力　超声波探伤系统能够区分两个相邻而不连续的缺陷的能力。它有近场分辨力、远场分辨力、纵向分辨力和横向分辨力之分，一般是指远场纵向分辨力。

想一想　超声波探伤仪的主要性能指标有哪些？

能力知识点 3　试块

试块是按一定用途设计制作的具有简单几何形状人工反射体的试件。超声探伤中是以试块作为比较的依据，用试块作为调节仪器和定量缺陷的参考依据是超声波探伤的一个特点。

1. 试块的分类

根据使用目的和要求的不同，通常将试块分成以下两大类：标准试块和对比试块。

（1）标准试块 标准试块是由法定机构对材质、形状、尺寸、性能等作出规定和检定的试块。由国际机构（如国际焊接学会、国际无损检测协会等）制定的标准试块，称为国际标准试块，如 IIW 试块；由国家机构制定的标准试块称为国家标准试块，如日本的 STB—G 试块。

我国 GB/T 11345—1989 提出的 CSK—IB 试块为焊缝探伤用标准试块。该试块是 ISO—2400 标准试块（即 IIW—I 型试块）的改变形。其形状和尺寸如图 4-10 所示。

CSK—IB 试块主要用于测定斜探头的入射点、调整探测范围和扫描速度、测定仪器探头以及系统的性能等。

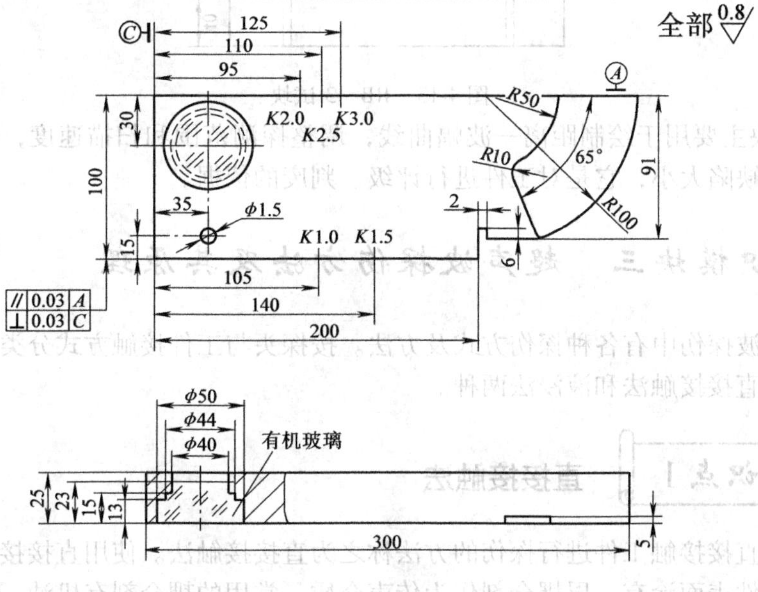

图 4-10 CSK—IB 试块

（2）对比试块 对比试块又称参考试块，它是由各专业部门按某些具体探伤对象规定的试块。GB/T 11345—1989 提出的适应不同板厚的三种对比试块，分别是 RB—1（适用于 8～25mm 板厚）、RB—2（适用于 8～100mm 板厚）和 RB—3（适用于 8～150mm 板厚），其形状和尺寸如图 4-11、图 4-12、图 4-13 所示。

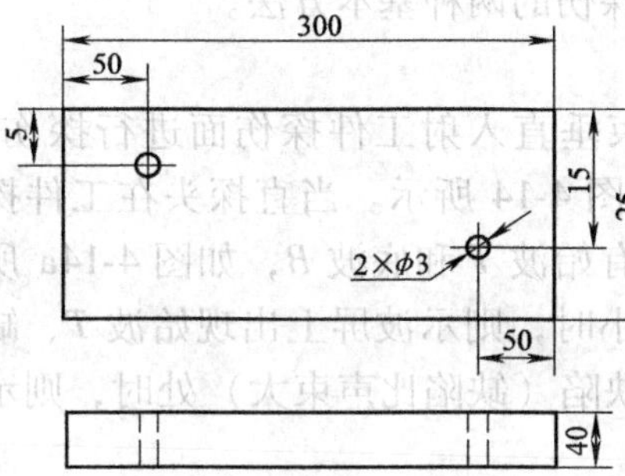

图 4-11 RB—1 试块

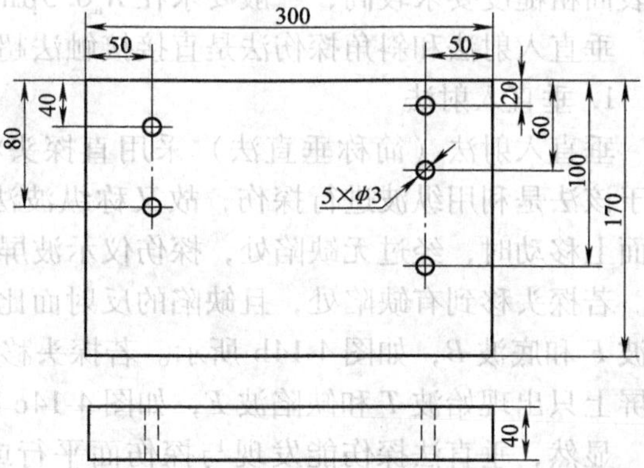

图 4-12 RB—2 试块

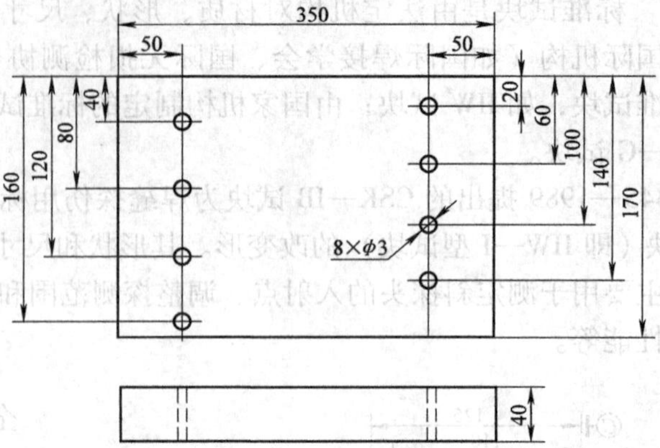

图 4-13　RB—3 试块

RB 试块主要用于绘制距离—波幅曲线，调整探测范围和扫描速度，确定探伤灵敏度和评定缺陷大小，它是对工件进行评级、判废的依据。

综合知识模块三　超声波探伤方法及其原理

在超声波探伤中有各种探伤方式及方法。按探头与工件接触方式分类，可将超声波探伤分为直接接触法和液浸法两种。

能力知识点 1　直接接触法

使探头直接接触工件进行探伤的方法称之为直接接触法。使用直接接触法应在探头和被探工件表面涂有一层耦合剂作为传声介质。常用的耦合剂有机油、甘油、化学浆糊、水及水玻璃等。焊缝探伤多采用化学浆糊和甘油。由于耦合剂层很薄，因此可把探头与工件看作二者直接接触。

直接接触法主要采用 A 型脉冲反射法工作原理，由于操作方便，探伤图形简单，判断容易且探伤灵敏度高，因此在实际生产中得到最广泛应用。但该法对工件探测面的表面粗糙度要求较高，一般要求在 $R_a6.3\mu m$ 以下。

垂直入射法和斜角探伤法是直接接触法超声波探伤的两种基本方法。

1. 垂直入射法

垂直入射法（简称垂直法）采用直探头将声束垂直入射工件探伤面进行探伤。由于该法是利用纵波进行探伤，故又称纵波法，如图 4-14 所示。当直探头在工件探伤面上移动时，经过无缺陷处，探伤仪示波屏上只有始波 T 和底波 B，如图 4-14a 所示。若探头移到有缺陷处，且缺陷的反射面比声束小时，则示波屏上出现始波 T、缺陷波 F 和底波 B，如图 4-14b 所示。若探头移至大缺陷（缺陷比声束大）处时，则示波屏上只出现始波 T 和缺陷波 F，如图 4-14c 所示。

显然，垂直法探伤能发现与探伤面平行或近于平行的缺陷，适用于厚钢板、轴类、轮等几何形状简单的工件。

2. 斜角探伤法

斜角探伤法（简称斜射法）是采用斜探头将声束倾斜入射工件探伤面进行探伤。由于它是利用横波进行探伤，故又称横波法，如图 4-15 所示。当斜探头在工件探伤面上移动时，若工件内没有缺陷，则声束在工件内经多次反射将以“W”形路径传播，此时在示波屏上只有始波 T，如图 4-15a 所示。当工件存在缺陷，且该缺陷与声束垂直或倾斜角很小时，声束会被缺陷反射回来，此时示波屏上将显示出始波 T、缺陷波 F，如图 4-15b 所示。当斜探头接近板端时，声束将被端角反射回来，此时在示波屏上将出现始波 T 和端面波 B，如图 4-15c 所示。

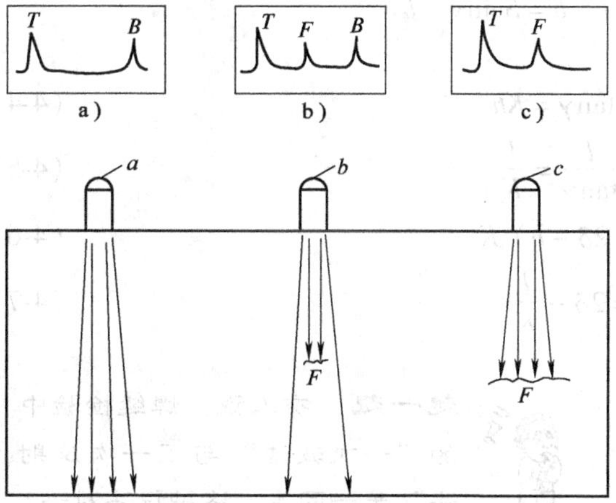

图 4-14　垂直入射法探伤

a）无缺陷　b）小缺陷　c）大缺陷

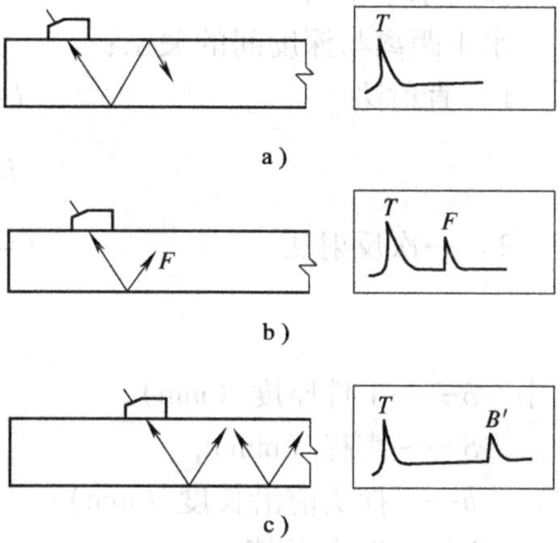

图 4-15　斜角探伤法

a）无缺陷　b）有缺陷　c）接近板端

斜角探伤法能发现与探测表面成角度的缺陷，常用于焊缝、环状锻件、管材的检查。

用斜角法探伤焊缝，其几何关系如图 4-16 所示。值得指出的是，在焊缝探伤中，必须熟悉斜角探伤法的几何关系，这样才有助于判断缺陷回波并进行有关缺陷位置参数的计算。

跨距点：声束中心线经底面反射后到达探伤面的一点，图 4-16 中的 A 点。

跨距 P：探头入射点（O）至跨距点（A）的距离。

直射法：在 0.5 跨距的声程以内，超声波不经底面反射而直接对准缺陷的探伤方法，又称一次波法。

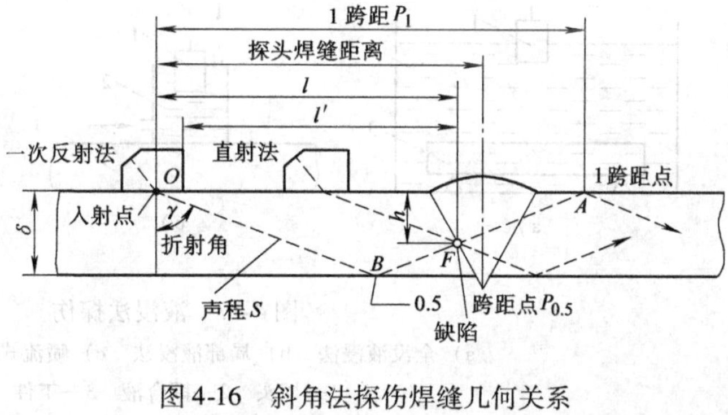

图 4-16　斜角法探伤焊缝几何关系

一次反射法：超声波只在底面反射一次而对准缺陷的探伤方法，又称二次波法。

缺陷水平距离 l：缺陷在探伤面投影点至探头入射点的距离，又称探头缺陷距离。

简化水平距离 l'：缺陷在探伤面的投影点至探头前端的距离。

缺陷深度 h：缺陷距探伤面的垂直距离，又称缺陷的垂直距离。

根据三角函数基本公式，可有

0.5 跨距 $P_{0.5} = \delta\tan\gamma$

1 跨距 $P_1 = 2\delta\tan\gamma$

缺陷深度（直射法） $h = S\cos\gamma$

缺陷深度（一次反射法） $h = 2\delta - S\cos\gamma$

水平距离 $l = S\sin\gamma$

简化水平距离 $l' = l - b = S\sin\gamma - b$

水平距离与深度间的关系：

1）直射法

$$l = h\tan\gamma = Kh \tag{4-4}$$

$$h = \frac{l}{\tan\gamma} = \frac{l}{K} \tag{4-5}$$

2）一次反射法

$$l = (2\delta - h)K \tag{4-6}$$

$$h = 2\delta - \frac{l}{K} \tag{4-7}$$

式中 δ——工件厚度（mm）；

S——声程（mm）；

b——探头前沿长度（mm）；

K——探头 K 值；

γ——探头折射角（°）。

想一想 有人说，焊缝检验中的“一次波法”与“一次反射法”是一回事。这种说法对吗？

能力知识点 2 液浸法

液浸法是将工件和探头头部浸在耦合液体中，探头不接触工件的探伤方法。根据工件和探头浸没方式，分有全没液浸法、局部液浸法和喷流式局部液浸法等。其原理如图 4-17 所示。

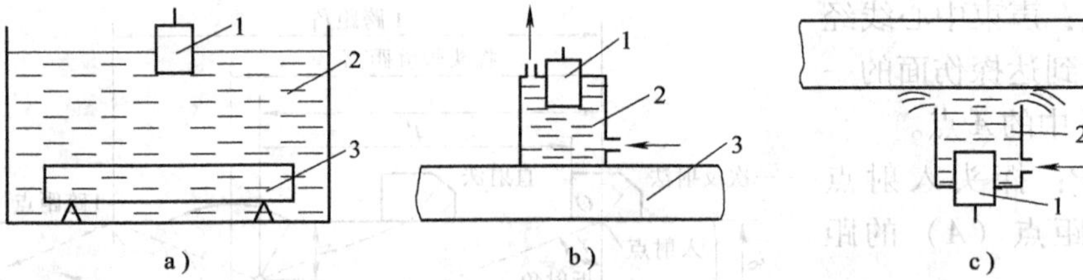

图 4-17 液浸法探伤

a）全没液浸法 b）局部液浸法 c）喷流式局部液浸法

1—探头 2—耦合液 3—工件

液浸法当用水（通常情况下均如此）作耦合介质时，称作水浸法。水浸法探伤时，探头常采用聚焦探头，既是最常用的水浸聚焦超声波探伤。其探伤原理和波形如图 4-18 所示，声波从探头发出后，需经过耦合层再射到工件表面，有一部分声能传至工件表面反射回来而形成一次界面反射波 S_1。同时大部分声能传入工件，若工件中存在缺陷时，传入工件的声能一部分被缺陷反射形成缺陷反射波 F，其余声能传至工件底面产生底面反射波 B。因此，探伤波形中 $T \sim S_1$、$S_1 \sim F$ 及 $F \sim B$ 之间的距离，各相对于探头到工件底面之间各段的距离。当改变探头位置时，探伤波形中 $T \sim S_1$ 的距离也将随之改变，而 $S_1 \sim F$、$F \sim B$ 的距离则保持不变。

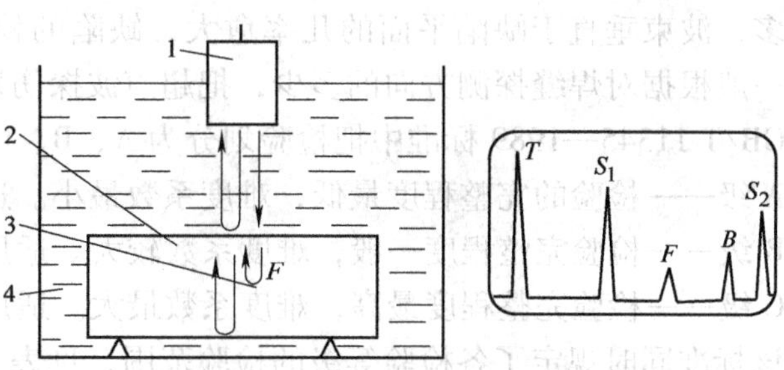

图 4-18 水浸聚焦探伤原理和波形

1—探头 2—工件 3—缺陷 4—水

T—始波 S_1—一次界面反射波 F—缺陷波

B—工件底波 S_2—二次界面反射波

用液浸法探伤时，应注意使探头和工件之间耦合介质层有足够距离，以避免二次界面反射波 S_2 出现在工件底波 B 之前。一般要求探头到工件表面距离应在工件厚度的 1/3 以上。

小知识 液浸法探伤由于超声波在液体和金属表面的反射，损失了大量能量，检测同样尺寸的反射体时，与直接接触法相比，必须采用较高的增益。当探伤高衰减材料或大厚度材料时，可能没有足够的能量。而在较高仪器增益的情况下，还可能出现噪声干扰。采用聚焦探头可以有助于解决信噪比问题，但需考虑检测效率问题。

液浸法探伤由于探头与工件不直接接触，因此它具有探头不易磨损，且声波的发射和接收比较稳定等优点。其主要缺点是，它需要一些辅助设备，如液槽、探头桥架、探头操纵器等。同时，还由于液体耦合层一般较厚而声能损失较大。

综合知识模块四 直接接触法超声波探伤技术

直接接触法超声波探伤是通过超声波探伤仪示波屏上反射回波的位置、高度、波形等静态和动态特征来显示被探件质量优劣的。对焊缝探伤而言，该方法主要探伤标准为 GB/T 11345—1989《钢焊缝手工超声波探伤方法和探伤结果分级》（下略标准名称）。管道环缝探伤标准为 GB/T 15830—1995《钢制管道对接环缝超声波探伤方法和检验结果的分级》。这里只介绍执行 GB/T 11345—1989 标准的超声波探伤。

超声波探伤一般包括探伤前的准备、实时探伤操作、缺陷的评定、检验结果的分级、记录与报告等过程。

能力知识点 1 探伤前的准备

一、检验等级的确定

焊缝中缺陷的位置、形状和方向直接影响缺陷的声反射率。超声波探测焊缝的方向愈多，波束垂直于缺陷平面的几率愈大，缺陷的检出率也愈高，评定结果也愈准确。一般根据对焊缝探测方向的多少，把超声波探伤划分为若干个检验级别。

GB/T 11345—1989 标准中把检验划分为 A、B、C 三个级别：

A 级——检验的完整程度最低，难度系数最小。适用于普通钢结构检验。

B 级——检验完整程度一般，难度系数较大。适用于压力容器检验。

C 级——检验完整程度最高，难度系数最大。适用于核容器及管道的检验。

该标准同时规定了各检验等级的检验范围，见表 4-5。

表 4-5　相应检验等级的主要检验项目汇总

检验等级 / 项目	A	B		C		备　注
板厚/mm	δ≤50	δ≤100	δ>100	δ≤100	δ>100	
探头角度数量	1	1 或 2	2	2	2	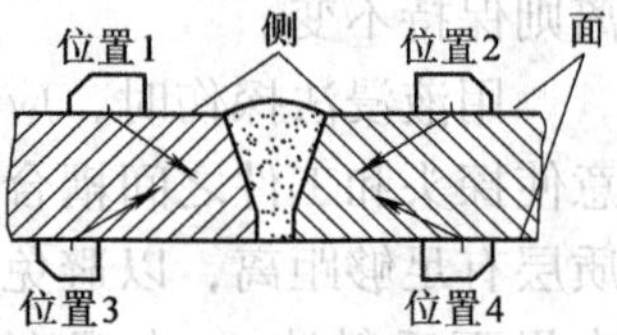
探伤面数量	1	1 或 2	2	1	2	
探伤侧数量	1	2	2	2	2	
串列扫查	0	0		0 或 2	2	
母材检验	0	0		1	1	
纵向缺陷检测方向与次数	1	2 或 4	4	≥6	10	
横向缺陷检测方向与次数	0	0 或 4	0 或 4	4	4	

应该注意，检验的完善程度与检验工作量、生产周期、检验成本等都有直接关系，因此应根据工件材质、结构、检验方法、使用条件及承受载荷的不同，合理使用检验级别。通常情况下，检验级别以产品技术条件和有关规定选择或经合同双方协商选定。

二、探伤面及探伤方法的选择

1. 探伤面的选择与准备

探伤面应根据不同的检验等级和板厚来选择，参见表 4-5，表 4-6 的规定。同时，探伤前应彻底清除焊缝两侧探头移动区表面修正光洁（清除焊接飞溅、铁屑、油污及其他外部杂质），便于探头自由扫查，并保证有良好的声波耦合。修正后的表面粗糙度值应不大于 $R_a 6.3\mu m$。

表 4-6　探伤面及使用折射角

板厚/mm	探伤面 A	探伤面 B	探伤面 C	探伤方法	使用 K 值
≤25	单侧单面	单面双侧或双面单侧		直射法及一次反射法	2.5；2.0
>25～50					2.5；2.0；1.5
>50～100	无 A 级	双面双侧		直射法	1 或 1.5；1 和 1.5 并用；1 和 2.0 并用
>100					1 和 1.5 或 2.0 并用

2. 探伤方法的选择

选择探伤方法应考虑工件的结构特征，并以所采用的焊接方式容易生成的缺陷为主要探测目标，结合有关标准来选择，参见表 4-6。

三、耦合剂的选用

选择耦合剂主要考虑以下几方面的要求：

1）透声性能好。声阻抗尽量与被探测材料的声阻抗相近。

2）有足够的润湿性、适当的附着力和粘度。

3）对试件无腐蚀，对人体无损害，对环境无污染。

4）容易清除，不易变质，价格便宜，来源方便。

接触法探伤常选用甘油、机油、化学浆糊等有一定粘度的耦合剂，但在试件表面非常光滑时，有时也采用水作耦合剂。对于钢材等易锈的材料，常采用机油、变压器油等，不宜采用甘油和水作耦合剂。对于试件表面为竖直状态等耦合剂易流失的情况下，需选择粘度较高的耦合剂。

液浸法探伤最常用水作耦合剂，水中的杂质会引起声波较大的衰减，因此，所用的声波必须是洁净的。用自来水时，因新换的水中有较多气泡，应静置48h以上，使其洁净、无水泡，以免气泡聚集在试件和探头表面，使灵敏度降低，或产生假反射信号。

四、探头的选择

1. 探头形式的选择

根据工件的形状和可能出现缺陷的部位、方向等条件选择探头形式，原则上应尽量使声束轴线与缺陷反射面相垂直。对于焊缝的探测，通常选用斜探头。

2. 晶片尺寸的选择

晶片尺寸大，声束指向性好（半扩散角小），能量大且集中，对探伤有利。但同时又会使近场区长度增大，对探伤不利。综合来看，多数情况下，大厚度工件的探伤，采用大直径探头较为有利；厚度较小工件的探伤，采用小直径探头较为合理。

3. 频率的选择

频率是制订探伤工艺的重要参数之一。频率高，探伤灵敏度和分辨率均提高且声束指向性亦好，这些对探伤有利；但同时，频率高又使近场区强度增大，衰减大等，且频率高对工件表面粗糙度要求亦高，又对探伤不利。据此，探伤频率的选择应根据工件的技术要求、材料状态及表面粗糙度等因素综合加以考虑。对于粗糙表面、粗晶材料以及厚大工件的探伤，宜选择较低频率；对于表面粗糙度值低、晶粒细小及薄壁工件的探伤，宜选择较高频率。焊缝探伤中由于裂纹等面状缺陷大都与声束轴线呈一定夹角，此时若频率过高，则缺陷反射波指向性很强，且声束在工件中衰减过大，探头反而不易收到回波。

焊缝探伤时，一般选用超声波频率以2～5MHz为宜，推荐采用2～2.5MHz。

4. 探头角度或K值的选择

原则上应根据工件厚度和缺陷方向性选择探头角度或K值，即尽可能探测到整个焊缝厚度，并使声束尽可能垂直于主要缺陷。

焊缝探伤中，薄工件宜采用大K值探头，以拉开跨距，提高分辨力和定位精度。大厚度工件宜采用小K值探头，以减小整修面的宽度，有利于缩短声程，减小衰减损失，提高探伤灵敏度。如果从探测垂直于探伤面的裂纹考虑，K值愈大，声束轴线与缺陷反射面愈接近于垂直，缺陷回波就愈高。对有些要求比较严格的工件，探伤时应采用多K值、多探头进行扫查，以便发现不同取向的缺陷。

探伤时，可按表4-6选取探头角度或K值。

表4-6中K值是按板厚选择的，探伤时要根据产品中的板厚找出标称K值探头，但探头K值常因工件中的声速变化和探头磨损而产生变化，因此，探伤时必须对探

头 K 值进行校验。其具体方法是，首先测出探头的入射点：把探头放在 CSK—IB 试块上前后移动，找出 $R100$mm 圆弧面最强反射波，此时在斜楔上与 $R100$mm 圆弧面圆心对应的点即为探头上的入射点，同时还可求得入射点至探头底面前端的距离，即前沿长度。然后利用 $\phi50$mm 孔的反射，用同样方法找出其最强反射波，此时与入射点对应的角度即为折射角（可得到 K 值）。

五、探伤仪的调节

仪器调节有两项主要内容，一是探伤范围和扫描速度调节；二是灵敏度调整。

（一）探伤范围和扫描速度调节

1. 探伤范围的调节

探伤范围的选择应以尽量扩大示波屏的观察视野为原则，一般要求受检工件最大探测距离的反射信号位置应不小于刻度范围的 2/3。探伤范围可以通过仪器上的“深度（粗调）”旋钮，改变它的不同档级来调节。

2. 扫描速度的调节

直探头进行探伤时，底面反射波（即标准反射体）很容易找到，可利用已知尺寸的试块或工件上的两次不同底面反射波的前沿，通过仪器上“深度”、“微调”、“水平”旋钮使其分别对准示波屏上相应刻度值来实现。但斜角探伤中找不到底面的反射波，这就给调节扫描速度带来困难。下面主要介绍斜角探伤扫描速度调整方法。

探伤仪横波扫描速度可有声程、水平、深度三种调节方法。在焊缝探伤中推荐：厚板（$\delta \geqslant 32$mm）焊缝探伤应采用深度调节法，中薄板（$\delta \leqslant 24$mm）焊缝探伤应采用水平调节法。

（1）深度 1∶1 调节法　该法是利用 CSK—IB 标准试块上 $R50$mm、$R100$mm 圆弧面（或利用 RB 试块上不同距离的横孔）来调节扫描速度，使示波屏刻度板的读数与探头入射点距反射体的垂直距离形成 1∶1 的一种定位方法。调节方法如下：

1）先计算 CSK—IB 试块上 $R50$mm、$R100$mm 圆弧反射波 B_1、B_2 对应的深度 Z_1、Z_2：

$$Z_1 = \frac{50}{\sqrt{1 + K^2}}$$

$$Z_2 = \frac{100}{\sqrt{1 + K^2}} = 2Z_1$$

式中　K——斜探头 K 值（实测值）。

2）探头入射点对准圆心。

3）调节探伤仪（例如，深度、微调、水平旋钮），使 B_1、B_2 前沿分别对准示波屏相应水平刻度值，注意 $Z_1 = 2Z_2$，此时深度 1∶1 即调好。

（2）水平 1∶1 调节法　此法是把示波屏刻度板的读数代表探头入射点至反射体的水平距离的一种定位方法。调节方法如下：

1）先计算 CSK—IB 试块上 $R50$mm、$R100$mm 圆弧反射波 B_1、B_2 对应的水平距离 l_1、l_2：

$$l_1 = \frac{50K}{\sqrt{1 + K^2}}$$

$$l_2 = \frac{100K}{\sqrt{1+K^2}} = 2l_1$$

2）探头入射点对准圆心。

3）调节探伤仪，使 B_1、B_2 前沿分别对准示波屏相应水平刻度值，注意 $l_2 = 2l_1$，此时水平距离 1∶1 即调好。

同理，可实现对探伤仪进行 1∶n 扫描速度调节。

（二）探伤灵敏度的选择及其调整

1. 探伤灵敏度的选定

探伤灵敏度是指在确定的探测范围内的最大声程处发现规定大小缺陷的能力。它是仪器和探头组合后的综合指标，可通过调节仪器上的有关灵敏度的旋钮来调节。

小知识　探伤灵敏度的调整，目的是要使仪器设置足够大的增益，保证规定的信号在屏幕上有足够的高度，以便于发现所需检测的缺陷。因此，灵敏度的调节首先考虑的是要求发现的最小信号是什么，同时，还要考虑在整个探伤范围内哪个位置的信号反射幅度最低，调节时要使这个位置的信号的幅度达到屏幕上规定的高度。这样，保证所有依据标准必须被检测到的缺陷都能被观察到或记录装置记录下来。

超声波探伤灵敏度是以发现与工件同厚度、同材质对比试块上最小的人工缺陷来判定的。在 GB/T 11345—1989 标准中不同检验级别的焊缝探伤灵敏度的规定方法是通过取 ϕ3mm 长横孔反射波幅的一定百分比来实现的。另一方面超声波探伤灵敏度很高，可以发现很细小的焊缝缺陷，然而对于焊缝宏观质量控制来说，只有当缺陷尺寸超过毫米数量级时才有实际意义。因此，标准中对超声波探伤灵敏度的规定采用了三档，即评定线（EL）、定量线（SL）和判废线（RL）灵敏度，如图 4-19 所示。评定线以上至定量线以下为Ⅰ区（弱信号评定区）；定量线至判废线以下为Ⅱ区（长度评定区）；判废线以上区域为Ⅲ区（判废区）。GB/T 11345—1989 标准中规定的各级灵敏度见表 4-7 。表中 DAC 代表不同深度 ϕ3mm 孔反射波的高度在距离波幅坐标系中的连线。为了计测方便起见，表中把测量波幅的百分比值换算成其对数的分贝值。

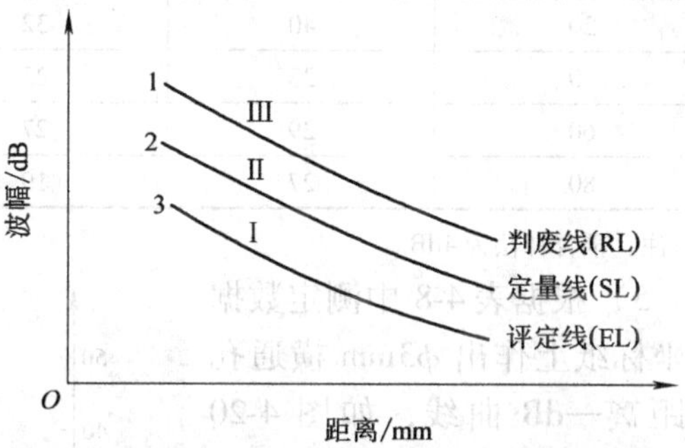

图 4-19　距离—波幅曲线示意图

1—判废线（RL）　2—定量线（SL）　3—评定线（EL）

Ⅰ—弱信号评定区　Ⅱ—弱信号评定区　Ⅲ—判废区

应当注意，探伤灵敏度愈高，发现缺陷的能力就愈强。但是过高的灵敏度会使信噪比下降，所以灵敏度也不是愈高愈好。另外，灵敏度会因仪器使用时间长或电源变动而发生改变。为了使整个过程灵敏度保持一致，必须在探伤过程中作定期校验。每次校验的校验点不小于两次，如校验点的反射波比 DAC 线降低 20% 或 2dB 以上，仪器灵敏度应重新调整。

表 4-7　距离—波幅曲线的灵敏度

DAC ＼ 板厚/mm ＼ 检验等级	A	B	C
	8 ~ 50	8 ~ 300	8 ~ 300
判废线（RL）	DAC	DAC ~ 4dB	DAC ~ 2dB
定量线（SL）	DAC ~ 10dB	DAC ~ 10dB	DAC ~ 8dB
评定线（EL）	DAC ~ 16dB	DAC ~ 16dB	DAC ~ 14dB

2. 距离—波幅曲线的制作

根据 GB/T 11345—1989 标准规定，板厚为 8mm < $\delta \leqslant$ 100mm 时，可采用 RB—2 对比试块和深度调节定位法制作距离—波幅（dB）曲线（DAC 曲线）。具体制作步骤如下：

1）首先应进行探头入射点和折射角的测定，对时基轴进行深度 1∶1 调节。

2）选取试块上孔深与探伤深度相同或接近的横孔，例如孔深 A_1 = 20mm 的 ϕ3mm 横通孔，将探头置于试块探测面，声束指向该孔。调节探头位置使回波达到最高，调节“增益”或“衰减器”旋钮，使该反射波幅为示波屏上某一高度（一般为满刻度的 40%），该波高即为“基准波高”，记下此时的 dB 值。

3）在试块上探测孔深为 A_2 = 40mm 的 ϕ3mm 孔，使其回波达到最高。此时，由于声程增加了，其回波将有所下降，即低于基准高度。可调节仪器的“衰减器”（应注意这时不准转动“增益”旋钮），将回波调至基准高度，记下此时相应 dB 值。

4）重复步骤 3，依次测定孔深 A = 60mm、80mm 等的 ϕ3mm 孔，记下相应的 dB 值，如表 4-8 所示（表中数据为假设列举数值）。

表 4-8　距离—dB 数据

距离/mm	ϕ3mm/dB	判废线/dB	定量线/dB	评定线/dB
20	40	32	26	20
40	33	25	19	13
60	29	27	15	9
80	27	19	13	9

注：耦合补偿为 4dB。

5）根据表 4-8 中测定数据在坐标纸上作出 ϕ3mm 横通孔的距离—dB 曲线，如图 4-20 所示。

6）按照 GB/T 11345—1989 规定灵敏度要求（表 4-7），计算出判废线、定量线和评定线的 dB 值，在坐标纸上作出判废线（RL）、定量线（SL）和评定线（EL）。

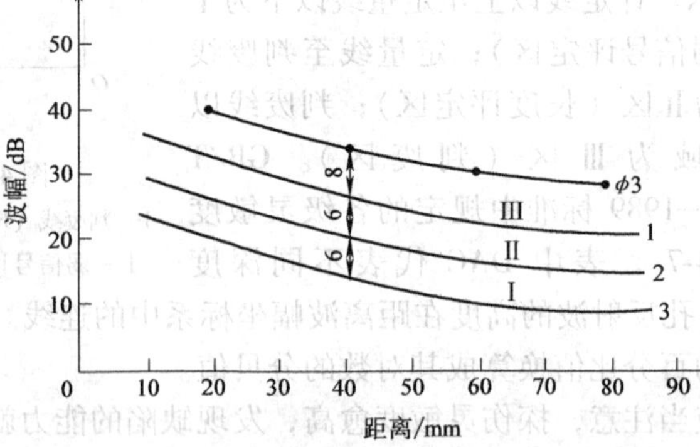

图 4-20　距离—dB 曲线

1—判废线（RL）　2—定量线（SL）　3—评定线（EL）

值得指出，若考虑到表面粗糙度和材质补偿，则探伤灵敏度还应提高一个补偿 dB 数。为了方便起见，在制作判废线、评定线和定量线时，就将这个补偿 dB 考虑进去，即三条线同时向下平移一个补偿 dB 值（表4-8 和图4-20 中补偿量为 4dB）。

3. 探伤灵敏度的调整

调整方法依据 GB/T 11345—1989 规定，可采用距离—波幅曲线中评定线灵敏度（表4-7）为起始灵敏度，它确定之后，探伤系统的灵敏度就确定了。但为了扫查需要，探伤灵敏度要高于起始灵敏度，一般应提高 6～12dB，即不低于评定线。探伤灵敏度也是仪器和探头组合后的综合指标，因其调整可通过调节仪器上的“增益”、“衰减器”等灵敏度旋钮来实现。

能力知识点 2　实时探伤操作

1. 探伤条件的选择

按不同检验等级和板厚范围选择探伤面、探伤方法和斜探头折射角或 K 值，见表4-5。

2. 检验区域宽度的确定

检验区域宽度应是焊缝本身加上焊缝两侧各相当于母材厚度 30% 的一段区域，这个区域宽度为 10～20mm，如图 4-21 所示。

3. 探头移动区的确定

探头必须在探伤面上作前后左右的移动扫查，且应有足够的移动区宽度，以保证声束能扫查到整个焊缝截面。移动区宽度因采用的探伤方法不同也有差别。

直射法探伤时，移动区宽度 $l > 0.75P$；

一次反射法探伤时，移动区宽度 $l > 1.25P$；

式中 P 表示跨距。

4. 单探头的扫查方式

单探头扫查方式是用发射兼接收探头进行扫查，为了发现缺陷及对缺陷进行准确定位，必须正确移动探头和布置探头。

（1）锯齿形扫查　探头以锯齿形轨迹作往复移动扫查，同时探头还应在垂直于焊缝中心线位置上作10°～15°的左右转动，以使声束尽可能垂直于缺陷，如图4-22

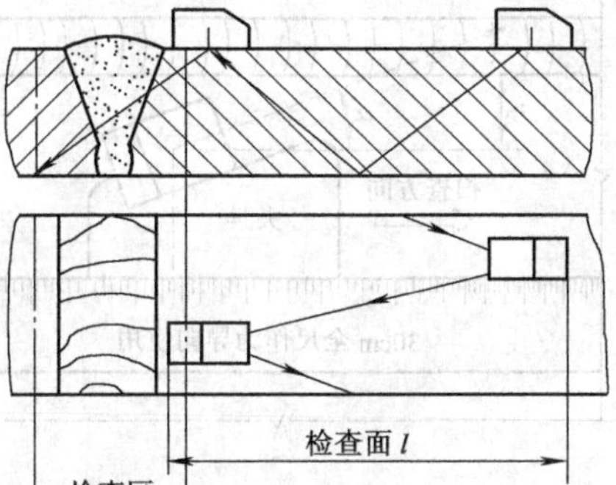

图 4-21　检验区域

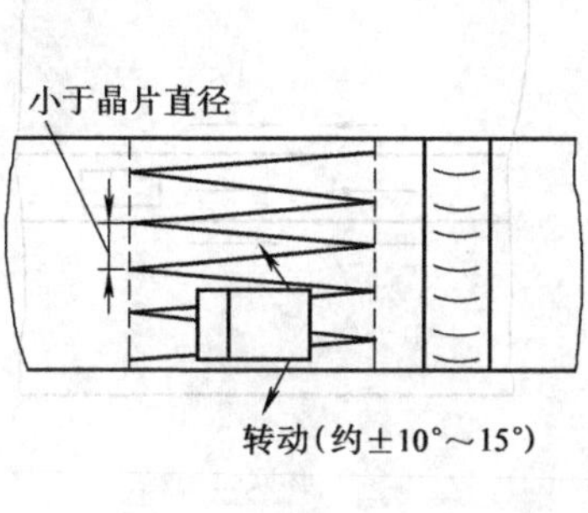

图 4-22　锯齿形扫查

所示。该扫查方法常用于焊缝粗探伤。

(2) 基本扫查　基本扫查方式有四种，如图4-23所示。其中，转角扫查的特点是探头作定点转动，用于确定缺陷的方向并区分点、条状缺陷。同时，转角扫查的动态波形特征有助于对裂纹的判断；环绕扫查的特点是以缺陷为中心，变化探头位置，主要估判缺陷形状，尤其是对点状缺陷的判断；左右扫查的特点是探头作平行与焊缝或缺陷方向左右移动，主要是通过缺陷延长度方向的变化情况来确定缺陷长度；前后扫查的特点是探头垂直于焊缝前后移动，常用于估判缺陷形状和估计缺陷高度。

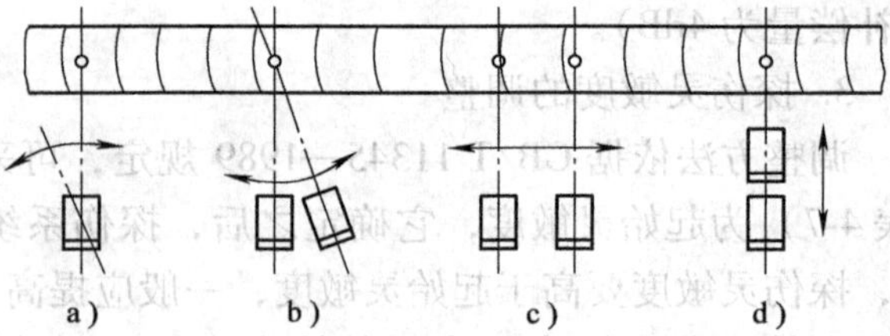

图4-23　斜探头基本扫查方式

a) 转角扫查　b) 环绕扫查

c) 左右扫查　d) 前后扫查

(3) 平行扫查　其特点是在焊缝边缘或焊缝上（C级检验，焊缝余高已磨平）作平行于焊缝的移动扫查，如图4-24所示。此法可探测焊缝及热影响区的横向缺陷（如横向裂纹）。

(4) 斜平行扫查　其特点是探头与焊缝方向呈一定夹角（$\alpha=10°\sim45°$）的平行扫查，如图4-25所示。该法有助于发现焊缝及热影响区的横向裂纹和与焊缝方向呈倾斜角度的缺陷。为保证夹角α及与焊缝相对位置y的稳定不变，需要使用扫查工具。

5. 双探头扫查方式

双探头扫查方式是用两个斜探头，一个用于发射超声波，另一个用于接收超声波。根据不同探测目的，可以采用以下扫查方式。

(1) 串列扫查　其特点是将两个斜探头垂直于焊缝作前后布置进行横方形或纵方形扫查，如图4-26所示。该法主要用于探测垂直于探测面的平面状缺陷（如窄间隙焊中的边界未熔合），常用于板厚大于100mm的焊缝及板厚大于40mm的窄间隙焊缝的探伤。

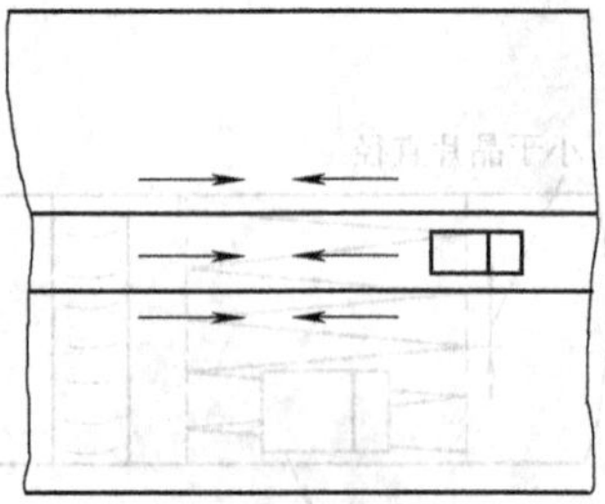

图4-24　平行扫查

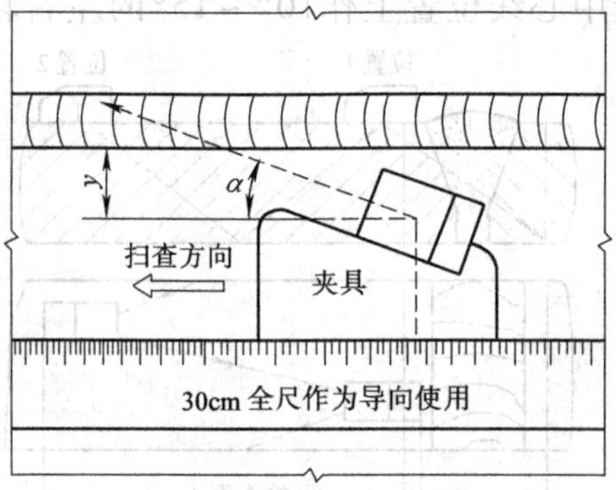

图4-25　斜平行扫查

(2) 交叉扫查　两个斜探头置于焊缝的同侧或两侧且成60°~90°布置，探头作平行于焊缝移动，如图 4-27 所示。该法可探测焊缝中的横向或纵向面状缺陷。

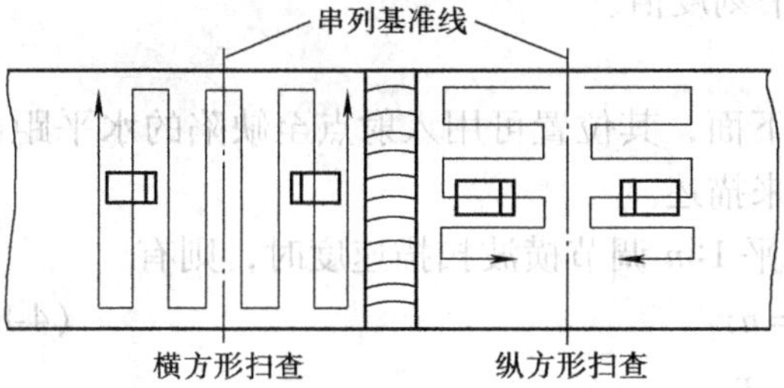

图 4-26　串列扫查

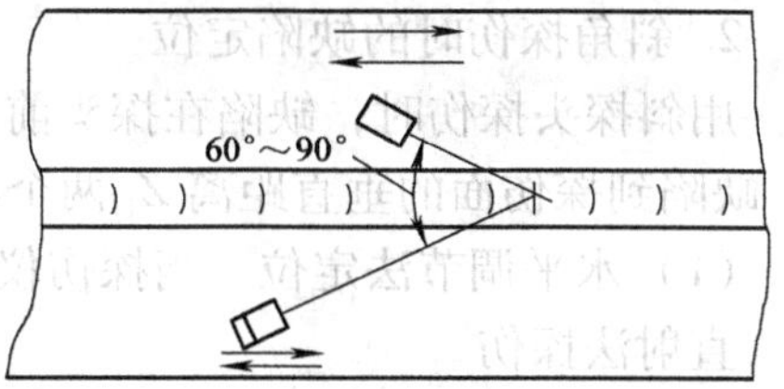

图 4-27　交叉扫查

（3）V 形扫查　将收、发探头分别置于焊缝两侧且垂直于焊缝作对向布置，该法可探测与探伤面平行的面状缺陷，如多层焊中的层间未熔合。

想一想　焊缝探伤时，斜探头的基本扫查方式有哪些？各有什么主要作用？

能力知识点 3　缺陷的评定

一、缺陷位置的测定

测定缺陷在工件或焊接接头中的位置称之为缺陷定位。缺陷定位必须解决缺陷在探伤面上的投影位置（X、Y 方向数值），如图 4-28 所示。一般可根据反射波在示波屏上的位置及扫描速度对缺陷进行定位。

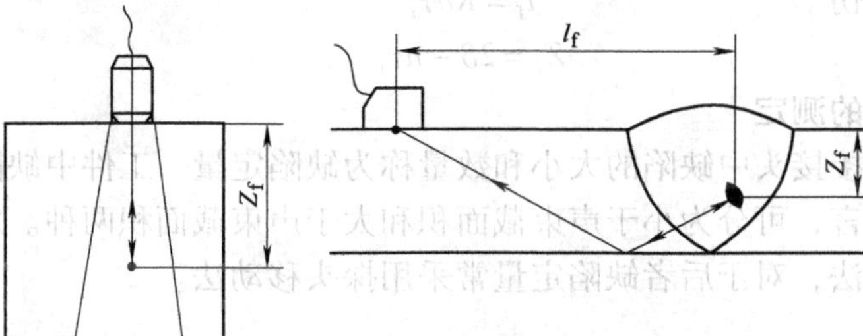

图 4-28　缺陷定位示意图

a）垂直入射法时缺陷定位　b）斜角探伤时的缺陷定位

1. 垂直入射法时缺陷定位

用垂直入射法探伤时，缺陷就在直探头的下面，缺陷定位只需测定沿工件 Z 轴的坐标，即缺陷在工件中的深度即可。

当探伤仪按 1∶n 调节纵波扫描速度时，则有

$$Z_f = n\tau_f$$

式中　Z_f——缺陷在工件中的深度（mm）；

n——探伤仪调节比例系数；

τ_f——示波屏上缺陷波前沿所对水平刻度值。

2. 斜角探伤时的缺陷定位

用斜探头探伤时，缺陷在探头前方的下面，其位置可用入射点至缺陷的水平距离 l_f、缺陷到探伤面的垂直距离 Z_f 两个参数来描述。

（1）水平调节法定位　当探伤仪按水平 1∶n 调节横波扫描速度时，则有

直射法探伤
$$l_f = n\tau_f \tag{4-8}$$
$$Z_f = \frac{n\tau_f}{K}$$

一次反射法探伤
$$l_f = n\tau_f \tag{4-9}$$
$$Z_f = 2\delta - \frac{n\tau_f}{K}$$

式中　l_f——缺陷在工件中的水平距离（mm）；

Z_f——缺陷在工件中的深度（mm）；

n——探伤仪调节比例系数；

τ_f——示波屏上缺陷波前沿所对水平刻度值；

δ——探伤厚度（mm）；

K——探头 K 值。

（2）深度调节法定位　仪器按深度 1∶n 调节横波扫描速度时，则有

直射法探伤
$$l_f = Kn\tau_f \tag{4-10}$$
$$Z_f = n\tau_f$$

一次反射法探伤
$$l_f = Kn\tau_f \tag{4-11}$$
$$Z_f = 2\delta - n\tau_f$$

二、缺陷大小的测定

测定工件或焊接接头中缺陷的大小和数量称为缺陷定量。工件中缺陷是多种多样的，但就其大小而言，可分为小于声束截面积和大于声束截面积两种。对于前者缺陷定量一般使用当量法，对于后者缺陷定量常采用探头移动法。

1. 当量法

当量法原理是把缺陷波与同声程的已知形状和尺寸的人工缺陷（平底孔或横孔）回波相比较，与缺陷反射波高相同的人工缺陷尺寸即认为是该缺陷的当量。值得注意的是，“当量”概念仅表示缺陷与该尺寸相等的含义。因为工件中缺陷所处的情况是千变万化的，缺陷倾斜度、表面粗糙度及包含物等不同，都会影响其对声波的反射，因此可能使大缺陷的反射波反而很小。

当量法主要有当量曲线法、当量计算法等。对于焊缝探伤常采用当量曲线法，即利用具有同一孔径、不同距离的横孔试块制作的距离—波幅曲线（DAC 曲线），查出缺陷区域和当量。

探伤用距离—波幅曲线如图 4-29 所示，若探伤中在深度 $A_y = 45$mm 处有一缺陷回波，可先将其调到最高，再调到基准高度（例如满刻度的 40%），此时 dB 读数为 $V_x = 20$dB，这时过 $A_y = 45$mm 和纵坐标 $V_x = 20$dB 分别作相应坐标的垂线，交于图 4-29

中 x 点，据此可求得该缺陷的区域和当量。

2. 探头移动法

对于尺寸或面积大于声束直径或断面的缺陷，一般采用探头移动法来测定其指示长度或范围。

GB/T 11345—1989 规定，缺陷指示长度的测定推荐采用以下两种方法。

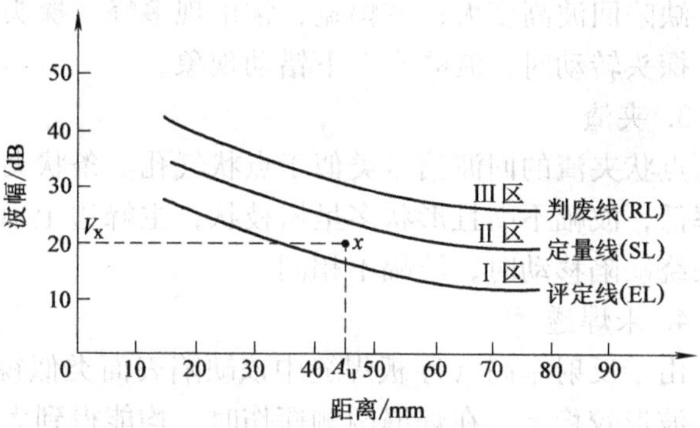

图 4-29　当量曲线法

1）当缺陷反射波只有一个高点或高点起伏小于 4dB 时，用降低 6dB 相对灵敏度法测长，如图 4-30 所示。

2）在测长扫查过程中，如发现缺陷反射波峰值起伏变化，有多个高点，则以缺陷两端反射波极大值之间探头的移动长度为指示长度，即为端点峰值法，如图 4-31 所示。

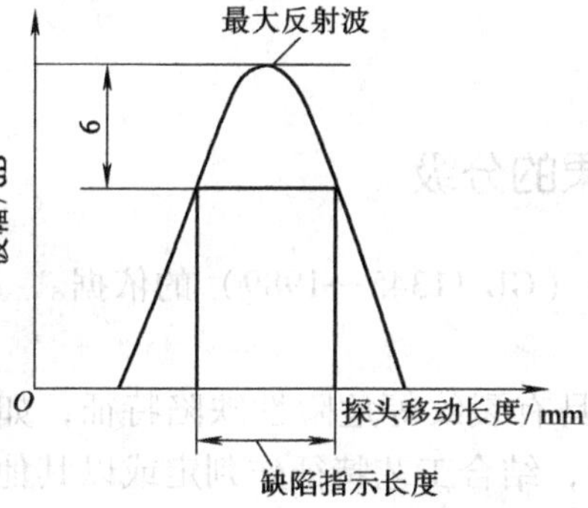

图 4-30　相对灵敏度测长法

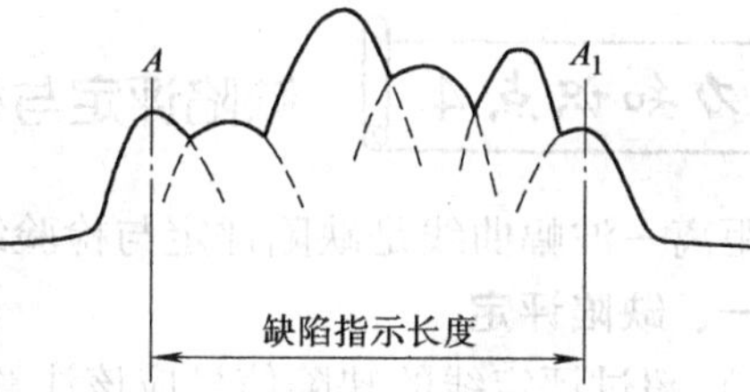

图 4-31　端点峰值测长法

三、缺陷性质的估判

判定工件或焊接接头中缺陷的性质称之为缺陷定性。在超声波探伤中，不同性质的缺陷其反射回波的波形区别不大，往往难于区分。因此，缺陷定性一般采取综合分析方法，即根据缺陷波的大小、位置及探头运动时波幅的变化特点（所谓静态波形特征和动态波形包络线特征），并结合焊接工艺情况对缺陷性质进行综合判断。这在很大程度上要依靠检验人员的实际经验和操作技能，因而存在着较大误差。到目前为止，超声波探伤在缺陷定性方面还没有一个成熟的方法，这里仅是简单介绍焊缝中常见缺陷的波形特征。

1. 气孔

单个气孔回波高度低，波形为单峰，较稳定，当探头绕缺陷转动时，缺陷波高大致不变，但探头定点转动时，反射波立即消失；密集气孔会出现一簇反射波，其波高随气孔大小而不同，当探头作定点转动时，会出现此起彼伏现象。

2. 裂纹

缺陷回波高度大，波幅宽，常出现多峰。探头平移时，反射波连续出现，波幅变动；探头转动时，波峰有上下错动现象。

3. 夹渣

点状夹渣的回波信号类似于点状气孔。条状夹渣回波信号多呈锯齿状，由于其反射率低，波幅不高且形状多呈树枝状，主峰边上有小峰。探头平移时，波峰有变动；探头绕缺陷移动时，波幅不相同。

4. 未焊透

由于反射率高（厚板焊缝中该缺陷表面类似镜面反射），波幅均较高。探头平移时，波形较稳定。在焊缝两侧探伤时，均能得到大致相同的反射波幅。

5. 未熔合

当声波垂直入射该缺陷表面时，回波高度大。探头平移时波形稳定。焊缝两侧探伤时，反射波幅不同，有时只能从一侧探测到。

值得注意的是，在焊缝探伤中，示波屏上常会出现一些非缺陷引起的反射信息，称之为假信号。如探头杂波、仪器杂波、耦合反射、焊角反射、咬边反射、沟槽反射、焊缝错位和上下宽度不等情况均可能引起假信息。产生的主要原因是焊缝成形结构或仪器灵敏度过高。识别的关键是要熟悉结构，这同样需要实际经验和技能，这里不予介绍。

能力知识点4　缺陷评定与检验结果的分级

距离—波幅曲线是缺陷评定与检验结果分级（GB 11345—1989）的依据。

一、缺陷评定

1）超过评定线的缺陷信号应该注意其是否具有裂纹等危险性缺陷特征，如有怀疑应改变探角角度，增加探伤面，观察动态波形，结合工艺特征作判定或以其他检验方法作综合判定。

2）最大反射波幅超过定量线的缺陷应测定其指示长度，其值小于10mm时，按5mm计。相邻两缺陷各向间距小于8mm时，两缺陷指示长度之和作为单个缺陷的指示长度。

二、检验结果的等级分类

焊缝超声检验结果分为四级：

1）最大反射波幅不超过评定线的缺陷，均评为Ⅰ级。

2）最大反射波幅超过评定线的缺陷，检验者判定为裂纹等危害性缺陷时，无论其波幅和尺寸如何，均评为Ⅳ级。

3）反射波幅位于Ⅰ区（图4-16）的非裂纹性缺陷，均评为Ⅰ级。

4）最大反射波幅位于Ⅱ区的缺陷，根据缺陷的指示长度按表4-9的规定予以评级。

5）反射波幅超过判废线进入Ⅲ区时缺陷，无论其指示长度如何，均评定为Ⅳ级。

根据评定结果，对照产品验收标准，对产品作出合格与否的结论。不合格缺陷应予返修，返修区域修补后，返修部位及补焊时受影响的区域，应按原探伤条件进行复验。复验部位的缺陷亦应按上述方法及等级标准评定。

表 4-9 缺陷的等级分类

评定等级 \ 检验等级	A	B	C
评定等级 \ 板厚/mm	8～50	8～300	8～300
Ⅰ	$2\delta/3$；最小 12	$\delta/3$；最小 10，最大 30	$\delta/3$；最小 10，最大 20
Ⅱ	$3\delta/4$；最小 12	$2\delta/3$；最小 12，最大 50	$\delta/2$；最小 10，最大 30
Ⅲ	$<\delta$；最小 20	$3\delta/4$；最小 16，最大 75	$2\delta/3$；最小 12，最大 50
Ⅳ	超过Ⅲ级者		

能力知识点 5 记录与报告

焊缝超声波探伤后，应将探伤数据、工件及工艺概况归纳在探伤的原始记录中，并签发检验报告。检验报告是焊缝超声波检验的存档文件，经质量管理人员审核后，正本发送委托部门，其副本由探伤部门归档。探伤记录与报告应具有追踪性，并至少保存 7 年以上以备随时查核。

探伤记录与报告的格式可参考表 4-10 和表 4-11。

作为对本节内容的总结，这里以最常见的中厚板对接焊缝为例简要说明焊缝的超声波探伤过程。

通常采用横波直射法和一次反射法检测中厚板对接焊缝。探伤条件选定后检测要点为：

1）一般情况下，时基线按水平 1∶1 定位调节。时基线调好后，为便于观察，应在荧光屏面板上标出超声波到达母材下、上底面时的位置，并分别称其为一次标记点和二次标记点。

2）缺陷评定的依据是距离波幅曲线。距离波幅曲线图和曲线板均适于在这种条件下使用。如果在 l 跨距声程内，对比试块与检测面之间最大的超声波传输损失差（包括表面耦合损失和材质衰减）超过 2dB，应将实测的传输损失计入距离波幅曲线。

3）在记入超声波传输损失的情况下，初始探伤（粗探伤）的灵敏度为：起始灵敏度（即评定线灵敏度）加上预增加的分贝数，再加上声能传输损失修正的分贝数；规定检测的灵敏度为：评定线灵敏度加上声能传输损失修正的分贝数。

4）在以发现缺陷为目的的初始检测中，应特别注意鉴别因焊缝和结构几何形状的影响而产生的结构反射波，如图 4-32 所示。由于这些波出现在时基线一次和二次标记点之间，因此特别容易与缺陷波相混淆。由图 4-32 可见，结构反射波大致可分为两类：一类是在焊缝或结构形状变化部位产生的反射波，如图 4-32a 所示。另一类为直射波在焊缝、结构或缺陷倾斜面上变型而产生的反射波，如图 4-32b 所示。鉴别结构反射波的一般原则为：

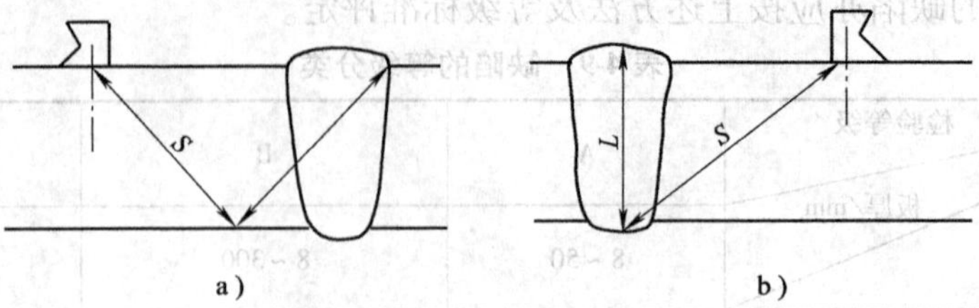

图 4-32　结构反射波示例

a）形状反射　b）变形波

时基线上一次标记点前出现的反射波均为缺陷反射；只有在反射波未进入焊缝的条件下，才可以认定时基线一次、二次标记点之间出现的反射波为缺陷反射。

除此之外，还应根据双侧探伤和定位计算结果对反射波性质作出综合判断。当判定某反射波为缺陷反射时，应在焊缝表面的相应部位作出标记。

5）在以评定缺陷为目的的规定探伤（精探伤）中，仅就初始探伤中判定为有缺陷的部位作进一步的细致探伤，测出缺陷的最大反射波幅并与距离波幅曲线相比较。

表 4-10　焊缝超声波探伤记录

<table>
<tr><td colspan="3">工件名称：</td><td colspan="3">工件编号：</td><td colspan="6">检验次序：○首次检验○一次复验○二次复验</td></tr>
<tr><td colspan="2">探测条件</td><td colspan="10"></td></tr>
<tr><td rowspan="2">序号</td><td colspan="3">探　头</td><td colspan="3">反　射　体</td><td rowspan="2">基准波高满幅（%）</td><td rowspan="2">反射体波　幅/dB</td><td rowspan="2">传输修正/dB</td><td rowspan="2">探伤灵敏度/dB</td><td rowspan="2">探测深度/mm</td></tr>
<tr><td>角度 γ、κ</td><td>频率/MHz</td><td>尺寸</td><td>形状</td><td>深度/mm</td><td>试块</td></tr>
<tr><td>1</td><td></td><td></td><td></td><td></td><td></td><td></td><td></td><td></td><td></td><td></td><td></td></tr>
<tr><td>2</td><td></td><td></td><td></td><td></td><td></td><td></td><td></td><td></td><td></td><td></td><td></td></tr>
<tr><td>3</td><td></td><td></td><td></td><td></td><td></td><td></td><td></td><td></td><td></td><td></td><td></td></tr>
<tr><td>4</td><td></td><td></td><td></td><td></td><td></td><td></td><td></td><td></td><td></td><td></td><td></td></tr>
<tr><td>焊缝编号</td><td>检验区段　号</td><td>探头序号</td><td>缺陷编号</td><td>缺陷位置/mm</td><td>深度/mm</td><td>指示长度/mm</td><td>波幅/dB</td><td>评定</td><td>检验人</td><td colspan="2">备　注</td></tr>
<tr><td></td><td></td><td></td><td></td><td>→</td><td></td><td></td><td></td><td></td><td></td><td colspan="2"></td></tr>
<tr><td></td><td></td><td></td><td></td><td>→</td><td></td><td></td><td></td><td></td><td></td><td colspan="2"></td></tr>
<tr><td></td><td></td><td></td><td></td><td>→</td><td></td><td></td><td></td><td></td><td></td><td colspan="2"></td></tr>
</table>

表 4-11 焊缝超声波探伤报告

报告编号

报告日期　　年　　月　　日

<table>
<tr><td colspan="3">产品名称：</td><td colspan="5">令号：</td></tr>
<tr><td colspan="2">工件名称：</td><td>工件编号：</td><td colspan="3">材料：</td><td colspan="2">厚度：</td></tr>
<tr><td colspan="6">焊缝种类：○平板　○环缝　○纵缝　○T 形　○管座</td><td colspan="2">焊接方法：</td></tr>
<tr><td colspan="2">焊缝数量：</td><td colspan="6">探伤面：　　检验范围：　　%</td></tr>
<tr><td colspan="8">探伤面状态：○修整　○轧制　○机加　○</td></tr>
<tr><td colspan="3">检验规程：</td><td colspan="3">验收标准：</td><td colspan="2">工艺卡编号：</td></tr>
<tr><td colspan="8">探伤时机：○焊后　○热处理后　○水压试验后　○</td></tr>
<tr><td colspan="3">仪器型号：</td><td colspan="5">耦合剂：○机油　○甘油　○浆糊　○</td></tr>
<tr><td colspan="8">探伤方式：○垂直　○斜角　○单探头　○双探头　○串列探头</td></tr>
<tr><td colspan="3">扫描调节：○深度　○水平</td><td colspan="3">比例：</td><td colspan="2">试块：</td></tr>
<tr><td colspan="8">探伤部位示意图：　　探伤位置：</td></tr>
<tr><td rowspan="7">探伤结果
及返修情况</td><td>焊缝
编号</td><td>检验
长度</td><td>显示情况</td><td>一次返修
缺陷编号</td><td>二次返修
缺陷编号</td><td rowspan="6" colspan="2">说明：
NI：无应记录缺陷
RI：有应记录缺陷
UI：有应返修缺陷</td></tr>
<tr><td></td><td></td><td>○NI　○RI　○UI</td><td></td><td></td></tr>
<tr><td></td><td></td><td>○NI　○RI　○UI</td><td></td><td></td></tr>
<tr><td></td><td></td><td>○NI　○RI　○UI</td><td></td><td></td></tr>
<tr><td></td><td></td><td>○NI　○RI　○UI</td><td></td><td></td></tr>
<tr><td></td><td></td><td>○NI　○RI　○UI</td><td></td><td></td></tr>
<tr><td colspan="7">检验焊缝总长：　　mm，一次返修总长：　　mm，
二次返修总长：　　mm，同一部位经　　次返修后合格
附：检验及复验记录____页</td></tr>
<tr><td colspan="8">备注：</td></tr>
<tr><td colspan="8">结论：○合格　　○不合格
检验：UT ____级　　审核：　　UT ____级</td></tr>
</table>

【综 合 训 练】

一、判断题

1. 最常用的超声波换能器是利用压电效应发射和接收超声波的。(　　)
2. 超声波检测时要求声束方向与缺陷取向垂直为宜。(　　)
3. 在同一固体介质中，纵波的传播速度为常数。(　　)
4. 超声波表面波不能在液体表面传播。(　　)
5. 第二介质中折射的横波平行于界面时的纵波入射角为第一临界角。(　　)

6. 吸收衰减和散射衰减是材料对超声能量衰减的主要原因。（ ）

7. 波在传播过程中遇到远小于波长的障碍物时，就会发生绕射现象。（ ）

8. 公式 $\sin\theta_1/C_1 = \sin\theta_2/C_2$ 叫做折射定律。（ ）

9. 在普通常用的超声波检测仪上，使用“抑制”旋钮的抑制作用，可以减少杂波显示，与此同时也会导致垂直线性变差，动态范围减小。（ ）

10. 直接用缺陷波高比较缺陷大小，仪器的“抑制”和“深度补偿”旋钮应置于（关）的位置。（ ）

11. 超声波仪器的 B、C 型显示都属于二维显示。（ ）

12. 焊缝的超声波检测都是采用斜探头进行探伤。（ ）

13. 采用当量法确定的缺陷尺寸一般大于缺陷的实际尺寸。（ ）

14. 厚板上进行焊缝探伤时，如焊缝磨平，为发现焊缝的横向缺陷，应在焊缝上，沿焊缝的横向探测。（ ）

15. 超声波检测仪上的衰减器精度用每 12dB 中的误差表示。（ ）

二、选择题

1. 下列材料中声速最低的是____。

a. 空气　b. 水　c. 铝　d. 不锈钢

2. 一般来说，在频率一定的情况下，在给定的材料中，横波探测缺陷要比纵波灵敏，这是因为____。

a. 横波比纵波的波长短　b. 在材料中横波不易扩散

c. 横波质点振动的方向比缺陷更为灵敏　d. 横波比纵波的波长长

3. 超过人耳听觉范围的声波称为超声波，它的频率高于____。

a. 20Hz　b. 20kHz　c. 2kHz　d. 2MHz

4. 钢中声速最大的波形是____。

a. 纵波　b. 横波　c. 表面波

d. 在给定材料中声速与所有波形无关

5. 横波探伤最常用于____。

a. 焊缝、管材　b. 测定金属材料的弹性特性

c. 探测厚板的分层缺陷　d. 薄板测厚

6. 如果超声波频率增加，则一定直径晶片的声束扩散角将____。

a. 减少　b. 保持不变

c. 增大　d. 随波长均匀变化

7. 横波探伤最常用于____。

a. 焊缝、管材　b. 测定金属材料的弹性特性

c. 探测厚板的分层缺陷　d. 薄板测厚

8. 确定波束扩散角的公式是____。

a. $\sin\theta$ = 直径平方/4 倍波长　b. $\sin\theta$ × 直径 = 频率 × 波长

c. $\sin\theta$ = 频率 × 波长　d. $\sin(\theta/2) = 1.22$ 波长/直径

9. 超声波从一种介质进入另一种不同介质而改变传播方向的现象叫做____。

a. 折射　b. 扩散　c. 角度调整　d. 反射

10. 下面哪种说法不正确？____。

a. 荧光屏上无底波反射，只有缺陷波多次反射，缺陷尺寸一定很大

b. 正常波形只表示钢板中无当量≥ϕ5mm 平底孔的缺陷

c. 无底波，说明钢板中无缺陷

d. 无底波，说明钢板中有缺陷

11. 超声波试验系统的灵敏度____。

a. 取决于探头、脉冲发生器和放大器

b. 随频率提高而提高

c. 与换能器的机械阻尼无关

d. 随分辨率提高而提高

12. 超声波检测中对探伤仪的定标（校准时基线）操作是为了____。

a. 评定缺陷大小　　b. 判断缺陷性质

c. 确定缺陷位置　　d. 测量缺陷长度

13. 可用来表示超声波检测仪与探头组合性能的指标是____。

a. 水平线性、垂直线性、动态范围

b. 频带宽度、探测深度、重复频率

c. 灵敏度余量、盲区、分辨力

d. 入射点、近场长度、扩散角

14. 在普通常用的超声波检测仪上，使用“抑制”旋钮的抑制作用，可以减少杂波显示，与此同时也会随之出现____。

a. 垂直线性变差，动态范围减小

b. 其他回波幅度一并下降

c. 回波宽度变小

d. 以上都是

15. 用对比试块对缺陷作定量评定，已知工件中缺陷埋藏深度为22mm，验收标准为ϕ1.2mm 平底孔当量，则应选用同材料对比试块中的____进行比较。

a. ϕ3 ~ ϕ20mm　　b. ϕ2 ~ ϕ25mm　　c. ϕ1.2 ~ ϕ25mm　　d. ϕ1.2 ~ ϕ20mm

三、问答题

1. 何谓超声波？它有哪些重要特性？

2. 超声波是如何产生的？

3. 超声波的波长、频率与声速的相互关系是怎样的？

4. 什么是波形转换？波型转换的发生与哪些因素有关？

5. 超声波探头有哪些性能指标？各是什么含义？

6. A 型脉冲反射式超声波探伤仪的工作原理是怎样的？

7. 直接接触法和液浸法各有什么特点？

8. 斜角探伤法主要用于哪些对象？适合于探伤什么类型的缺陷？

9. 耦合剂的选择需要考虑哪些问题？

10. 什么是距离—波幅曲线？简述 GB 11345—1989 标准“距离—波幅”曲线的组成及作用？

四、实践题

1. 训练目标：了解超声波探伤工艺过程。

2. 训练准备

人员准备：每组10人左右，分成若干小组。

资料准备：有关超声波探伤工艺的资料。

3. 训练地点：实验室。

4. 训练办法：通过实际操作，了解超声波探伤工艺的全过程。

第五单元　磁粉探伤

【学习目标】　本单元主要介绍磁粉探伤原理，焊缝磁化过程，磁粉探伤设备与器材，磁粉探伤过程。学习过程中，第一，要了解磁粉探伤原理和影响漏磁场强度的因素；第二，要了解各种磁化方法及磁化电流，能够选择和确定常用磁化方法的磁化规范；第三，要了解磁粉探伤设备的分类、组成及其相关器材，掌握磁粉探伤的一般工艺过程，并能够按照相关磁粉检验标准判别缺陷和质量评定。

磁粉探伤是通过铁磁性材料进行磁化所产生的漏磁场，来发现其表面或近表面缺陷的一种无损检验方法。磁粉探伤是一种比较成熟且应用最广泛的无损检测方法，至今已有近百年的发展历史，具有设备简单，操作方便，检验灵敏度较高等特点，但这种方法只适合于检查工件表面和近表面缺陷。

综合知识模块一　磁粉探伤原理与影响漏磁场强度的因素

能力知识点1　磁粉探伤原理

铁磁性材料制成的工件被磁化，工件就有磁力线通过。如果工件本身没有缺陷，磁力线在其内部是均匀连续分布的。但是，当工件内部存在缺陷时，如裂纹、夹杂、气孔等非铁磁性物质，其磁阻非常大，磁导率低，必将引起磁力线的分布发生变化。缺陷处的磁力线不能通过，将产生一定程度的弯曲。当缺陷位于或接近工件表面时，则磁力线不但在工件内部产生弯曲，而且还会穿过工件表面漏到空气中形成一个微小的局部磁场，如图5-1所示。这种由于介质磁导率的变化而使磁通泄漏到缺陷附近空气中所形成的磁场，称作漏磁场。这时如果把磁粉喷撒在工件表面上，磁粉将在缺陷处被吸附，形成与缺陷形状相应的磁粉聚集线，称为磁粉痕迹，简称磁痕。通过磁痕就可将漏磁场检测出来，并能确定缺陷的位置（有时包括缺陷的大小、形状和性质等）。磁痕的大小是实际缺陷的

小知识

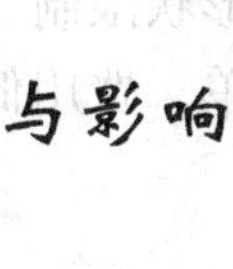

铁磁性材料具有很强的被磁化特性。在外磁场的作用下，能产生远大于外磁场的附加磁场，并且此附加磁场与外磁场方向相同。例如，铁、钴、镍和它们的许多合金金属属于典型铁磁性材料。铁磁性材料具有如下磁性能：1）高导磁性；2）剩磁性；3）磁饱和性；4）磁滞性。

几倍或几十倍，如图 5-2 所示，从而容易被肉眼察觉。当工件在相同的磁化条件下，表面磁粉聚集越明显，则反映此处的缺陷离表面越近和越严重。但是，缺陷距表面一定深度或者在工件内部时，在工件表面处难以形成漏磁场而被漏检。因此这种方法只适合于检查工件表面和近表面缺陷。

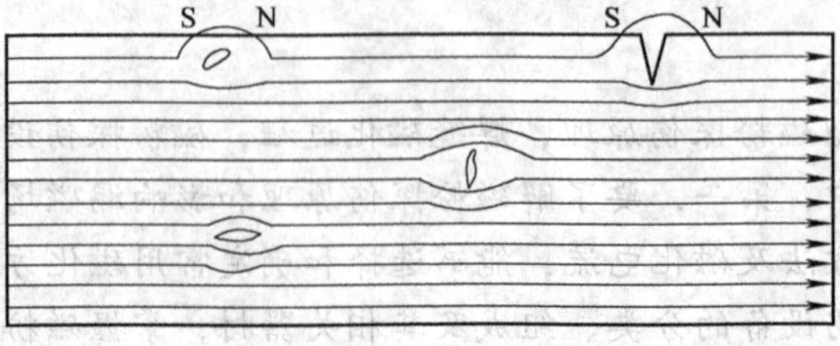

图 5-1　缺陷附近的磁通分布

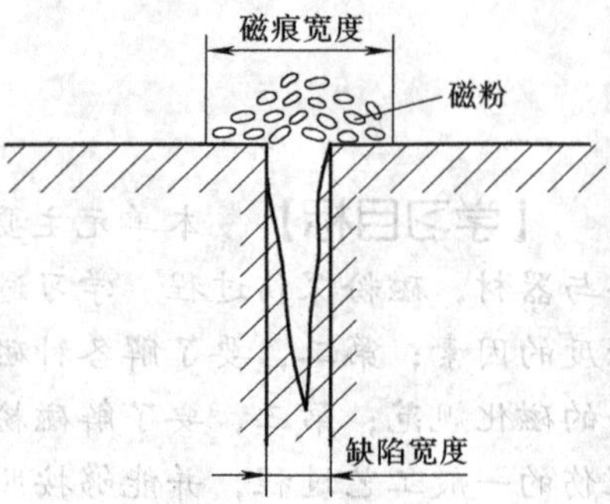

图 5-2　表面缺陷上的磁粉聚集

磁粉探伤具有如下特点。

优点：

1）能直观显示缺陷的形状、位置、大小和严重程度，并可大致确定其性质。

2）具有高的灵敏度，可检出缺陷最小宽度可为 1μm。

3）几乎不受试件大小和形状限制。

4）检测速度快，工艺简单，费用低廉。

局限性：

1）只能用于铁磁性材料。

2）只能发现表面和近表面缺陷，交流电可探测的深度一般在 1～2mm。

3）不能确定缺陷的埋深和自身高度。

4）宽而浅的缺陷难以检出。

5）检测后常需退磁和清洗。

6）试件表面不得有油脂或其他能粘附磁粉的物质。

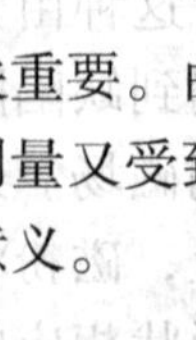

想一想　磁粉探伤是否适合非铁磁性材料的检验？为什么？

能力知识点 2　影响漏磁场强度的因素

漏磁场的大小，对检验缺陷的灵敏度至关重要。由于真实的缺陷具有复杂的几何形状，准确计算漏磁场大小是难以实现的，测量又受到试验条件的影响，所以定性地讨论影响漏磁场的规律和因素，具有很大的意义。

1. 外加磁场强度

缺陷的漏磁场大小与工件的磁化程度有关。对铁磁材料磁化时所施加的外加磁场强度高时，在材料中所产生的磁感应强度也高，处于表面缺陷阻挡的磁力线也较多，形成的漏磁场强度也随之增加。

一般来说，当铁磁材料的磁感应强度达到饱和值的 80% 左右，漏磁场可迅速增大。

2. 缺陷的埋藏深度

当材料中的缺陷越接近表面，被弯曲而逸出材料表面的磁力线越多。随着缺陷埋藏深度的增加，逸出表面的磁力线减少，到一定深度，在材料表面没有磁力线逸出，而仅仅改变了磁力线方向，所以缺陷的埋藏深度愈小，漏磁场强度也愈大。

3. 缺陷方向

当缺陷垂直于磁场方向时，漏磁场最大，也最有利于缺陷的检出；若与磁场方向平行则几乎不产生漏磁场；当缺陷与工件表面由垂直逐渐倾斜成某一角度，而最终变为平行，即倾角等于零时，漏磁场也由最大下降至零，即在材料表面不能形成漏磁场。下降曲线颇类似于正弦曲线由最大值降至零值的部分，如图 5-3 所示，图中设缺陷与工件表面垂直时的漏磁场为 100%，虚线为正弦曲线。

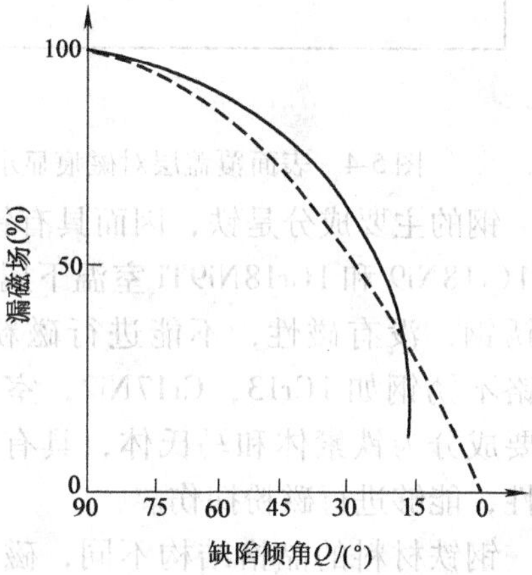

图 5-3　漏磁场与缺陷倾角的关系

以裂纹为例，开裂面垂直于工件表面，则漏磁场最强，也最有利于检出，若与工件表面平行则几乎不产生漏磁场。

4. 缺陷的磁导率、大小和形状

如材料的缺陷内部含有铁磁性材料（如 Ni、Fe）的成分，即使缺陷在理想的方向和位置上时，也会在磁场的作用下被磁化。那么缺陷形不成漏磁场。缺陷的磁导率与材料的磁导率对漏磁场的影响正好相反，即缺陷的磁导率愈高，产生的漏磁场强度愈低。

缺陷在垂直磁力线方向上的尺寸愈大，阻挡的磁力线愈多。容易形成漏磁场且其强度愈大。

缺陷的形状为圆形（如气孔等）时，漏磁场强度小，当缺陷为线形（如裂纹等）时，容易形成较大的漏磁场。

5. 工件表面覆盖层

工件表面的覆盖层会影响磁痕显示，图 5-4 揭示了工件表面覆盖层对漏磁场和磁痕显示的影响。图中有三个深宽比一样的横向裂纹，纵向磁化后产生同样大小的漏磁场，裂纹 a 上没有覆盖层，磁痕显示浓密清晰；裂纹 b 上覆盖着较薄的一层，有磁痕显示，不如裂纹 a 清晰；裂纹 c 上有较厚的表面覆盖层（如漆层），漏磁场不能泄漏到覆盖层之上，所以不吸附磁粉，没有磁痕显示，磁粉探伤就会漏检。漆层厚度对漏磁场的影响如图 5-5 所示。

6. 工件材料及状态

碳素钢的主要组织是铁素体、珠光体、渗碳体、马氏体和残余奥氏体。铁素体和马氏体是铁磁性；渗碳体呈弱磁性；珠光体是铁素体与渗碳体的混合物，具有一定的磁性；奥氏体不呈现磁性。

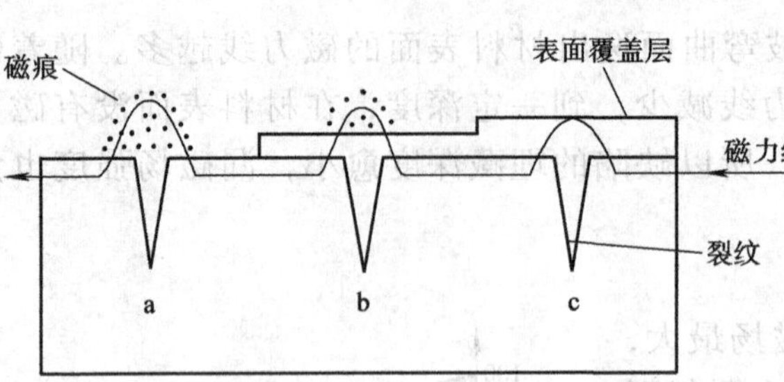

图 5-4 表面覆盖层对磁痕显示的影响

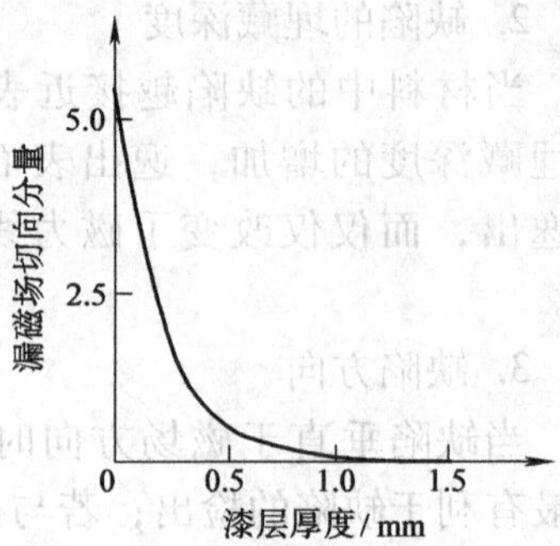

图5-5 漆层厚度对漏磁场的影响

钢的主要成分是铁，因而具有铁磁性。但 1Cr18Ni9 和 1Cr18Ni9Ti 室温下属奥氏体不锈钢，没有磁性，不能进行磁粉探伤。高铬不锈钢如 1Cr13，Cr17Ni2，室温下的主要成分为铁素体和马氏体，具有一定的磁性，能够进行磁粉探伤。

钢铁材料的晶格结构不同，磁特性便有所变化。面心立方晶格的材料是非磁性材料。而体心立方晶格的材料是铁磁性材料。但体心立方晶格如果发生变形，其磁性也将发生很大变化。例如，当合金成分进入晶格以及冷加工或热处理使晶格发生畸变时，都会改变磁性。矫顽力与钢的硬度有着相对应的关系，即随着硬度的增大而增大，漏磁场也增大。

小知识

晶粒愈大，磁导率愈大，漏磁场就小。

随着含碳量的增加，矫顽力几乎成线性增加，最大磁导率则随着含碳量的增加而下降，漏磁场也增大。

钢材处于退火与正火状态时，其磁性差别不是很大。淬火可以提高钢材的矫顽力和剩磁，使漏磁场增大。

合金元素的加入和压缩变形率的增加，矫顽力和剩磁均增大，漏磁场也增大。

综合知识模块二　焊缝磁化过程

能力知识点 1　磁化方法

在磁粉探伤中，通过外加磁场使工件磁化的过程称为工件磁化。由于其磁化方式不同，工件磁化则有不同的方法，如：

1）按采用磁化电流不同，可分为直流电磁化法和交流电磁化法。

2）按通电方式不同，可分为直接通电磁化法和间接通电磁化法。

3）按工件磁化方向的不同，可分为周向磁化法、纵向磁化法、复合磁化法和旋转磁场磁化法。

对各类工件进行磁粉探伤时，应选择合适的磁化方法对工件进行磁化。选择磁化方法时，主要考虑缺陷的方向、埋藏深度及工件的形状、尺寸等因素。

一、长棒或长管的磁化

针对不同的缺陷方向可选择直接通电磁化法、交流线圈通过法或分段磁化法、复合磁场磁化法等磁化方法。

1. 纵向缺陷

对于长棒或长管的纵向缺陷，可选择直接通电磁化法，如图5-6所示。直接通电磁化法是将工件直接通以电流，使工件周围和内部产生周向磁场，适合于检测长条形棒材或管材等工件。直接通电磁化法的设备比较简单，方法也简便。但由于对工件直接通以大电流，所以容易在电极处产生大量的热量使工件局部过热，导致工件材料的内部组织发生变化，影响材料性能或在过热的部位把工件表面烧伤，所以操作时应注意以下三点。

小知识

周向磁化——是指给工件直接通电，或者使电流流过贯穿空心工件孔中的导体，旨在工件中建立一个环绕工件的并与工件轴垂直的周向闭合磁场，用于发现与工件轴平行的纵向缺陷，即与电流方向平行的缺陷。

纵向磁化——是指将电流通过环绕工件的线圈，使工件沿纵长方向磁化的方法，工件中的磁力线平行于线圈的中心轴线。用于发现与工件轴垂直的周向缺陷。

1）保证工件与电极之间接触良好。

2）在工件与电极之间垫衬以低熔点金属材料（如铅等）防止工件被烧伤。

3）通电时间不宜过长。

由图5-6可见，工件磁化后所产生的磁力线是在工件轴向垂直的平面内而沿着工件圆周表面分布，磁力线是相互平行的同心圆，获得了周向磁场。因此，直接通电磁化法也是一种周向磁化法，常用来检验与工件（或纵焊缝）轴线平行的缺陷。

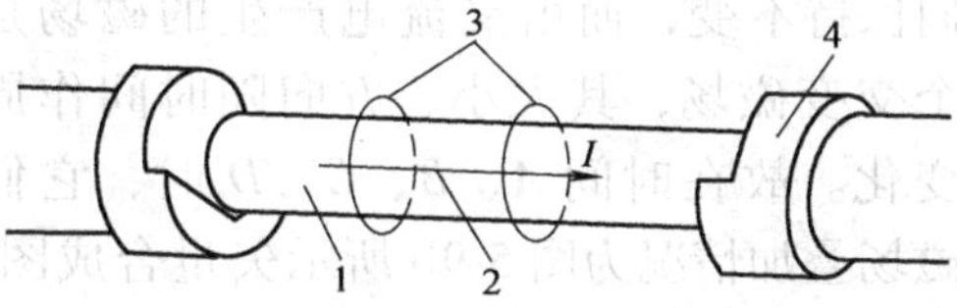

图5-6 直接通电磁化法

1—工件 2—电流 3—磁力线 4—电极

2. 横向缺陷

对于长棒或长管的横向缺陷，可选择交流线圈法。用交流线圈法对工件进行磁化后，所产生的磁力线与工件的轴线平行，常用来检验与工件或焊缝轴线垂直的缺陷。磁化方法如图5-7所示，把工件放在通电的螺线管线圈里，这种工件就是线圈的铁心，磁力线沿工件轴线分布，故可检验工件横向缺陷，在操作时应注意以下几点：

1）由于螺线管内磁场不是均匀的，距螺线管中心越近，磁场越弱，因此，工件磁化时应将工件放进靠近其内壁的地方。

2）由于螺线管所产生的磁场有一定的有效长度，所以对较长的（大于两倍线圈长度）工件应进行分段磁化。

3）短小的工件在线圈内磁化以后所产生工件的磁场易与产生的磁场干扰，从而减小磁场强度，降低灵敏度，所以不宜将短小的工件用大尺寸的线圈进行磁化。

4）用直流电磁化的线圈与用交流电磁化的线圈是不同的，直流线圈的匝数很多（几千匝），而通过的电流很小（几安培），如果用直流线圈通以交流电，由于它的电感太大而不能产生合适的磁化磁场；用交流电磁化的线圈只有几匝（一般只有3～6

匝），但却能通过很大的电流。所以在采用线圈磁化技术时，用线圈匝数来调节和控制磁场强度，而不用电流大小来表示。

3. 多方向缺陷

对于长棒或长管不同角度的缺陷，最理想的磁化方法为复合磁化法。复合磁化法是纵向和周向磁化同时作用在工件上，使工件得到由两个互相垂直的磁力线作用而产生的合成磁场，以检查各种不同角度的缺陷。如图 5-8 所示。这是一种采用直流电使磁轭产生纵向磁场，用交流电直接向工件通电产生周向磁场。磁轭中部嵌入一片不导电的绝缘片把磁轭分开。

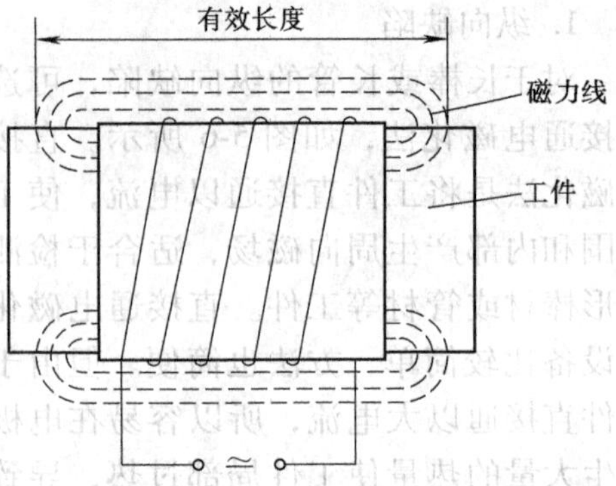

图 5-7　交流线圈磁化法

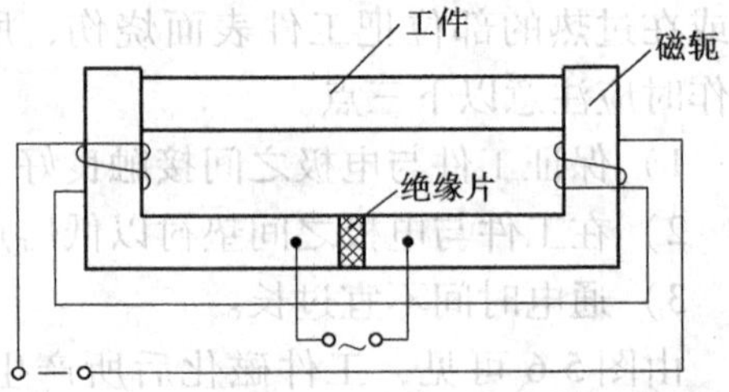

图 5-8　复合磁化法

探伤时，工件在产生纵向磁场的同时亦产生周向磁场，从而这两个磁场在工件中结合组成复合磁化法，磁场复合情况如图 5-9 所示。在图 5-9a 中，由于直流电产生的纵向磁场 H 是一个恒定磁场，其大小、方向保持不变，而由交流电产生的磁场是一个交变磁场，其大小、方向随时间作周期变化。故在时间 A、B、C、D 时，它们的磁场叠加情况为图 5-9b 所示矢量合成图。从图中可以看出复合磁场的方向大小随着时间作周期性变化，表现为一种方向不断摆动的磁场。

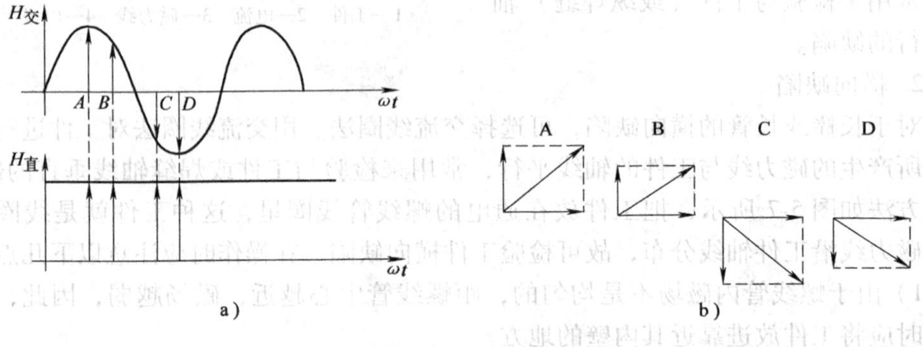

图 5-9　复合磁化中合成磁场的变化

a）交直流磁化强度　b）复合磁场的变化

由此可知，只要对直流和交流电流强度进行适当调节，即可在工件的每点上，在不同的时间里，得到大小和方向都变化的磁场强度，从而能发现工件表面上任意方向上的缺陷。

在采用直流、交流先后充磁的复合磁化时，必须先进行直流纵向磁化，然后进行交流周向磁化，这样可以充分发挥两种磁化的优点，获得比较好的效果。因为先用直流进行纵向磁化，所获得的由横向缺陷的漏磁形成的磁痕，不会受到随后用交流周向磁化时所产生横向交变磁场的影响；如果先进行交流周向磁化，则在纵向缺陷处的磁痕，却很容易被随后用直流电进行的纵向磁化时产生的纵向直流磁场的单向吸引所消除。另一方面，先进行直流磁化，后进行交流磁化，对直流纵向剩磁的消除有利，使工件磁化后的退磁操作变得容易。

二、环形工件的磁化

1. 纵向缺陷

对于环形工件的纵向缺陷，可采用中心导体法，如图 5-10 所示。它是用非铁磁性的导电材料（如铜棒）作芯棒，穿过环形工件，电流从芯棒上通过，并在其周围产生周向磁场，用来检验工件的纵向缺陷。它具有效率高、速度快、不损伤工件等优点。

中心导体法是利用芯棒使工件产生磁场的，即使用间接通电的方法完成工件的磁化过程，这样可以避免直接通电磁化法产生的弊端。

另外，中心导体法还可以用于空心工件的磁化，如图 5-11 所示。

> **小知识** 对于空心工件，导体应尽量置于工件的中心。若工件直径太大，探伤机所提供的磁化电流不足以使工件表面达到所要求的磁场强度时，可采用偏置芯棒法磁化，即将导体穿入空心工件的孔中，并贴近工件内壁放置，电流从导体上通过形成周向磁场。
>
> 可用于局部检验空心工件内、外表面与电流方向平行和端面的径向不连续性。

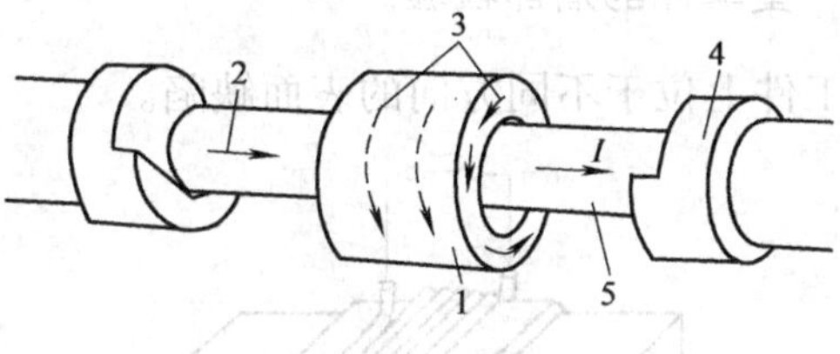

图 5-10　环形工件的中心导体法

1—工件　2—电流　3—磁力线　4—电极　5—芯棒

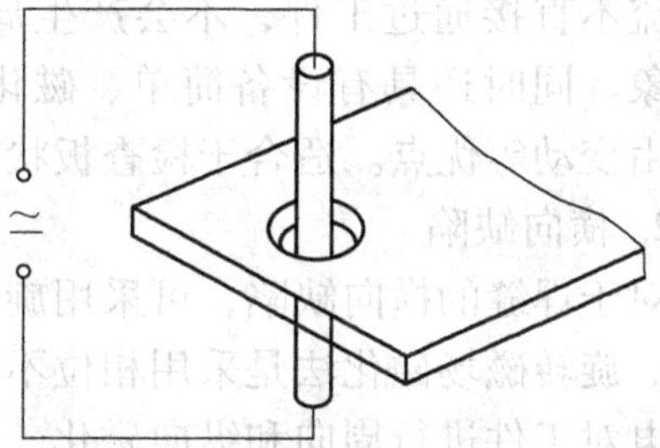

图 5-11　空心工件的中心导体法

2. 横向缺陷

对于体积较大的环形工件的横向缺陷，可采用线圈磁化法，如图 5-12 所示。即用电缆绕在铁心上产生纵向磁化。

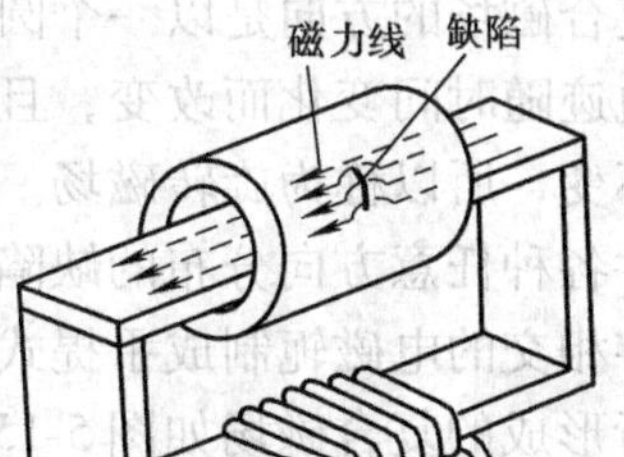

图 5-12　环形工件的纵向磁化

三、焊缝的磁化

1. 纵向缺陷

对于焊缝的纵向缺陷，可采用触头法和磁轭法。触头法是一种局部磁化法，如图 5-13 所示，它使用一对圆锥形的铜棒作为两个通电电极，铜棒的一端通过电缆与电源连接，另一端与工件接触。通电后，电流通过两个触头施加在工件表面，形成以触头为中心的周向磁场（对触头而言）。触头法常用于检验压力容器等焊缝的纵向缺陷。在操作时应注意以下几点：

1）触头与工件表面相垂直，防止磁场干扰。

2）两触头间距在 75～200mm 之间，探伤效果最好，一般间距不小于 75mm。间距太近两只触头所产生的周向磁场易产生叠加与干扰，影响对缺陷的观察和检验；间距太大则要求较大的电流，易烧伤工件表面。

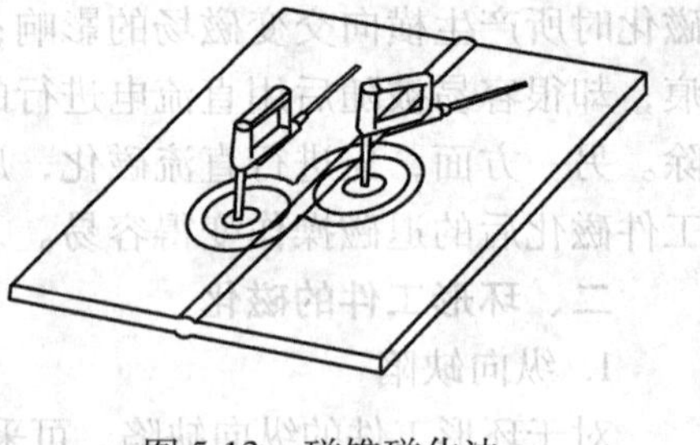

图 5-13　磁锥磁化法

3）触头与工件的接触点应在焊缝两侧各取一个点，这样工件表面较平坦易保持良好的接触，另外可以克服缺陷轻微的方向性。

4）在触头与工件之间应垫铅衬或铜丝编织网，保证良好的电接触，防止工件表面烧伤。

5）磁锥在接触或离开工件表面时，先切断磁化电流，防止产生电火花。

> **小知识**　触头法又叫磁锥法、枝干法、尖锥法、刺棒法和手持电极法等。触头材料宜用钢或铝，一般情况下不用铜作触头电极，因为铜渗入工件表面上，会影响材料的性能。
>
> 触头法适用于焊接件及各种大中型工件的局部检验。

磁轭磁化法的磁轭就是绕有线圈的 π 形铁心，如图 5-14 所示。当线圈通电后，处在磁轭两极之间工件的局部区域产生磁场，检测焊缝中的纵向缺陷。磁轭磁化使用安全电压，操作比较安全。并且由于磁化电流不直接通过工件，不会产生局部过热现象。同时还具有设备简单、磁化方向可自由变动等优点。适合于检查板状或其他工件上位于不同方向的表面缺陷。

2. 横向缺陷

对于焊缝的横向缺陷，可采用旋转磁化法。旋转磁场磁化法是采用相位不同的交流电对工件进行周向和纵向磁化，那么在工件中就可以产生交流周向磁场和交流纵向磁场。这两个磁场在工件中，产生磁场的叠加复合成复合磁场。由于所形成的复合磁场的方向是以一个圆形或椭圆形的轨迹随时间变化而改变，且磁场强度保持不变，所以称为旋转磁场。它可以检测工件各种任意方向分布的缺陷。典型的旋转磁场磁化如图 5-15a 所示。这是一种采用十字相交的电磁轭制成手提式旋转磁场电磁轭进行磁化的方法，简称旋转电磁轭法。它所形成的复合磁场如图 5-15b 所示。图中 H_A 表示交流所产生的周向交变磁场，H_B 表示交流电所产生的纵向交变磁场，且这两个磁场的相位差为 π/2。这样就可得到在不同时刻合成磁场 H。它是大小不变、方向随时间沿圆形轨迹变化的旋转磁场。因此，旋转磁化法不但可以发现焊缝的横向缺陷，还可以发现其他方向缺陷。

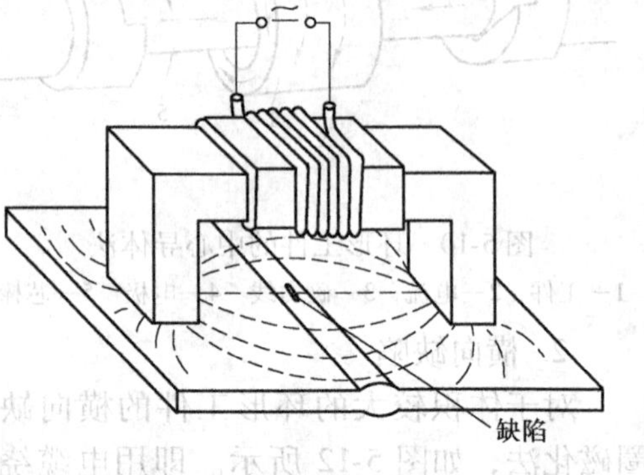

图 5-14　磁轭磁化法

3. 表面缺陷

对于焊缝表面缺陷的探伤，适合采用交流电磁化法。交流电磁化时，采用低电压

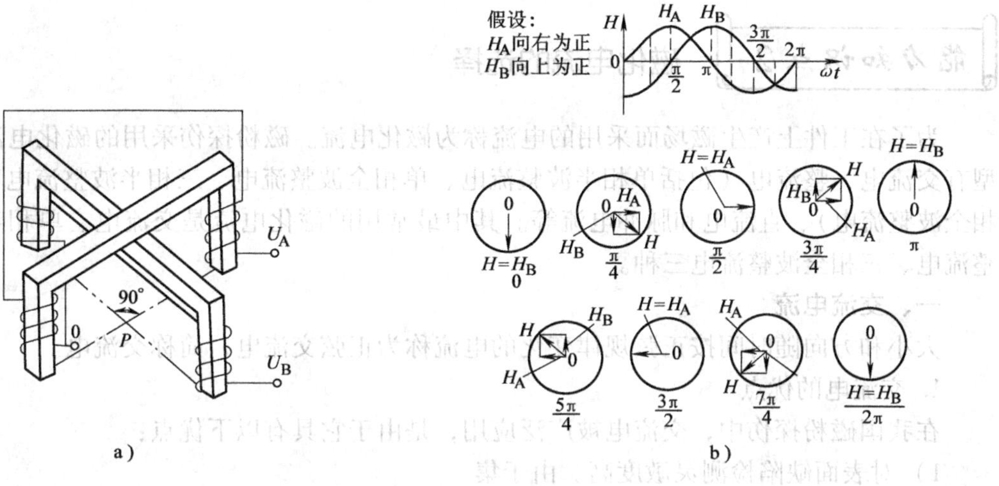

图 5-15 旋转磁化法

a）交叉磁轭的结构 b）旋转磁场的方向变化

大电流交流电源。由于充磁电流采用频率可变的交流电，所以供电比较方便，而且磁化电流的调整也较容易。另外，发现表面缺陷的灵敏度比直流电磁化法要高，而且退磁也比较容易，应用比较普遍。

4. 近表面缺陷

对于焊缝近表面缺陷的检测，适合采用直流电磁化法。直流电磁化时，采用低电压大电流的直流电源，使工件产生方向恒定的电磁场。由于这种磁化方式所获得的磁力线能穿透工件表面一定深度，故能发现近表面区较深的缺陷，故其探伤效果比较好，但退磁困难。

常见工件磁粉探伤磁化方法的选择见表 5-1。

表 5-1 常见工件磁粉探伤磁化方法的选择

工件形状	缺陷方向	磁化方法	示意图	备注
长棒或长管（包括长条方钢）	纵向	直接通电磁化	5-6	
	横向	交流线圈通过法或分段磁化法	—	通过法适合于自动探伤，分段磁化分段检验适合于手工探伤
	多方向	复合磁场磁化法	5-8	优点：可以一次磁化完成检验，易实现自动探伤
环形	纵向	中心导体磁化法	5-10	—
	周向	线圈磁化法	5-12	—
	多方向	旋转磁场磁化法	5-15	最理想的磁化方法
焊缝	纵向	磁锥磁化法	5-13	—
	纵向	磁轭磁化法	5-14	—
	横向	旋转磁场磁化法	5-15	不但可以发现横向缺陷，还可以发现其他方向缺陷
	表面缺陷	交流电磁化	—	磁化电源采用交流电
	近表面缺陷	直流电磁化	—	磁化电源采用直流电（干法尤好）
轴类	纵向	直接通电磁化法	5-6	—
	横向	通电线圈磁化法	5-7	—
	多方向	复合磁化法	5-8	纵向、横向缺陷同时检测

能力知识点 2　磁化电流的选择

为了在工件上产生磁场而采用的电流称为磁化电流。磁粉探伤采用的磁化电流类型有交流电、整流电（包括单相半波整流电、单相全波整流电、三相半波整流电和三相全波整流电）、直流电和脉冲电流等。其中最常用的磁化电流是交流电、单相半波整流电、三相全波整流电三种。

一、交流电流

大小和方向随时间按正弦规律变化的电流称为正弦交流电，简称交流电。

1. 交流电的优点

在我国磁粉探伤中，交流电被广泛应用，是由于它具有以下优点：

1）对表面缺陷检测灵敏度高。由于集肤效应在工件表面电流密度最大，所以磁通密度也最大，提高了工件表面缺陷的检测灵敏度。

> **小知识**　交流电通过导体时，导体表面电流密度较大而内部电流密度小的现象称为集肤效应。这是由于导体在变化着的磁场里产生涡流所致。

2）容易退磁。

3）能够实现多向磁化。

4）磁化变截面工件磁场分布较均匀。

5）有利于磁粉迁移等。

2. 交流电的局限性

1）剩磁法检验时，受交流电断电相位的影响，剩磁大小不稳定或偏小，易造成质量隐患，所以使用剩磁法检验的交流探伤设备，应配备断电相位控制器。

2）探测缺陷的深度小，对于钢件 ϕ1mm 人工孔，交流电的探测深度，剩磁法约为 1mm，连续法约为 2mm。

二、整流电

1. 单相半波整流电

单相半波整流电是磁粉探伤最常用的磁化电流类型之一，因为它有以下优点：

1）具有直流电的性质，可检测距表面较深处的缺陷。

2）交流分量大，有利于干粉的扰动和迁移，对工件近表面缺陷检测灵敏度高。

3）由于不存在反方向的磁化场，剩磁比较稳定。

单相半波整流电的缺点是因为电流反向而不能用于退磁，而其渗入深度较大也使退磁比较困难。

图 5-16 为单相半波整流电的波形。

图 5-16　单相半波整流电波形图

2. 三相全波整流电

三相全波整流电是磁粉探伤最常用的磁化电流类型之一，因为它具有很大的磁场渗透性和很小的脉动性，且剩磁稳定等优点。其局限性是退磁困难，且对变截面工件的磁化不均匀。

图 5-17 为三相全波整流电的波形。

三、直流电

直流电是磁粉探伤应用最早的磁化电流，它的大小和方向都不变。直流电是通过蓄电池组或直流发电机供电的。使用蓄电池组，需要经常充电，电流大小调节也不方便，所以现在几乎不用于磁粉探伤。

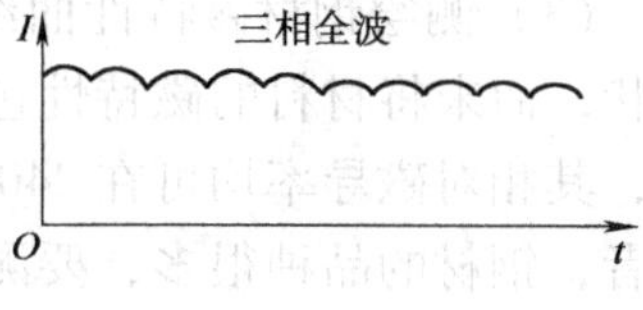

图 5-17 三相全波整流电波形

四、脉冲电流

脉冲电流一般是由电容器充放电而获得的电流，其波形如图 5-18 所示。脉冲电流的优点是探伤机可做得很小，但磁化电流值可达到 10～30kA，其局限性是只适用于剩磁法，因为通电时间很短，在 1/100s 内，所以在通电时间内完成施加磁粉并向缺陷处的迁移是困难的。该磁化电流仅适用于需要电流值特别大而常规设备又不能满足时，根据工件要求制作专用设备。

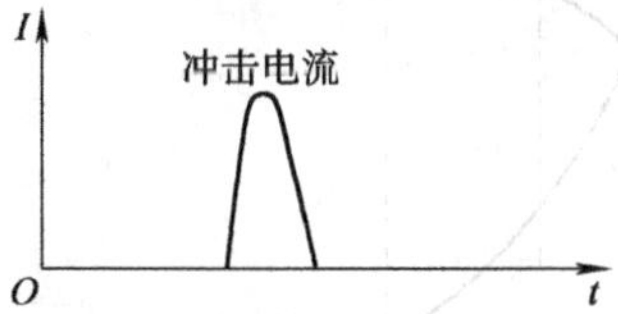

图 5-18 脉冲电流的波形

想一想 磁粉探伤用电流类型共多少种？如何选择？

能力知识点 3 磁化规范的选择

一、磁化规范的选择

对工件选择磁化电流值或磁场强度值所遵循的规则，称为磁化规范。磁粉探伤应使用既能检测出所有的有害缺陷，又能区分磁痕级别的最小磁场强度进行检验，因磁场强度过大易产生过度背景，会掩盖相关显示，影响磁痕分析。

1. 选择磁化规范应考虑的因素

1）根据工件的材料、热处理状态和磁特性，确定采用连续法还是剩磁法检验及相应的磁化规范。

2）根据工件的尺寸、形状、表面状态和欲检出缺陷的种类、位置、形状及大小，确定磁化方法、磁化电流种类、有效探伤范围及相应的磁化规范。

2. 选择磁化规范的方法

（1）用经验公式计算 对于工件形状规则的磁化规范可用经验公式计算，如直接通电磁化法和中心导体法（又称芯棒磁化法），连续法磁化规范常选用 $I=8D\sim10D$，剩磁法磁化规范常选用 $I=25D\sim45D$。触头法磁化时，当工件厚度 $T\geqslant20$mm，$I=(4\sim5)L$，都属于经验公式。

（2）用仪器测量工件表面的磁场强度 在实际应用中，由于工件形状复杂，很难用经验公式计算出每个工件各个部位的磁场强度，可以采用测量磁场强度的仪器，如特斯拉计（高斯计），测量被磁化工件表面的切向磁场强度，较用经验公式计算更为可靠。

无论采用何种磁化方法磁化，用连续法检验，工件表面的切向磁场强度至少为 2.4kA/m；用剩磁法检验，工件表面的切向磁场强度至少为 8.0kA/m。

（3）测绘钢材磁特性曲线　上述制定磁化规范的方法，只考虑了工件的尺寸和形状，而未将材料的磁特性包括进去，这是因为大多数工程用钢，在相应的磁场强度下，其相对磁导率均可在240以上，用上述规范磁化均可得到所要求的探伤灵敏度。再者，钢材的品种很多，要测绘各种钢材在不同热处理状态下的磁特性曲线暂时还做不到。兵器工业部新技术推广所编写的《常用钢种磁特性曲线汇编》中，列举了90种钢材的246个不同热处理状态下的磁特性参数，并绘出磁特性曲线图，是一本很有参考价值的资料，是制定磁化规范最理想的方法。但它远远没有把所有钢种包括进去。因此，对于那些与普通结构钢的磁特性差别较大的钢材，最好是在测绘它的磁特性曲线后制定磁化规范，方可获得理想的探伤灵敏度。

在制定周向磁化规范时，如何利用钢材的磁特性曲线呢？可将磁特性曲线分为五个区域。Ⅰ区为初始磁化区，Ⅱ区为激烈磁化区，Ⅲ区为近饱和区，Ⅳ区为基本饱和区，Ⅴ区为饱和区，如图5-19所示。对于标准磁化规范，磁特性曲线剩磁法要磁化到基本饱和，连续法所需的磁场强度，一定要大于出现最大相对磁导率的磁场强度 $H_{\mu m}$。对于严格规范，剩磁法要磁化到饱和，连续法要磁化到近饱和。一般说来，无论标准规范或严格规范，周向磁化连续法所用的磁场强度约为剩磁法的1/3。国外也有标准要求将材料磁化到饱和磁感应强度的80%。

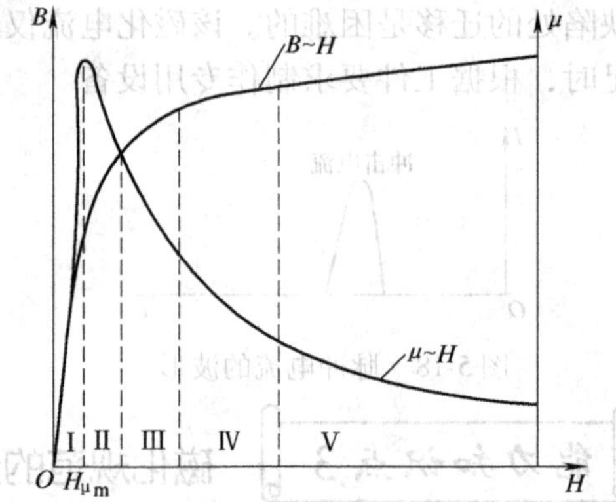

图5-19　按磁特性曲线制定磁化规范

（4）用标准试片确定大致的磁化规范　对于形状复杂的工件，当难以用计算法求得磁化规范时，也可以使用标准试片贴在工件不同部位，根据标准试片上的磁痕显示情况来确定大致的磁化规范，也是可行的。

二、周向磁化规范

1. 直接通电法和中心导体法

圆柱形或圆筒形工件用直接通电磁化法或中心导体法进行周向磁化时，一般推荐按下式计算磁化电流值。

$$I = HD/320 \tag{5-1}$$

式中　I——磁化电流（A）；

H——磁场强度（A/m）；

D——工件直径（mm）。

我国几十年来普遍采用周向磁化标准规范，将磁场强度连续法至少为2.4kA/m，剩磁法至少为8.0kA/m，代入 $I = HD/320$ 中，即得出连续法和剩磁法磁化的经验公式 $I = 8D$ 和 $I = 25D$。式中交流电流（AC）值用有效值表示，单相半波整流电（HW）和三相全波整流电（FWDC）用平均值表示，直接通电磁化法和中心导体法的磁化规范可按表5-2公式计算。

表 5-2　直接通电磁化法和中心导体法磁化规范

规范	适用范围	检验方法	零件表面磁场强度	磁化电流计算公式		
				AC	HW	FWDC
标准规范	适用于除特殊要求以外的工件检验	连续法	~2.4kA/m	$I=8D$	$I=6D$	$I=12D$
		剩磁法	~8.0kA/m	$I=25D$	$I=16D$	$I=32D$
严格规范	适用于有特殊要求的工件检验，如检验低磁导率沉淀类钢的夹杂以及弹簧、喷嘴管等特殊工件	连续法	~4.8kA/m	$I=15D$	$I=12D$	$I=24D$
		剩磁法	~14.4kA/m	$I=45D$	$I=30D$	$I=60D$

注：I——磁化电流（A）；D——工件直径（mm）。

对锅炉压力容器磁粉探伤，按 JB 4730—1994《压力容器无损检测》计算磁化规范。

如轴向直接通电法磁化时，磁化电流值按下式进行计算：

直流电（整流电）连续法：$I=(12\sim20)D$；

直流电（整流电）剩磁法：$I=(25\sim45)D$；

交流电连续法：$I=(6\sim10)D$。

式中　I——电流值（A）；

D——工件横截面上最大尺寸（mm）。

［例 1］　一工件长 1000mm，直径 80mm，周向磁化要求工件表面磁场强度为 2400A/m，问应通以多大的磁化电流？

解：$I=HD/320=2400\times80/320=600\text{A}$

对于形状不规则的非圆柱形工件，计算磁化电流值可采用工件的当量直径，所谓当量直径是指与该工件周长相等的圆柱直径，当量直径 $D=$周长$/\pi$。

［例 2］　下截面为 50mm×50mm，长为 1000mm 的方钢，要求工件表面磁场强度为 8000A/m，求所需的磁化电流值？

解：当量直径 $D=50\times4/\pi\approx64\text{mm}$

$$I=HD/320=8000\times64/320=1600\text{A}$$

2. 触头法

触头法周向磁化，其磁场强度与磁化电流大小成正比，并与触头间距和被检工件截面厚度有关。触头间距应控制在 75~200mm 之间，两次磁化应有 10% 的重叠。连续法磁化规范按表 5-3 进行计算。

表 5-3　触头法周向磁化规范

厚度 T/mm	磁化电流计算公式		
	AC	HW	FWDC
$T<20$	$I=(3\sim4)L$	$I=(1.5\sim2.0)L$	$I=(3\sim4)L$
$T\geqslant20$	$I=(4\sim5)L$	$I=(2.0\sim2.5)L$	$I=(4\sim5)L$

注：I——磁化电流（A）；L——两触头间距（mm）。

三、纵向磁化规范

1. 线圈法

纵向磁场磁化一般采用线圈使工件磁化。磁场强度的大小不仅取决于磁化电流，而且还取决于线圈的匝数。所以，工件磁化规范用线圈匝数和通电电流的乘积，即安匝数来表示。此外，工件表面的磁场强度不仅取决于线圈空载时的磁场强度，而且还与工件长度 L 和直径 D 的比值有关。对于棒、管类工件进行纵向磁化时，线圈中心磁场强度应达到如下规定：

1）$L/D \geqslant 10$ 时，线圈中心强度大于 $1.2 \times 10^4 A/m$。

2）$2 \leqslant L/D < 10$ 时，线圈中心磁场强度应 $> 2.0 \times 10^4 A/m$。

3）$L/D < 2$ 时，必须把若干个工件串接起来磁化。

用线圈磁化工件可用下式选择磁化规范

当 $L/D \geqslant 4$ 时

$$IN = \frac{35000}{2 + L/D} \tag{5-2}$$

当 $4 > L/D > 2$ 时

$$IN = \frac{45000}{L/D} \tag{5-3}$$

式中 L——工件长度（mm）；

D——工件直径或厚度（mm）；

I——磁化电流（A）；

N——线圈匝数。

2. 磁轭法

磁轭磁化规范的选择主要是对磁轭提升力的选择。一般情况下，当使用磁轭的最大间距时，直流电磁轭至少应有 177N 的提升力，交流电磁轭至少应有 44N 的提升力。且磁轭的磁极间距应控制在 50～200mm 之间，检验的有效范围是磁轭两侧各为磁轭磁级间距的 1/4 面积内，磁轭每次移动应有不少于 25mm 的覆盖区。

综合知识模块三　磁粉探伤设备与器材

能力知识点 1　磁粉探伤设备的分类及应用

为了满足各种工件的磁粉探伤要求，发展了种类繁多的磁粉探伤设备。设备种类按设备重量和可移动性分为固定式、移动式和便携式三种；按设备的组合方式分为一体型和分立型两种。一体型磁粉探伤设备，是将磁化电源、磁化线圈、工件夹持装置、磁悬液喷洒装置、观察照明装置和退磁装置等部分组成一体的设备；分立型探伤设备，是将磁化电源、磁化线圈、工件夹持装置、磁悬液喷洒装置、观察照明装置和退磁装置等部分分开的设备，分离型设备便于搬动和组合使用，维修也方便。而一体型设备操作方便。

一、便携式磁粉探伤机

便携式磁粉探伤机具有体积小、重量轻和携带方面等特点。适合于高空、野外等现场的磁粉探伤及锅炉、压力容器焊缝的局部探伤。它有磁轭式和磁锥式两种：

1. 磁轭式磁粉探伤机

磁轭式磁粉机可分为永久磁轭和电磁轭。

（1）永久磁轭 永久磁轭是采用软磁材料（纯铁）制作的Π形结构。在磁轭本体的中间镶嵌永久磁铁，并有磁路控制开关。因其不需要电源，更适合远离电源的场所使用。

（2）电磁轭 电磁轭是在用硅钢片制作的铁心上绕制励磁线圈，当线圈中有电流（交流或直流）通过时，则在铁心内产生纵向磁场，从而对工件进行磁化。一般的电磁轭手柄口都装有控制开关。

资料卡 小型便携式磁粉探伤仪，一般能提供500A、1000A和2000A的磁化电流，磁化电流用交流和单相半波整流电，带有支杆触头和电缆，可将电缆绕成线圈进行纵向磁化。设备手柄上配有微型开关控制磁化电流的流通，还有自动衰减退磁器，所以磁化和退磁都很方便。其缺点是产生电弧打火是难免的，应特别注意。

2. 磁锥式磁粉探伤机

磁锥式磁粉探伤机可在工件上任意选择磁化方向，从而检验各个方向的缺陷，但一次磁化只能检验一个方向的缺陷。这种仪器比较小，便于现场使用。

二、移动式磁粉探伤机

移动式磁粉探伤机的主体是磁化电源，可提供交流电和半波整流电的磁化电流，磁化电流输出一般为3～6kA。配合使用的附件有支杆触头、夹钳触头、开合式和闭合式磁化线圈和软电缆等。这类设备一般装有滚轮，或可吊装到车上拉到检验现场，无论是大型结构件的焊接现场，大型锻、铸件的生产车间或者机场跑道，检验对象为不易搬动的大型工件。

移动式设备可用220V或380V的交流电源工作。若使用软电缆，随着电缆的延伸，检验部位的电流值会显著降低。若采用触头法，应在手柄上安装微型开关，以控制磁化电流的流通。触头端部易遭腐蚀或烧伤，会妨碍与工件的良好接触，是产生裂纹的根源，因而在触头上应包装铜编织网。移动式设备还具有自动退磁功能。

三、固定式磁粉探伤机

固定式磁粉探伤机的体积和重量大，一般安装在固定场合。能进行通电法、中心导体法、感应电流法、线圈法、磁轭法整体磁化或复合磁化等，带有照明装置、退磁装置、磁悬液搅拌、喷洒装置，有夹持工件的磁化夹头和放置工件的工作台及格栅。它适合场地相对固定，中小型工件及需要较大磁化电流的可移动工件的检验。

最常用的固定式探伤机是湿粉法卧式探伤机，这种设备采用的是湿粉法检验技术，并为放置工件而设立了水平床身，最大磁化电流从2～12kA。随着电流值的增加，设备的输出功率、外形尺寸和重量都相应增加，它主要用于中、小型工件的探伤，在国内得到广泛的应用。

这类设备一般可以对被检工件用通电法和中心导体法进行周向磁化，用线圈法或固定式磁轭进行纵向磁化。有些设备还可进行各种形式的多向磁化，并能对工件退磁。工件水平或竖直夹持在磁化夹头之间，磁化电流可在零至最大激磁电流之间进行调节。设备所能探伤的工件最大截面受最大激磁电流的限制。

这类设备通常用于湿粉法，带有磁悬液搅拌和喷洒装置。还常常备有支杆触头和电缆，以便对搬上工作台有困难的大型工件进行探伤。当用荧光磁粉探伤时，配有紫外灯和遮光罩。

锅炉压力容器现场磁粉探伤，最常用的小型磁粉探伤设备是便携式和移动式设备，如CYE—3型交叉磁轭旋转磁场探伤仪、CY系列和CDX系列以及CLD系列都是小型磁粉探伤仪。对于中小型工件，一般采用固定式交流探伤仪和三相全波整流探伤仪，如CEW（TC）系列磁粉探伤仪属于固定卧式一体型设备，系列有CEW—2000、CEW—2000A、CEW—4000、CEW—6000和CEW—10000等，CZQ6000型直流探伤机等。

能力知识点2 磁粉探伤机的组成及其作用

以固定式磁粉探伤机为例，磁粉探伤机一般包括以下几个主要部分：磁化电源、磁化线圈、工件夹持装置、指示装置、磁粉或磁悬液喷洒装置、照明装置和退磁装置等。不是每台探伤机都包括以上各部分，而是根据工件尺寸和用途，采用不同的组合方式。

1. 磁化电源

磁化电源是磁粉探伤机的主要部分，也是它的核心部分。其作用是提供磁化电流，使工件得到磁化。它的主要结构是通过调压器将不同的电压输送给主变压器，主变压器乃是一个能提供低电压大电流输出的降压变压器。输出的交流电或整流电可直接通过工件，通过穿入工件内孔的中心导体或者通入线圈，对工件进行磁化。

调压器通常采用两种结构，即自耦变压器和晶闸管调压。

2. 工件夹持装置

固定式探伤机都有夹持工件的磁化夹头或触头。为了适应不同规格的工件，夹头的间距是可调的，调节可用电动、手动或气动等多种形式。电动调节是利用行程电机和传动机构使夹头在导轨上来回移动，由弹簧配合夹紧工件，限位开关会使可动磁化夹头停止移动。手动调节是利用齿轮与导轨上的齿条啮合传动，使磁化夹头沿导轨移动，或用手推动磁化夹头在导轨上移动，夹紧工件后自锁。气动夹持是用压缩空气通入气缸中，推动活塞带动夹紧工件。

移动式和便携式探伤机常用触头接触工件，接触好后通电磁化。有些探伤机的磁化夹头可沿轴旋转360°，磁化夹头夹紧工件后一起旋转，保证工件周向各部位有相同的检验灵敏度。

在磁化夹头上应包上铅垫或铜编织网，以利接触，防止打火和烧伤工件。

3. 指示装置

磁粉探伤机的指示装置主要包括电流表和电压表。

4. 磁粉和磁悬液喷洒装置

固定式探伤机的磁悬液喷洒装置由磁悬液槽、电动泵、软管和喷嘴组成。磁悬液槽用于储存磁悬液，并通过电动泵叶片将槽内磁悬液搅拌均匀，依靠泵的压力（一般为0.2～0.3kgf/cm^2）使磁悬液通过软管从喷嘴喷洒到工件上，自动化设备一般用几个喷嘴同时喷洒。

在磁悬液槽的上方装有格栅，用以摆放工件、排流和回收磁悬液。为防止铁屑杂物进入磁悬液槽内，在回流口上装有过滤网。移动式和便携式探伤机可用带喷嘴的塑料瓶喷洒磁悬液，使用时用手将磁悬液摇动均匀后，喷洒到工件上。最理想的是用喷罐喷雾式喷洒磁悬液。

干磁粉可利用电动式送风器或空气压缩机将干磁粉施加到工件表面。也可将干磁粉装在一端钻许多小孔的橡皮球内，用手动压缩橡皮球将磁粉喷撒在工件表面。

5. 螺管线圈

应配备能进行纵向磁化的螺管线圈。

6. 照明装置

探伤必须依赖探伤人员检出和解释磁痕显示，所以目视检验时的照明极为重要。照明不良，不仅会影响检测灵敏度，还会使检测人员眼睛疲劳。

> **小知识** 光通量：指能引起眼睛视觉强度的辐射通量。
>
> 照度：是单位面积上接收的光通量，其单位是勒［克斯］(lx)。

使用非荧光磁粉探伤时，检测场所应有足够的自然光和白光，要避免强光和阴影，应尽可能采用充足的自然光照明，用日光灯作补充照明。被检工件表面的照度不应小于1000lx，复杂工件有些难以接近的检验部位，可采用手持聚光灯照明，现场探伤由于条件限制，工件表面的照度最低不应小于500lx，并保证清晰分辨出磁痕显示。

使用荧光磁粉探伤时，应采用紫外线照射。它是一种波长比可见光更短的不可见光。

能力知识点 3 磁粉探伤的器材

一、磁粉

磁粉是显示缺陷的重要手段，磁粉质量的优劣和选择是否恰当，将直接影响磁粉探伤的结果。因此，对磁粉应进行全面了解和正确使用。

1. 磁粉的种类

磁粉种类很多，按磁粉是否有荧光性，分为荧光磁粉和非荧光磁粉；按其磁粉使用方法，磁粉探伤可分为干粉法和湿粉法。

(1) 非荧光磁粉　非荧光磁粉是在白光下能观察到磁痕的磁粉。通常是铁的氧化物，研磨后成为细小的颗粒经筛选而成。它可分为黑磁粉、红磁粉和白磁粉等。

黑磁粉是一种黑色的 Fe_3O_4 粉末。黑磁粉在浅色工件表面上形成的磁痕清晰，在磁粉探伤中的应用最广。

红磁粉是一种铁红色的 Fe_2O_3 晶体粉末，具有较高的磁导率。红磁粉在对钢铁金属及工件表面颜色呈褐色的状况下进行探伤时，具有较高的反差，但不如白磁粉。

白磁粉是由黑磁粉 Fe_3O_4 与铝或氧化镁合成而制成的一种表面呈银白色或白色的粉末。白磁粉适用于黑色表面工件的磁粉探伤，具有反差大、显示效果好的特点。

(2) 荧光磁粉　荧光磁粉是以磁性氧化铁粉、工业纯铁粉、或羰基铁粉等为核心，外面包覆一层荧光染料所制成，可明显提高磁痕的可见度和对比度。这种磁粉在暗室中用紫外线照射能产生较亮的荧光，所以适合于检验各种工件的表面探伤，尤其适合深色表面的工件，具有较高的灵敏度。

2. 磁粉的特性

磁粉的特性包括磁性、尺寸、形状、密度、流动性及可见度和对比度。

（1）磁性　磁粉应有较高的磁导率，以利被漏磁场磁化和吸引形成磁场磁痕。磁粉还应具有低的剩磁性质，以利磁粉的分散和移动。

（2）尺寸　对于干粉法，当磁粉在工件表面移动时，太粗大的磁粉不易被弱的漏磁场所吸引，但磁粉过细则不论有无漏磁场都会被吸附在整个工件表面，粗糙的表面更是如此。干粉法所用干磁粉粒度为 5 ~ 150μm 范围的均匀混合物为宜。

对于湿粉法，由于磁粉悬浮在液体中，可采用比干粉法更细的磁粉，一般约在 1 ~ 10μm，这样当悬浮液施加在工件表面时，液体的缓慢流动使磁粉有足够的时间被漏磁场吸附形成磁痕，过细的磁粉则往往会在液体里结成团而不呈悬浮状。

对于荧光磁粉，因荧光染料与磁粉相粘结，粒度一般在 5 ~ 25μm 之间，平均 8 ~ 10μm。

（3）形状　一般说来，较之球形粉，细长形磁粉易于沿磁力线形成磁粉串，这对宽度比磁粉粒度大的缺陷和完全处于工件表面下的缺陷是有利的。但如果磁粉完全由细长形粉组成，则会因易于严重结块、流动性不好、难以均匀散布而影响灵敏度，理想的磁粉应由足够的球形粉与高比例的细长粉组成。

（4）密度　干粉法检测时，磁粉密度可大至 $8g/cm^3$。而湿粉法要求磁粉密度为 $4.5g/cm^3$。

（5）可见度和对比度　要求选择与被检工件表面有良好对比的颜色。湿粉法通常用黑色、红褐色及荧光磁粉，干粉法也可用上述磁粉，必要时可在被检工件表面上涂以底色。

> **小知识**　对表面粗糙的焊接件进行磁粉探伤时，由于工件表面凹凸不平，或者由于磁痕颜色与工件表面颜色对比度很低而容易造成漏检。为了提高缺陷磁痕与工件表面颜色的对比度，探伤前，可在工件表面上先涂上一层白色薄膜（称反差增强剂），厚度约为 25 ~ 45μm，干燥后再磁化工件，喷撒黑磁粉，其磁痕就清晰可见。

二、磁悬液

将磁粉混合在液体介质中形成磁粉的悬浮液称为磁悬液。用来悬浮磁粉的液体称为载液。在磁悬液中，磁粉和载液是按一定比例混合而成的。根据采用的磁粉和载液的不同，可将磁悬液分为油基磁悬液、水基磁悬液和荧光磁悬液。表 5-4 列出了钢制压力容器焊缝磁粉探伤用的磁悬液种类、特点及技术要求。

磁悬液可由供应商配制，也可自行配制。常用磁悬液的配方为：

1. 水基悬浮液配方：

甘油三油脂酸肥皂	15 ~ 20g
磁粉	50 ~ 60g
水	100mL

配制时先将甘油三油脂皂放在少量温水中稀释，然后加入磁粉，在研钵中研细，最后加水到 100mL。

表 5-4 磁悬液种类、特点及技术要求

<table>
<tr><th colspan="2">种类</th><th>特点</th><th>对载液的要求</th><th>湿磁粉浓度
（100mL 沉淀体积）</th><th>质量控制试验</th></tr>
<tr><td colspan="2">油基磁县液</td><td>悬浮性好，对工件无锈蚀作用</td><td>1. 在 38℃时，最大粘度超过 $5\times10^{-6}m^2/s$
2. 最低闪点为 60℃
3. 不起化学反应
4. 无臭味</td><td rowspan="2">1.2～2.4mL（若沉淀物显示出松散的聚集状态，应重新取样或报废）</td><td>用性能测试板定期检验其性能和灵敏度</td></tr>
<tr><td colspan="2">水基磁悬液</td><td>具有良好的润湿性，流动性好，使用安全，成本低，但悬浮性较差</td><td>1. 良好的湿润性
2. 良好的可分散性
3. 无泡沫
4. 无腐蚀
5. 在 38℃时最大粘度超过 $5\times10^{-6}m^2/s$
6. 不起化学反应
7. 呈碱性，但 pH 值不超过 10.5
8. 无臭味</td><td>1. 同上油基磁悬液
2. 对新使用的磁悬液（或定期对使用过的磁悬液）作湿润性能试验</td></tr>
<tr><td rowspan="2">荧光磁悬液</td><td>荧光油磁悬液</td><td rowspan="2">荧光磁粉能在紫外线光下呈黄绿色，色泽鲜明，易观察</td><td>要求油的固有荧光低，其余同油基磁悬液对载液的要求</td><td rowspan="2">0.1～0.5mL（若沉淀物显示出松散的聚集状态，应重新取样或报废）</td><td>1. 定期对旧磁悬液与新准备的磁悬液作荧光亮度对比试验
2. 用性能测试板定期作性能和灵敏度试验</td></tr>
<tr><td>荧光水磁悬液</td><td>要求无荧光，其余同水基磁悬液对载液的要求</td><td>1. 对新使用的磁悬液（或定期对使用过的磁悬液）作湿润性能试验
2. 荧光亮度亮对比试验和性能、灵敏度试验，如同荧光油磁悬液</td></tr>
</table>

2. 油基磁悬液配方

煤油（或变压器油）	1000mL
磁粉（Fe_3O_4）	20～30g

或按以下配方

煤油	400mL
变压器油	600mL
磁粉	10g

3. 荧光磁悬液

荧光磁粉	2～3g
煤油（或变压器油）	1000mL

荧光磁粉成分：磁粉 56%；铁粉 40%；荧光剂 4%；胶性漆每千克混合物中 0.4kg。

油基磁悬液在配制时，只要把磁粉均匀地调配在煤油或变压器油中，并在使用时用油泵搅拌几分钟即可。

三、标准试片

1. 用途

标准试片（简称试片）是磁粉探伤必备的器材之一，具有以下用途：

1）用于检验磁粉探伤设备、磁粉和磁悬液的综合性能（系统灵敏度）。

2）用于检测被检工件表面的磁场方向，有效磁化范围和大致的有效磁场强度。

3）用于考察所用的探伤工艺规程和操作方法是否妥当。

4）当无法计算复杂工件的磁化规范时，将小而柔软的试片贴在复杂工件的不同部位，可大致确定较理想的磁化规范。

2. 类型

在我国使用的有 A 型、C 型、D 型和 M1 型四种试片。试片由 DT4 电磁软铁板制造。型号名称中的分数，分子表示试片人工缺陷槽的深度，分母表示试片的厚度，单位为 μm。试片类型、名称和图形如表 5-5 所示。

表 5-5　试片类型、名称和图形

类型	型号名称	缺陷槽深/μm	材料状态	图形和尺寸
A型	Al—7/50	7 ±1.5	冷轧退火	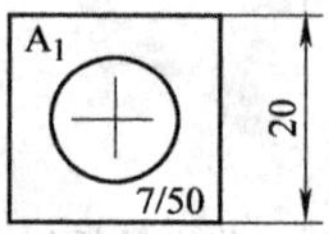
	Al—15/50	15 ±2		
	Al—15/100	15 ±2		
	Al—30/100	30 ±4		
C型	C—8/50	8 ±1.5	同上	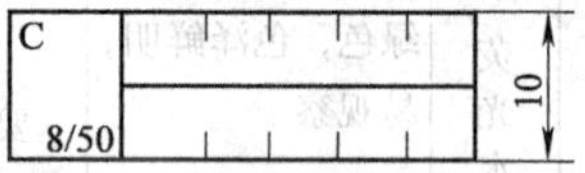
	C—15/50	15 ±2		
D型	D—7/50	7 ±1.5	同上	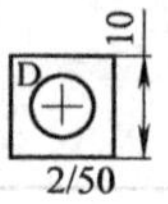
	D—15/50	15 ±2		
M1型	ϕ12　7/50	7 ±1	同上	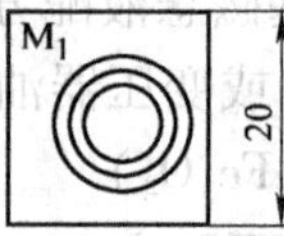
	ϕ9　15/50	15 ±2		
	ϕ6　30/50	30 ±3		

四、标准试块

标准试块（简称试块）是磁粉探伤必备的器材之一。标准试块包括直流试块（又叫 B 型试块）、交流试块（又叫 E 型试块）、磁场指示器（又称八角形试块）和自然缺陷标准样件。

试块主要用于检验磁粉探伤设备、磁粉和磁悬液的综合性能（系统灵敏度），也用于考察磁粉探伤试验条件和操作方法是否恰当。但不能确定被检工件的磁化规范，也不能用于考察被检工件表面的磁场方向和有效磁化范围。

1. 直流标准试块

直流试块的形状和尺寸如图 5-20 所示。材料为经退火处理的 9CrWMn 钢锻件，其硬度为 90～95HRB。

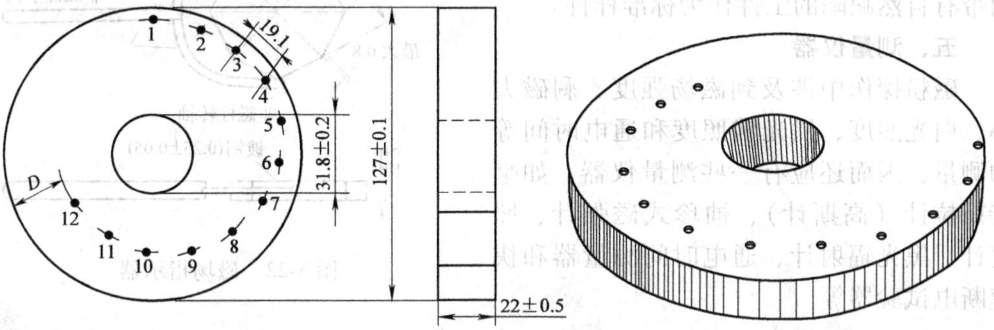

孔号	1	2	3	4	5	6	7	8	9	10	11	12
孔中心距边缘距离	1.8	3.6	5.3	7.1	8.9	10.8	12.6	14.4	16.2	18.0	19.2	21.6
孔径 D	1.8											

图 5-20 直流标准试块

2. 交流标准试块

交流试块的形状和尺寸如图 5-21 所示。材料为经退火处理的 10[#]锻钢件。

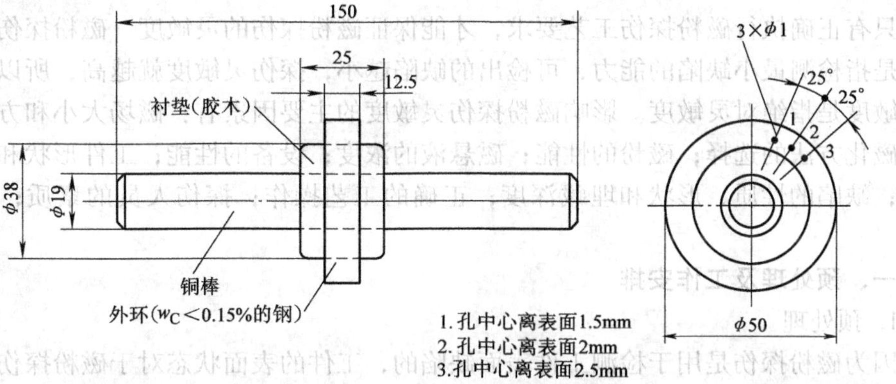

图 5-21 交流标准试块

3. 磁场指示器

磁场指示器是用电炉铜焊将 8 块低碳钢与铜片焊在一起构成的，有一个非磁性手柄，如图 5-22 所示，它的用途与标准试片基本相同，但比标准试片经久耐用，操作简便。磁场指示器多用于干粉法检验。

4. 自然缺陷标准样件

为了弄清在磁粉探伤系统是否正在按照所期望的方式、所需要的灵敏度工作，

小知识 使用磁场指示器时，将铜面朝上，八块低碳钢面朝下，紧贴被检工件表面，用连续法给磁场指示器上施加磁粉，观察磁痕显示。欲检测微小缺陷，应选用铜片较厚的磁场指示器（高灵敏度）；反之应选用铜片较薄的磁场指示器（低灵敏度）。

最直接的途径是考核该系统检测出一个或多个已知缺陷的能力，最理想的方法是选用带有自然缺陷的工件作为标准样件。

五、测量仪器

磁粉探伤中涉及到磁场强度、剩磁大小、白光照度、黑光辐照度和通电时间等的测量，因而还应有一些测量仪器，如毫特斯拉计（高斯计）、袖珍式磁强计、照度计、黑光辐射计、通电时间测量器和快速断电试验器等。

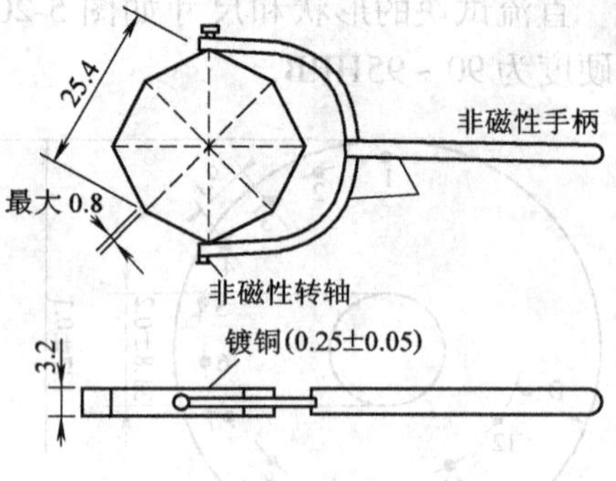

图 5-22　磁场指示器

综合知识模块四　磁粉探伤过程

能力知识点 1　磁粉探伤工艺过程

所谓磁粉探伤工艺，是指从磁粉探伤的预处理、磁化工件、施加磁粉、磁痕分析（包括磁痕评定和工件验收）、退磁和到检验完毕进行后处理的全过程。即主要工艺过程包括预处理、磁化工件、施加磁粉、磁痕分析、退磁和后处理六个步骤。

只有正确执行磁粉探伤工艺要求，才能保证磁粉探伤的灵敏度。磁粉探伤的灵敏度，是指检测最小缺陷的能力，可检出的缺陷越小，探伤灵敏度就越高，所以磁粉探伤灵敏度是指绝对灵敏度。影响磁粉探伤灵敏度的主要因素有：磁场大小和方向的选择；磁化方法的选择；磁粉的性能；磁悬液的浓度；设备的性能；工件形状和表面粗糙度；缺陷的性质、形状和埋藏深度；正确的工艺操作；探伤人员的素质；照明条件。

一、预处理及工作安排

1. 预处理

因为磁粉探伤是用于检测工件表面缺陷的，工件的表面状态对于磁粉探伤的操作和灵敏度都有很大的影响，所以磁粉探伤前，工件的预处理应做以下工作：

（1）清除　清除工件表面的油污、铁锈、毛刺、氧化皮、金属屑和砂粒等；使用水基磁悬液，工件表面要认真除油；使用油基磁悬液时，工件表面不应有水分；干粉法检验时，工件表面应干净和干燥。

（2）打磨　有非导电覆盖层的工件必须通电磁化时，必须将与电极接触部位的非导电覆盖层打磨掉。

（3）分解　装配件一般应分解后探伤。因为：装配件一般形状和结构复杂，磁化和退磁都困难；分解后探伤容易操作；装配件动作面（如滚珠轴承）流进磁悬液难以清洗，会造成磨损；分解后能观察到所有探伤面；交界处易产生漏磁场，形成非相关显示。

（4）封堵　若工件有盲孔和内腔，磁悬液流进后难以清洗，探伤前应将孔洞用非研磨性材料封堵上。

（5）涂敷　如果磁痕和工件表面颜色对比度小，可在探伤前先给工件表面涂敷一层反差增强剂。

2. 工序安排

磁粉探伤的工序应安排在容易产生缺陷的各道工序（如焊接、热处理、机加工、磨削、矫正和加载试验）之后进行。

对于有产生延迟裂纹倾向的材料，磁粉探伤应安排在焊接后24h进行。

磁粉探伤工序应安排在涂漆、发蓝、磷化和电镀等表面处理之前进行。

二、工件磁化

按综合知识模块二所述内容选择适当的磁化方法及磁化规范，利用磁粉探伤设备使工件带有磁性，产生漏磁场进行磁粉探伤。

三、施加磁粉

施加磁粉方式有连续法、剩磁法、湿粉法和干粉法等。

1. 连续法

在外加磁场磁化的同时，将磁粉或磁悬液施加到工件上进行磁粉探伤的方法。

具体操作程序如下：

在外加磁场作用下进行检验（用于光亮工件）

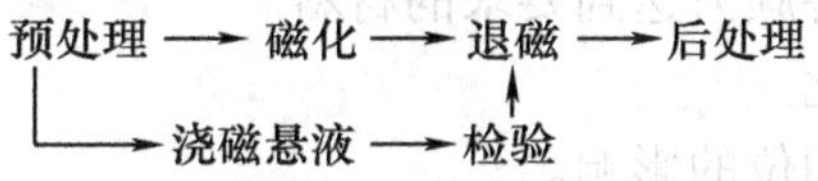

在外加磁场中断后进行检验（用于表面粗糙的工件）

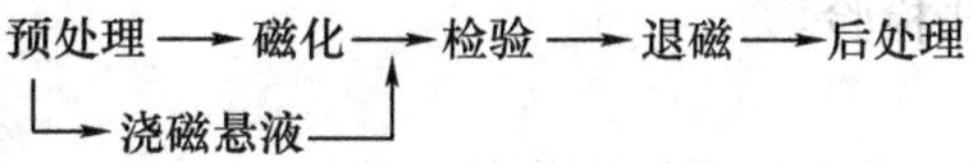

具体操作要点如下：

湿连续法：先用磁悬液润湿工件表面，在通电磁化的同时浇磁悬液，停止浇磁悬液后再通电数次，待磁痕形成并滞留下来时停止通电，进行检验。

干连续法：对工件通电磁化后撒磁粉，并在通电的同时吹去多余的磁粉，待磁痕形成和检验完毕再停止通电。

连续法的优点有：

1）适用于任何铁磁性材料。

2）最高的检测灵敏度。

3）可用于多向磁化。

4）交流磁化不受断电相位的影响。

5）能发现近表面缺陷。

6）可用于湿粉法和干粉法检验。

连续法的局限性有：

1）效率低。

2）易产生非相关显示。

3）目视可达性差。

2. 剩磁法

剩磁法是停止磁化后，再将磁悬液施加到工件上进行磁粉探伤的方法。

具体操作程序如下：

预处理→磁化→施加磁悬液→检验→退磁→后处理

具体操作要点如下：

通电时间：1/4～1s；浇磁悬液2～3遍，保证各个部位充分润湿；浸入搅拌均匀的磁悬液中10～20s，取出检验；磁化后的工件在检验完毕前，不要与任何铁磁性材料接触，以免产生消磁。

剩磁法的优点有：

1）效率高。

2）足够的检测灵敏度。

3）缺陷显示重复性好，可靠性高。

4）目视可达性好，可用湿连续法检测管子内表面。

5）易实现自动化检测。

6）能评价连续法检测出的磁痕显示属于表面还是近表面缺陷显示。

剩磁法的局限性有：

1）只适用于剩磁和矫顽力达到要求的材料。

2）不能用于多向磁化。

3）交流磁化受断电相位的影响。

4）检测缺陷深度浅，发现近表面缺陷灵敏度低。

5）不适用于干粉法检验。

3. 干粉法

以空气为载体用干磁粉进行磁粉探伤的方法。

具体操作要点如下：

1）工件表面要干净和干燥，磁粉也要干燥。

2）工件磁化后施加磁粉，并在观察和分析磁痕后再撤去磁场。

3）以缓慢的气流或云雾状形式将干磁粉施加于被磁化工件表面上，并形成薄而均匀的磁粉覆盖层，应避免局部堆积过多。

4）在磁化时用干燥的压缩空气吹去多余的磁粉，风压、风量和风口距离都要掌握适当，并应有顺序地从一个方向吹向另一个方向，注意不要吹掉磁痕显示。

干粉法的优点有：

1）检验大裂纹灵敏度高。

2）干粉法+单相半波整流电，检验近表面缺陷灵敏度高。

3）适用于现场检验。

干粉法的局限性有：

1）检验微小缺陷灵敏度不如湿粉法。

2）磁粉不易回收。

3）不适用于剩磁法检验。

4. 湿粉法

湿粉法是用液体（水或油）作为载液把磁粉配制成磁悬液，在检验时用泵将磁悬液搅拌，并喷洒在工件表面来检验漏磁的一种方法。

具体的操作要点如下：

1）连续法宜用浇法，液流要微弱，以免冲刷掉缺陷的磁痕显示。

2）剩磁法浇法、浸法皆宜。浇法灵敏度低于浸法；浸法的浸放时间要控制，时间长了会产生过度背景。

3）用水磁悬液时，应进行水断试验。

4）可根据各种工件的要求，选择不同的磁悬液浓度。

5）仰视检验和水中检验宜用磁膏。

湿粉法的优点有：

1）检验工件表面微小缺陷灵敏度。

2）与固定式设备配合使用，操作方便，效率高，磁悬液可回收。

湿粉法的局限性是检验大裂纹和近表面缺陷灵敏度不如干粉法。

四、检验

对磁痕进行观察和分析，非荧光磁粉在明亮的光线下观察，荧光磁粉在紫外线灯照射下观察。

1. 缺陷的磁痕

（1）裂纹　裂纹的磁痕轮廓较分明，对于脆性开裂多表现为粗而平直，对于塑性开裂多呈现为一条曲析的线条，或者在主裂纹上产生一定的分叉，它可连续分布。也可以断续分布，中间宽而两端较尖细。

（2）发纹　发纹的磁痕呈直线或曲线状短线条。

（3）条状夹杂物　条状夹杂物的分布没有一定的规律。其磁痕不分明，具有一定的宽度，磁粉堆积比较低而平坦。

（4）气孔和点状夹杂物　气孔和点状夹杂物的分布没有一定的规律，可以单独存在，也可密集成链状或群状存在。磁痕的形状和缺陷的形状有关，具有磁粉聚积比较低而平坦的特征。

2. 非缺陷的磁痕

工件由于局部磁化，截面尺寸突变，磁化电流过大以及工件表面机械划伤等会造成磁粉的局部聚积而造成误判。可结合探伤时的情况予以区别。

五、退磁

工件经磁粉探伤后所留下的剩磁，会影响安装在其周围的仪表、罗盘等计量装置的精度，或者吸引铁屑增加磨损。有时工件中的强剩磁场会干扰焊接过程，引起电弧的偏吹，或者影响以后进行的磁粉探伤。

常用的退磁方法有交流退磁法和直流退磁法。

1. 交流线圈退磁法

（1）通过法　对于中小型工件的批量退磁，最有效的方法是采用把工件放在装有轨道和拖板的退磁机上退磁，如图 5-23 所示。退磁时，将工件放在拖板上置于线圈前 30cm 处，线圈通电时，将工件沿着轨道缓慢地从线圈中通过，并远离线圈，在距线圈至少1m以外处（或有效磁化区以外）断电。

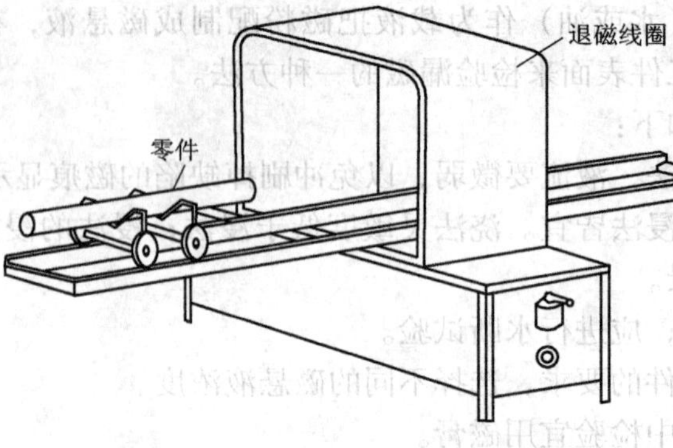

图5-23　通过法退磁

对于不能放在退磁机上退磁的重型或大型工件，也可以将线圈套在工件上，通电时缓慢地将线圈通过并远离工件，在距工件1m以外处断电。

（2）衰减法　由于交流电的方向不断的改变，故可用自动衰减退磁器或调压器逐渐降低电流为零进行退磁。如将工件放在线圈内，或将工件夹在探伤机的两磁化夹头之间，以及用支杆触头接触工件后将电流递减到零进行退磁。交流电退磁电流波形如图5-25a所示。

> **小知识**　尽管工件退磁有许多种方法，但无论哪种方法，都是使退磁电流不断改变方向，磁场也不断改变方向，同时使退磁电流大小递减为零，磁场强度大小也递减为零，从而使剩磁接近于零。所以退磁可归纳为一句话“换向衰减同时进行”。

对于大型锅炉压力容器的焊缝，也可用交流电磁轭退磁。将电磁轭两极跨接在焊缝两侧，接通电源，让电磁轭沿焊缝缓慢移动，当远离焊缝0.5m以外再断电，进行退磁。

对于大面积扁平工件的退磁，可采用扁平线圈退磁器，如图5-24所示。退磁器内装有U形交流电磁铁，铁心两极上串绕退磁线圈，外壳由非磁性材料制成。用软电缆盘成螺旋线，通以低电压大电流，便构成退磁器。使用时，给扁平线圈通电后像电熨斗一样，在工件表面来回熨，熨完后使扁平线圈远离工件0.5m以外后再断电，进行退磁。

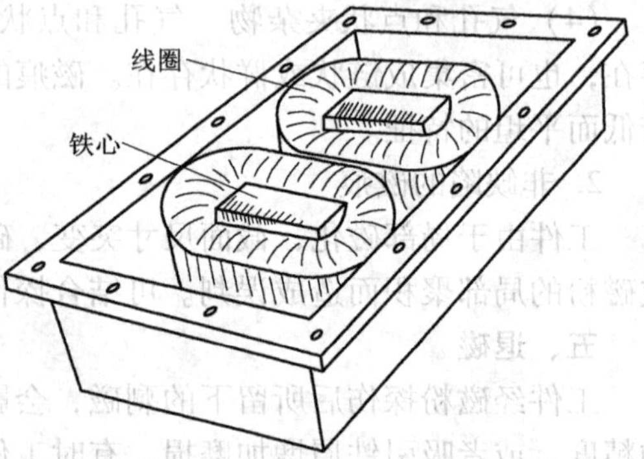

图5-24　扁平线圈退磁器

2. 直流电退磁

用直流电磁化的工件，为了使工件内部能获得良好的退磁，常采用直流换向衰减法和超低频电流自动退磁。

（1）直流换向衰减退磁　通过机械的方法不断改变直流电（包括三相全波整流电）的方向，同时使通过工件的电流递减到零进行退磁，直流电退磁电流波形如图5-25b所示。图中T_1为电流导通时间间隔，T_2为电流中止时间间隔，要保证无电流

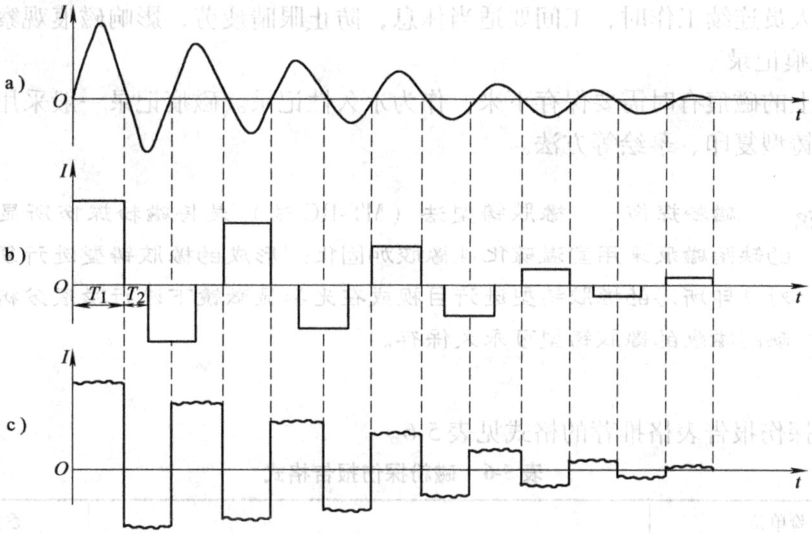

图 5-25　退磁电流波形图

a）交流电　b）直流电　c）超低频电流

时换向。电流衰减的次数应尽可能多（一般要求 30 次以上），每次衰减的电流幅度应尽可能小，如果衰减的幅度太大，则达不到退磁目的。

（2）超低频电流自动退磁　超低频通常指频率为 0.5 ~ 10Hz。由于超低频电流可以透入工件内较深的部位，所以可用于对直流磁化的工件进行退磁。5Hz 超低频退磁电流波形如图 5-25c 所示。

小知识　退磁程度可用袖珍式磁强计（如 XCJ—B 型）测量，也可以用特斯拉计，或剩磁测量仪测量剩磁。不少规范都没有写明工件退磁后剩磁可以接受的界限，一般认为，剩磁不大于 0.3mT（240A/m）的工件，对后道加工、焊接和仪表的使用都没有不利的影响。

3. 退磁方法的选择

用交流电磁化的工件，用交流电退磁是有效的。尤其交流通过式退磁，方法简单，速度快，退磁效果好，因而被广泛采用。但由于趋肤效应的影响，限制了磁场的透入深度，交流电退磁对直流电磁化的深层剩磁是无效的。

直流换向衰减退磁和超低频电流自动退磁，几乎对任何磁化方法磁化的工件都能退磁到不影响使用的水平，但这种退磁方法成本高，效率低。

六、磁痕观察和记录

1. 磁痕观察

磁痕的观察和评定一般应在磁痕形成后立即进行。

使用非荧光磁粉检验，必须在能够充分识别磁痕的日光或白光照明下进行，在被检工件表面的白光照度不应低于 1000lx。

使用荧光磁粉检验，应在环境光小于 20lx 的暗区紫外光下进行。在 380mm 处，紫外辐照度应不低于 $1000\mu m/cm^2$。

检验人员进入暗室后，在检验前应至少等候 5min，以使眼睛适应在暗光下工作。

检验人员连续工作时，工间要适当休息，防止眼睛疲劳，影响磁痕观察。

2. 磁痕记录

工件上的磁痕有时需要保存下来，作为永久性记录。磁痕记录一般采用照相、贴印、橡胶铸型复印、摹绘等方法。

小知识 磁粉探伤——橡胶铸型法（MT-RC 法）是将磁粉探伤所显示出来的缺陷磁痕采用室温硫化硅橡胶加固化剂形成的橡胶铸型进行复印，再对复印所得的橡胶铸型进行目视或在光学显微镜下进行磁痕分析。复印缺陷磁痕的橡胶铸型可永久保存。

磁粉探伤报告表格推荐的格式见表5-6。

表5-6　磁粉探伤报告格式

检验单位	磁粉探伤报告		委托单位
工件名称		工件编号	
材　　料		热处理状态	
磁化设备		磁化方法	
检验方法		磁粉名称	
试片名称、型号		验收标准	
检验结果			
工件和缺陷示意图：			
检 验 日 期	检　测　者	审　　核	室　主　任

七、后处理

工件磁粉探伤完的后处理应包括以下内容：

1）清洗工件表面包括孔中、裂缝和通路中的磁粉。

2）使用水磁悬液检验，为防止工件生锈，可用脱水防锈油处理。

3）如果使用过封堵，应取出。

4）如果涂覆了反差增强剂，应清洗掉。

5）不合格工件应隔离。

能力知识点2　磁粉探伤验收标准

磁粉探伤的目的是既要发现缺陷又要依据质量验收标准评价工件质量。因此，正确而规范的磁粉探伤工艺与正确的和合理的质量验收对产品都同等重要。下面简要介绍《JB 4730—1994》磁粉探伤质量验收要求，供学习和参考。

1. 磁痕评定与记录

1）除能确认磁痕是由于工件材料局部磁性不均或操作不当造成的之外，其他一切磁痕显示均作为缺陷磁痕处理。

2）两条或两条以上缺陷磁痕在同一直线上且间距小于或等于2mm时，按一条缺陷处理，其长度为两条缺陷之和加间距。

3）长度小于0.5mm的缺陷磁痕不计。

4）所有磁痕的尺寸、数量和产生部位均应记录，并图示。

5）磁痕的永久性记录可采用胶带法、照相法以及其他适当的方法。

6）当辨认细小缺陷磁痕时，应用2~10倍放大镜进行观察。

2. 复验

当出现下列情况之一时，应进行复验：

1）检测结束时，用灵敏度试片验证检测灵敏度不符合要求。

2）发现检测过程中操作方法有误。

3）供需双方争议或认为有其他需要时。

4）经返修后的部位。

3. 缺陷等级评定

下列缺陷不允许存在：

1）任何裂纹和白点。

2）任何横向缺陷显示。

3）焊缝及紧固件上任何长度大于1.5mm的线性缺陷显示。

4）单个尺寸大于或等于4mm的圆形缺陷显示。

缺陷显示累积长度的等级评定按表5-7进行。

表5-7 缺陷显示累积长度的等级评定 （单位：mm）

评定区尺寸	等级				
	Ⅰ	Ⅱ	Ⅲ	Ⅳ	Ⅴ
35×100 （用于焊缝及高压紧固件）	<0.5	≤2	4≤	8≤	大于Ⅳ级者

综合知识模块五 工程应用实例——焊接件的磁粉探伤

1. 坡口探伤

利用触头法沿坡口纵长方向磁化，是检查坡口表面与电流方向平行的分层和裂纹最有效的方法，操作方便，检测灵敏度高。检验时，在触头上应垫上铅垫或包上铜编织网，以防打火烧伤工件表面。

2. 电弧气刨面的探伤

探伤时，把交叉磁轭跨在电弧气刨沟槽中间，如图5-26所示，沿沟槽方向连续行走。并应根据构件位置采用喷洒或刷涂磁悬液的方法，原则是交叉磁轭通过后不得使磁悬液残留在气刨沟槽内，否则将无法观察磁痕显示。

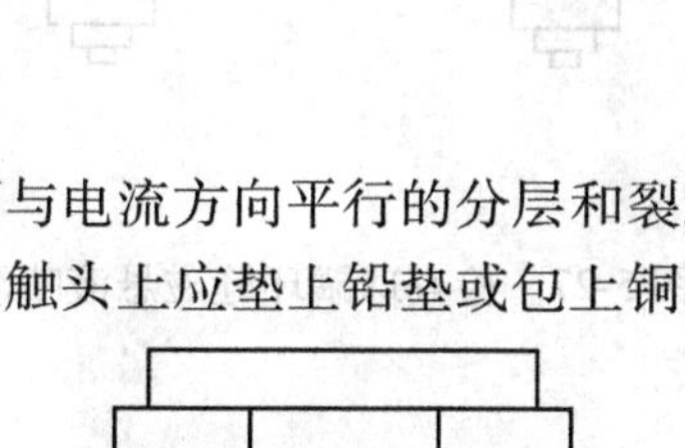

图5-26 交叉磁轭检验电弧气刨面

3. 球形压力容器的开罐探伤

现以焊条电弧焊焊接的球形压力容器的开罐检查为例简述磁粉探伤的实施方法。

（1）探伤部位　球形容器的内、外侧所有焊缝（包括管板接头及柱腿与球皮连接处的角焊缝）和热影响区以及母材机械损伤部分。

（2）表面清整　应把焊缝表面的焊接波纹及热影响区表面的飞溅用砂轮进行打磨，不得有凹凸不平的棱角。若做过磁粉探伤，已经打磨过，表面只有浮锈时，可用喷砂或钢丝刷除去焊缝及热影响区表面的浮锈。母材损伤部分也应照此处理。打磨时可采用46#粒度的砂轮。

（3）探伤操作　探伤操作应注意以下几点：

1）检验对接焊缝时把交叉磁轭跨在焊缝上连续行走探伤。当检查球罐纵缝时，交叉磁轭行走方向要自上而下。当检查球罐环缝时，交叉磁轭行走向左向右都行，如图5-27和图5-28所示。

2）进出气孔及排污孔管板接头的角焊缝，可用绕电缆法和触头法检验。

3）母材机械损伤部分的面积一般都不大，探伤时可将交叉磁轭置于损伤部位上面固定不动，若面积较大，可前后移动交叉磁轭进行探伤。

4）柱腿与球皮连接处的角焊缝，由于位置关系无法用交叉磁轭探伤，多用触头法和绕电线法磁化。

注意：千万不要使用触头法和通电法磁化装过易燃易爆物质的容器内壁焊缝，以防打火花引起火灾和人身事故。

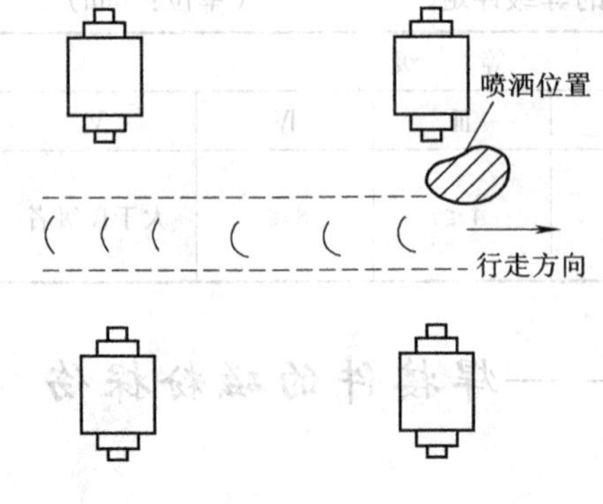

图5-27　检查球罐环缝磁悬液喷洒位置

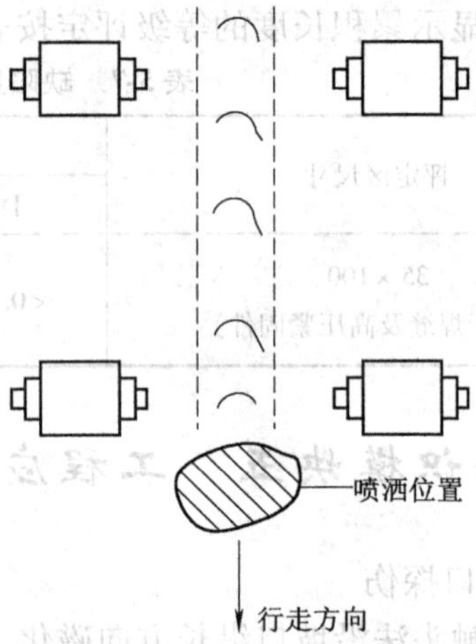

图5-28　检查球罐纵缝磁悬液喷洒位置

【综 合 训 练】

一、判断题（正确的打“√”，错误的打“×”）

1. 磁粉探伤适合检查铁磁性材料的缺陷。　　（　　）

2. 当缺陷形状为圆形（如气孔）时，容易形成较大的漏磁场。　　（　　）

3. 磁粉探伤中的磁痕大小是实际缺陷的几倍或几十倍。　　（　　）

4. 按工件磁化方向的不同，可分为周向磁化法、纵向磁化法、复合磁化法和旋转磁场磁化法。 ( )

5. 直接通电磁化法适合于检测长条形工件如棒材等。 ( )

6. 线圈法磁化时，其磁化规范用线圈匝数和通电时间的乘积来表示。 ( )

7. 直流电磁化法发现表面缺陷的灵敏度比交流电磁化法要高，而且退磁也比较容易。 ( )

8. 黑磁粉是一种 Fe_2O_3 晶体粉末，具有较高的磁导率。 ( )

9. 按其磁粉使用方法，磁粉探伤可分为干粉法和湿粉法。 ( )

10. 磁场指示器多用于干粉法检验。 ( )

11. 磁粉探伤的主要工艺过程包括预处理、磁化工件、施加磁粉、磁痕分析、退磁和后处理六个步骤。 ( )

12. 常用的退磁方法有交流退磁法、直流退磁法和脉冲电流退磁法。 ( )

13. 交流线圈退磁法有通过法和衰减法。 ( )

二、选择题

1. 磁粉探伤方法适合于检查工件________。

a. 内部缺陷 b. 表面缺陷 c. 近表面缺陷 d. 所有位置的缺陷

2. 对铁磁性材料进行磁化时，由于工件内部的________发生变化而使磁通泄漏到缺陷附近空气中所形成磁场，称为漏磁场。

a. 应力 b. 磁导率 c. 电阻率 d. 密度

3. 裂纹的开裂面与工件表面成________时，则漏磁场最强也最有利于检出。

a. 平行 b. 垂直 c. 45℃ d. 60℃

4. ________是常用来检验与工件（或纵焊缝）轴线平行的缺陷。

a. 周向磁化法 b. 复合磁化法 c. 纵向磁化法 d. 旋转磁场磁化法

5. 触头法周向磁化，其磁场强度与________大小成正比。

a. 触头 b. 芯棒 c. 线圈 d. 磁化电流

6. 对工件磁化，选择磁化电流值或磁场强度值所遵循的规则，称为________。

a. 检验规范 b. 磁化规范 c. 探伤规范 d. 焊接规范

7. 磁轭磁化规范的选择主要是对________的选择。

a. 磁轭提升力 b. 磁轭重量 c. 磁轭大小 d. 磁轭形状

8. 磁粉探伤采用的磁化电流中最常用的磁化电流有____、____、____三种。

a. 交流电 b. 单相半波整流电 c. 三相全波整流电 d. 脉冲电流

9. 磁粉探伤设备按设备重量和可移动性分为____、____、____三种。

a. 分体式 b. 移动式 c. 固定式 d. 便携式

10. ________是磁粉探伤机的主要部分，也是它的核心部分。

a. 磁化电源 b. 磁化线圈 c. 指示装置 d. 喷洒装置

11. 根据采用的磁粉和载液的不同，可将磁悬液分为____、____、____三种。

a. 油基磁悬液 b. 水基磁悬液 c. 荧光磁悬液 d. 非荧光磁悬液

12. ________主要用于检验磁粉探伤设备、磁粉和磁悬液的综合性能（系统灵敏度），也用于考察磁粉探伤试验条件和操作方法是否恰当。

a. 试片　　b. 试块　　c. 磁悬液　　d. 磁粉

13. 在外加磁场磁化的同时，将磁粉或磁悬液施加到工件上进行磁粉探伤的方法，称为＿＿＿＿＿＿。

a. 连续法　　b. 剩磁法　　c. 干粉法　　d. 湿粉法

14. 使用荧光磁粉检验，应在＿＿＿＿＿＿下进行。

a. 日光　　b. 白光　　c. 紫外光　　d. 红外光

三、问答题

1. 漏磁场是怎样形成的？
2. 磁粉探伤有哪些优缺点？
3. 影响漏磁场的因素有哪些？如何影响？
4. 直接通电磁化法和触头法产生打火烧伤的原因和预防措施有哪些？
5. 采用交流线圈法磁化工件时应注意哪些事项？
6. 什么是纵向磁化？包括哪几种磁化方法？
7. 选择磁化规范时应考虑的因素有哪些？
8. 磁粉探伤机是如何分类的？都具有哪些特点？
9. 非荧光磁粉和荧光磁粉分别具有哪些性能和特点？
10. 请说一说磁粉特性。
11. 影响磁粉探伤灵敏度的因素有哪些？
12. 进行磁粉探伤时，工件的预处理应做哪些工作？
13. 什么是湿粉法和干粉法？请说一说其各自的优点和局限性。
14. 为什么要退磁？交流退磁法和直流退磁法各有哪些特点？

四、实践题

1. 训练目标：了解磁粉探伤工艺过程。

2. 训练准备：

人员准备：每组10人左右，分成若干小组。

资料准备：有关磁粉探伤工艺的资料。

3. 训练地点：实验室。

4. 训练办法：通过实际操作，了解磁粉探伤工艺的全过程。

第六单元　渗透探伤

【学习目标】　本单元主要介绍渗透探伤的特点、分类、器材以及渗透探伤工艺。学习过程中，第一，要了解渗透探伤原理及渗透探伤方法的分类，分析不同渗透探伤方法的应用场合；第二，要了解渗透探伤剂的组成，渗透探伤剂的性能要求及典型配方，并会使用各种材料和器材；第三，要掌握渗透探伤操作步骤，能够按照渗透探伤操作程序进行探伤，并正确分析缺陷显示、缺陷判别和质量评定。

渗透探伤是利用带有荧光染料（荧光法）或红色染料（着色法）渗透剂的渗透作用，显示缺陷痕迹的一种无损检验方法。该法具有操作简单，成本低廉，且不受材料性质限制等优点，广泛应用于各种金属材料或非金属材料构件表面开口缺陷的质量检验。由于这种探伤方法局限于表面开口缺陷，因此在焊接生产检验中不是作为一种独立的探伤方法以确定产品质量，而是按照焊接结构的技术条件应用于某一特定工序，并配合其他无损探伤或质量检验项目而被使用，特别是在焊接性较差、易于产生表面开口缺陷的高强度钢的一些加工环节中应用较多。

综合知识模块一　渗透探伤原理及其方法分类

能力知识点 1　渗透探伤原理

> **小知识**　润湿是固体表面一种流体（气体或液体）被另一种流体所取代的现象。我们把这种现象称为润湿。
>
> 润湿的液体在毛细管中呈凹面并且上升，不润湿的液体在毛细管中呈凸面并且下降的现象，称为毛细现象。

渗透探伤是通过在被检工件表面涂敷含有着色剂或荧光物质且具有高度渗透能力的渗透液，在液体对固体表面的湿润作用和毛细管作用下，渗透液将渗入被检工件表面开口缺陷中，然后用水或其他清洗液将工件表面多余的渗透液清洗干净，待工件干燥后再在工件表面涂上一层显像剂，将缺陷中的渗透液在毛细作用下重新吸附到工件表面，从而形成缺陷的痕迹。通过直接目视或特殊灯具，观察缺陷痕迹颜色或荧光图像对缺陷进行评定。渗透探伤的基本过程如图 6-1 所示。

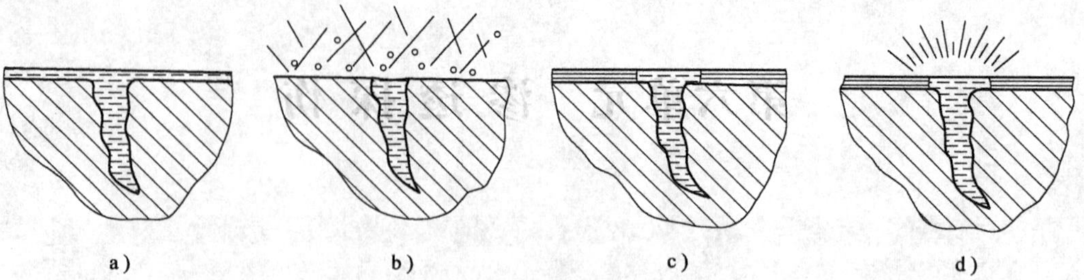

图 6-1　渗透探伤过程示意图
a）渗透　b）清洗　c）显像　d）检测

能力知识点 2　渗透探伤方法分类

根据不同的显像方式，不同的渗透剂及显像剂，渗透探伤方法分为不同的方法。表 6-1 列出了渗透探伤的方法及代号。

表 6-1　渗透探伤的分类方法及代号

分类原则	方法名称		方法代号
按渗透剂不同	荧光探伤	水洗型荧光探伤	FA
		后乳化型荧光探伤	FB
		溶剂去除型荧光探伤	FC
	着色探伤	水洗型着色探伤	VA
		后乳化型着色探伤	VB
		溶剂去除型着色探伤	VC
按显像剂不同	干式显像法		D
	湿式显像法		W
	快干式显像法		S

一、按显像方式分类

1. 着色渗透探伤

这种探伤方法使用的渗透液主要是颜色深的着色物质，通常由红色染料及溶解着色剂的溶剂所组成。而显像剂则为含有吸附性强的白色颗粒状悬浮液组成。通过白色显像剂所吸附的红色渗透剂，显现出对比度明显的色彩图像，能直观地反映出缺陷的部位、形态及数量。

2. 荧光渗透探伤

这种渗透探伤方法是使用含有荧光物质的渗透剂，经清洗后保留在缺陷中的渗透液被显像剂吸附出来。用一种波长很短，实际上频谱覆盖范围大部分已不属于可见光范畴的黑光源照射，使荧光物质产生波长较长的可见光，在暗室中对照射后的工件表面进行观察。通过显现的荧光图像来判断缺陷的大小、位置及形态。

相比较而言，在采用相同类型渗透剂的条件下，荧光渗透探伤的灵敏度更高一些，但这种探伤方法最大的局限性是必须具备黑光源装置及供观察用的暗室，也就是要提供电源和固定试验场所，显然对于不便移动的大型焊接结构不适用。因此荧光渗透探伤多用于加工表面粗糙度值小，检验疲劳或磨削致裂等微小缺陷的和具有批量生产的小型零件检验工作。

二、按渗透剂的种类分类

1. 水洗型渗透探伤方法

这种探伤方法以水为清洗剂。渗透剂以水为溶剂，或者在渗透剂中加有乳化剂，使非水溶性的渗透剂发生乳化作用而具有水溶性。油性物质是不能溶解于水的，当加入乳化剂后，使油变成极微小的颗粒而均匀分布在水中，形成了“水包油”的匀质状态，即使在静止状态下，油也不会聚集在一起而形成油水分层的状况，这一现象称为乳化现象，而具有这一现象的物质称为乳化剂。若在渗透剂中直接加入乳化剂，而使渗透剂具有水溶性，则这种渗透剂称为自乳化型渗透剂。

无论是水基渗透剂还是自乳化性渗透剂，都是以水作清洗剂。显然这种方法只要有水源的场所即可，费用低，但灵敏度不高，对细微缺陷及较宽的浅层缺陷的显示能力弱，适于大面积及较粗糙表面缺陷的探伤。

2. 后乳化型渗透探伤法

这种渗透探伤方法也以水作为清洗剂。渗透剂是不溶入水的，为了将残留在缺陷以外多余渗透液用水清洗掉，在渗透与清洗两步操作之间要增加乳化这一步程序。直接在渗透液中加乳化剂，常常增加了它的粘度和吸水性，降低了着色物在溶剂中的溶解度，结果使渗透液的渗透性能降低，在水洗过程中，容易在缺陷内吸入水分而造成着色物沉淀，影响显像效果，因此对可能存在微小缺陷的工件不宜用自乳化型渗透液。

3. 溶剂去除型渗透探伤法

自乳化型有灵敏度不足的缺点，后乳化型的操作又复杂一些，用溶剂作为清洗剂可避上述短处。但由于清洗使用的溶剂主要是各种有机物，它们具有较小的表面张力系数，对固体表面具有很好的润湿作用，因此有很强的渗透能力，如操作不当，很容易浸入缺陷内部，将渗透液冲洗出来，或者降低了着色物的浓度，使图像色彩对比度不足而造成漏检。特别是对小型零件，更不能图省事浸泡在溶剂中，还需要指出，清洗用的溶剂易挥发，易燃，有毒，使用时应注意通风防火。由于这种用溶剂代替水做清洗剂，探伤费用会高一些，在探伤工作量不大且现场又无水源、电源时，作为一种便携式的探伤手段，随时随地展开探伤工作是一种较好的方法。

三、按显像剂种类分类

1. 干式显像渗透探伤法

这种探伤法主要用于荧光渗透剂，经干燥后的细颗粒干粉可获得很薄的粉膜，对荧光显像有利，可提高探伤灵敏度。对于着色渗透液，若使用干粉显像剂，因缺陷两侧难以保留足够的白色干粉，会使图像的对比度低，而不利于观察。

2. 湿式显像渗透探伤法

湿式显像剂是在具有高挥发性的有机溶剂苯、二甲苯、酒精等中加入起吸附作用的白色粉末配制而成，通常使用的白色粉末有锌白粉（主要成分为氧化锌）、钛白粉（主要成分为二氧化钛）等。这些白色粉末并不溶解于上述有机溶剂中，而呈悬浮状态，使用时必须摇晃均匀。有机溶剂只是作为白色粉末的载体，便于均匀的喷涂或刷涂，并不要求它有能溶解白色粉末的性质。为改善显像剂的性能，还要加入一些增加粘度的成分，以限制有机溶剂在吸附渗透液到工件表面后的扩散作用从而造成显现的图像比实际缺陷扩大的假象；或由于渗透剂扩散后造成着色成分浓度减小，与显像剂之间对比度降低，使缺陷观察困难。由于白色粉末只需要液体作为载体，因此使用水也可以，但水蒸发较慢，显像处理后自然干燥需较长时间，为了尽快进行观察，常常采用吹风机进行热风烘吹以加快干燥。

因为湿法显像剂中的白色粉末和红色着色渗透液能形成鲜明的色彩对比，易于观察，所以这种方法常用于着色渗透探伤。

实际上常用的方法是上述几种不同方法的组合。例如水洗型、后乳化型或溶剂去除型的渗透剂，既可使用干式显像也可选用湿式显像。

综合知识模块二　渗透探伤的材料与器材

能力知识点1　渗透探伤的材料

渗透探伤材料由渗透剂、去除剂和显像剂组成。

一、渗透剂

1. 渗透剂的性能

渗透剂是渗透检测的关键材料，理想的渗透剂应具有如下性能：

1）不易因挥发而在被检工件表面上凝干，且容易清洗。

2）残存在缺陷中的渗透剂易于被吸附到被检工件表面上来，并有足够而持久的荧光或着色强度，化学物理性质稳定。

3）无腐蚀性，不污染环境，安全可靠且价格便宜。

2. 渗透剂组分

荧光物质或着色染料、溶剂和乳化剂是渗透剂的主要组分。

（1）荧光或着色燃料　荧光渗透剂一般选用在黑光照射下能发出人眼敏感的黄绿荧光的荧光染料。着色染料实际上是颜色显像剂。几乎所有的着色染料都是暗红色的，这是因为暗红色衬以显像剂的白色背景能得到较高的对比度，而且大部分红色染料都有较高的溶解度。常用的着色染料有苏丹红、刚果红、烛红、油溶红、荧光桃红和丙基红等。

（2）溶剂　溶剂用以溶解溶剂去除型渗透剂中加入的荧光或着色染料，而且其本身也是同时起渗透作用的渗透剂。荧光和着色染料在溶剂中的溶解度与温度有关。为了使染料在低温下不致从溶剂中分离出来，还需要在渗透剂中加紧一定量的助溶剂（称为耦合剂或稳定剂）。

> **想一想**　渗透剂中溶剂的主要作用是什么？

（3）乳化剂　水洗型渗透剂中含有乳化剂。乳化剂能吸附在油和水的界面上，降低油—水之间的界面张力使被检工件表面上多余的渗透剂容易被水洗掉。此外，乳化剂还有促使染料溶解的增溶作用。

除了上述三种组分外，渗透剂内还可以含有一些其他的附加成分，如后乳化性渗透剂中起降低表面张力、增大润湿作用的表面活性剂，改进渗透剂粘度和增加着色剂里的增光剂及减小渗透剂挥发的抑制剂等。表6-2列出常用于焊接产品质量检验的溶剂去除型着色渗透剂的参考配方。

表6-2　溶剂去除型着色渗透液典型配方

配　方	比例（质量分数）	作　用
苏丹红	1g/100mL	染料
萘	20%	溶剂
煤油	80%	渗透溶剂

二、去除剂

在渗透探伤中，用以去除工件表面多余渗透剂的液体称为去除剂或清洗剂。不同的渗透剂需配用不同的清洗剂。水洗型渗透剂用水清洗，水就是清洗剂；溶剂去除型渗透剂的清洗剂是有机溶剂，如丙酮、酒精、三氯乙烯等；后乳化型渗透剂的清洗剂是乳化剂和水。

作为清洗剂使用的乳化剂有水基和油基两种。

1. 水基型乳化剂

乳化剂是非离子型的表面活性剂，其亲水性指标——亲憎平衡值（H. L. B）在8~18之间的称为水基乳化剂。水基乳化剂能将油分散在水中。其中H. L. B值在11~15范围内的水基乳化剂，既具有使油水混合的乳化作用，又具有洗涤作用，是后乳化型渗透剂较理想的去除剂。

水基乳化剂的粘度通常较高，因而使用以前需加水稀释，稀释质量分数一般推荐为5%~20%。

2. 油基乳化剂

H. L. B值在3.5~6之间的乳化剂称为油基乳化剂。油基乳化剂能将水分散在油中，可不加水直接使用。

三、显像剂

1. 显像剂性能

显像剂是渗透检测的另一种关键材料。好的显像剂可以提供背景并放大缺陷显示，因而能提高检测灵敏度。显像剂应具有以下性能：

1）吸湿能力强、速度快，易于被缺陷内残存的渗透剂所润湿。

2）易于在被检表面上形成薄而均匀的覆盖层，能尽量多地遮住被检表面的光泽和颜色。

小知识

> 显像过程与渗透液渗入缺陷的原理是一样的，都属于毛细现象。由于显像剂中的显像粉末非常细微，其颗粒为微米级。当这些颗粒覆盖在工件表面时，微粒之间的间隙类似于毛细管，因此缺陷中的渗透液很容易沿着这些间隙上升，并回渗到工件表面，形成显示。

3）颗粒细微，能将缺陷处微量的渗透剂扩展到尽量大的范围，并能保证显示轮廓的清晰。

4）在黑光照射下不会发出荧光。不会减弱荧光渗透剂的亮度，对着色染料无消色作用，能保持最佳的颜色对比度。

5）无腐蚀性，使用安全，易于去除，价格便宜。

2. 显像剂种类

显像剂分为干式和湿式两大类。

（1）干式显像剂　干式显像剂为粒度不超过1～3μm，干燥且吸水、吸油性强的白色无机盐粉末，如氧化镁、碳酸镁、氧化锌、氧化钛粉末等。在这种白色粉末中再加进少量的有机颜料或有机纤维素可以减小白色背景对黑光的反射，提高显示的对比度和清晰度。

（2）湿式显像剂　湿式显像剂有水悬浮型、水溶型、溶剂悬浮型和溶剂溶型四种类型。

1）水悬浮型湿式显像剂。干式显像剂加水按最佳比例配制成的悬浮液体称为水悬浮型湿式显像剂。配制比例通常为每升水中加入0.03～0.1kg显像粉末，再加入一定量的润湿剂、分散剂、抑制剂和防锈剂。这类显像剂的典型配方见表6-3。

表6-3　水悬浮型湿式显像剂的典型配方

配　方	比　例	作　用	配　方	比　例	作　用
氧化锌	6g	吸附剂	表面活性剂	0.01～0.1g	润湿剂
水	100mL	悬浮剂	糊精	0.5～0.7g	限制剂

2）水溶型湿式显像剂。将显像粉末溶解在水中制成的溶液称为水溶型湿式显像剂。这种显像剂克服了水悬浮型湿式显像剂容易沉淀和结块的缺点。水分蒸发后，水溶型湿式显像剂能形成一种与被检表面紧密贴合的白色显像剂薄膜，相比而言，比水悬浮型湿式显像剂更有利于缺陷的显示。检测以后，用水即可将这类显像剂薄膜去掉。

3）溶剂悬浮型湿式显像剂。用显像粉末与易挥发的有机溶剂配置而成的悬浮液称为溶剂悬浮型湿式显像剂。由于有机溶剂挥发快，因而这种显像剂又称为快干式显像剂（见表6-4）。快干式显像剂通常装在喷罐中与着色渗透剂配合使用。由于这种显像剂中溶剂的渗透力强，其挥发过程中能不断把缺陷中的渗透剂带到表面上来，又由于溶剂的挥发速度快，形成显示扩散小，轮廓清晰，因此其显像灵敏度较高。表6-4列出了一种快干式显像剂的配方。

快干式显像剂在制造厂配制成最佳浓度，装在压力喷灌中供用户使用。罐内通常装有一颗或几颗玻璃球供显像时搅拌显像剂。

表6-4　溶剂悬浮型湿式显像剂的典型配方

编　号	配　方	作　用	比　例	备　注
1	氧化锌 二甲苯 火棉胶（5%） 丙酮	吸附剂 悬浮剂 限制剂 稀释剂	5g/100mL 20% 70% 10%	喷涂时加入40～50mL丙酮稀释

（续）

编　号	配　方	作　用	比　例	备　注
2	氧化锌 丙酮 醋酸纤维素	吸附剂 悬浮剂 限制剂	5g/100mL 100% 1g/100mL	醋酸纤维素在丙酮中完全溶解后再加氧化锌
3	二氧化钛 丙酮 火棉胶（5%） 乙醇	吸附剂 悬浮剂 限制剂 稀释剂	5g/100mL 40% 45% 15%	

4）溶剂溶型湿式显像剂。将显像粉末溶解在有机溶剂中得到的显像剂称为溶剂溶型湿式显像剂。这种显像剂目前在实际渗透检测中还很少应用。

在渗透探伤中，渗透剂、去除剂和显像剂应选用同一制造厂生产的产品。这样的系列材料称为一个族组。只有同一族组的材料配合使用才能得到满意的检测效果。不同族组的材料混合使用有可能因发生化学反应而降低检测灵敏度。

能力知识点 2　渗透探伤的器材

一、便携式压力喷灌

在施工现场通常采用便携式压力喷灌对大型设备的焊缝作局部渗透检测。喷灌装置的结构如图 6-2 所示。密封罐内装有渗透剂、清洗剂和显像剂和能在常温下产生压力的气溶胶或雾化剂。当按下喷罐的喷嘴时，检测材料即呈雾状喷射到被检表面上形成液态薄膜。

压力喷灌一般放在便携箱内。着色便携箱中一般装有 4 罐溶剂清洗剂或着色去除剂；两罐着色渗透剂；两罐快干式显像剂及擦布和刷子若干。荧光便携箱内除装有数量相同的相应材料外，还装有一个便携式黑光灯和一个黑布斗篷。

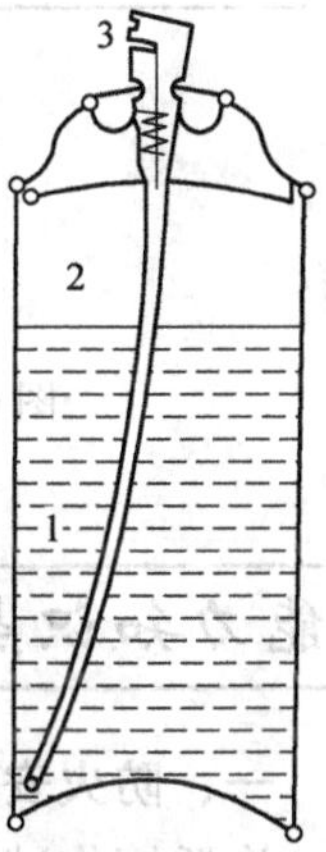

图 6-2　压力喷灌装置

1—检测材料（渗透剂、清洗剂或显像剂）

2—雾化剂

3—带弹簧的喷嘴

二、对比试块

在渗透探伤中使用对比试块的目的是检验在相同条件下，渗透检测材料的性能及显示缺陷迹痕的能力。

（1）镀铬对比试块　在尺寸为 100mm × 25mm × 4mm 的长方形 1Cr18Ni9Ti 或其他适当不锈钢材料的试块上先单面抛光后镀铬，铬层厚度约 25μm 左右，镀后退火。然后在试块的未镀面上用直径为 10mm 的钢球按布氏硬度法分别以 7350N、9800N、12250N 的载荷打三点硬度，在试块的镀层中形成三处辐射状裂纹，这即为镀铬对比试块（图 6-3）。用这种试块可测定渗透检测的灵敏度，用两块同样的试块可以比较两种渗透检测材料的性能。用照相方法记录下的标准的对比用检测材料在试块上的检测结果，可作为评价检测材料性能优劣和操作工艺是否正确的依据。

（2）铝合金对比试块　铝合金（2A12）对比试块的形状和尺寸如图 6-4 所示。试块中部带有天然的淬火裂纹。利用该试块的两个半面可以做外界影响因素的比较和规定条件下不同配方检测材料灵敏度的对比试验。

（3）带缺陷零部件　带已知缺陷的零部件也可以作为对比试块，但其表面结构、几何形状及材料性质均应与被检测的零部件相同，并具有典型的代表性。

一般情况下做过着色试验的对比试块不宜再作荧光渗透试验，反之亦然，以免残存的着色染料减小甚至淬灭荧光物质的发光亮度。

对比试块使用后必须彻底清洗。清洗后的试块上不应留有任何荧光或着色渗透剂迹痕。为防止对比试块污染，可将其浸泡在质量分数为 50% 的丙酮与质量分数为 50% 的另一种适当溶剂的混合液中，或用其他防污方法保存。

想一想　用哪种试块比较两种渗透探伤剂的灵敏度？

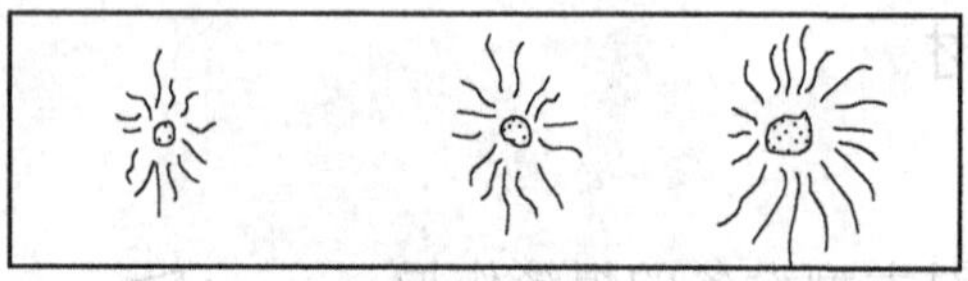

图 6-3　镀铬对比试块

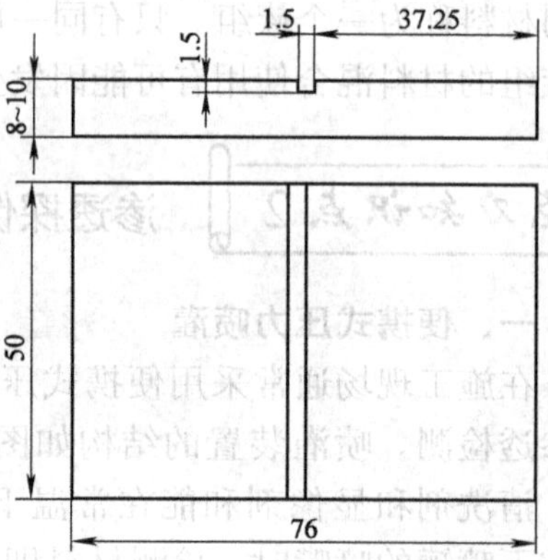

图 6-4　铝合金对比试块

能力知识点 3　安全卫生技术

一、防火安全

渗透探伤试验使用的探伤剂基本上都是油性的可燃性物质构成的，另外，也有像空气熔胶产品那样，充入的气体是液化石油气的强燃性物质，使用这样的探伤剂的时候，就像使用普通油类或溶剂是一样必须进行预防火灾的管理。

1）储装渗透探伤剂的容器应加盖，并且需要密封。

2）储存地点应尽量挑选冷暗处，并且避免烟火、热风、直射阳光等。

3）压力喷罐严禁在高温处存放，因为在高温时，罐内的压力将增大，有发生自燃爆炸的危险。

4）当环境温度较低时，压力喷罐内压力将降低，喷雾将减弱且不均匀。此时，可将其放入 30℃ 以下的温水中，待加热之后再使用。但绝不允许将压力喷罐直接放在火焰附近加温。

二、卫生安全

渗透探伤试验使用的探伤剂，本质是认为无害的，但是，直接将渗透液、清洗剂、显像剂等吸入体内或者是大量吸入上述雾状物的话，就会影响身心健康，特别是在密封容器内或者在室内探伤的时候，由于挥发性气体、毒性气体容易滞留，所以要充分换气，根据需要，还必须使用气体检测气来确认安全性，另外，探伤剂附着到皮肤上的时候或多或少皮肤会引起疹斑，为防止这种情况发生，使用橡胶手套为好。

显像剂中使用了很多金属酸化物的细粉末，在做试验的时候，细粉末就会飘散到空气中，因此，注意加强通风换气的同时，也要注意不要吸入太多这种细粉末。

综合知识模块三 渗透探伤的工艺

能力知识点1 渗透探伤方法的选择

不同的渗透剂适用于不同的检测对象和条件。如水洗型荧光渗透剂较适用于粗糙表面和形状复杂的工件，但其检测结果的重复显示性较差；后乳化型荧光渗透剂能检测出浅而宽的表面缺陷，检测结果的重复显示性好，但操作周期长，检测成本高，不适于大型工件的检验；溶剂去除型着色渗透剂操作方便，适合现场和大型设备的局部检验，但擦除多余渗透剂时容易将浅而宽缺陷中的渗透剂擦掉等。

除渗透剂外，根据检测对象和条件选择合适的显像方法也十分重要。干式显像剂不能有效的吸附在非常光滑的表面上，在这种情况下湿式显像的效果较好。反之在粗糙的表面上干式显像的效果较好。快干式显像剂可有效的显示细微的裂纹，但对浅而宽缺陷的显示效果则较差。

渗透探伤方法的选择指南见表6-5。具体应用时，还要根据被检对象的特点综合考虑。

表6-5 渗透探伤方法的优先选择指南

对象或条件		渗透剂	显像剂
被检工件	批量连续检验	FA，FB	W，D
	不定期检验及局部检验	FC，VC	S
工件的表面状态	表面粗糙的铸、锻件	FA，VA	D，W
	中等粗糙的精铸件	FA，FB	D
	车削加工表面	FA，FB，VC	S，D，W
	磨削加工表面	FB，VC	S
	螺纹、键槽等拐角处	FA，VA	D
	焊缝	FA，VA，FC，VC	D，S
设备条件	有场地、水、电、气、暗室	FA，FB	D，W
	无水、电、现场检验	VC	S
其他	要求重复检验	VC，FB	S，D
	泄漏检验	FA，FB	D，S

能力知识点2　渗透探伤的操作步骤

表6-1中所列方法使用的检测步骤见表6-6。由表6-6可见，渗透检测的基本过程是：前处理、渗透和用乳化、清洗或去除的方法去除多余的渗透剂、干燥、显像、观察及后处理。

小知识　对同一工件进行磁粉探伤以后再进行渗透探伤是不合适的。对渗透探伤来说，湿磁粉也是一种污染物，特别是在强磁场作用下，则是磁粉会紧密的堵塞住缺陷。而且，这些磁粉的去除是比较困难的，只有在充分退磁以后才能有效去除。因此，对于同一工件，如需同时进行磁粉探伤和渗透探伤，应先进行渗透探伤，然后再进行磁粉探伤。同样，如工件同时需要进行渗透探伤和超声波探伤，也应先进行渗透探伤，然后再进行超声波探伤。因为超声波探伤所用到的耦合剂，对渗透探伤来说，它也是一种污染物。

表6-6　检测步骤

所使用的渗透剂显像剂种类	方法代号	检测步骤									
		前处理	渗透	乳化	清洗	去除	干燥	显像	干燥	观察	后处理
水洗型荧光渗透剂——干式显像剂	FA—D	○	○		○		○	○		○	○
水洗型荧光渗透剂或水洗型着色渗透剂——湿式显像剂	FA—W VA—W	○	○		○			○	○	○	○
水洗型荧光渗透剂或水洗型着色渗透剂——快干式显像剂	FA—S VA—S	○	○		○		○	○		○	○
后乳化型荧光渗透剂——干式显像剂	FB—D	○	○	○	○		○	○		○	○
后乳化型荧光渗透剂——湿式显像剂	FB—W	○	○	○	○			○	○	○	○
后乳化型荧光渗透剂——快干式显像剂	FB—S	○	○	○	○		○	○		○	○
溶剂去除型荧光渗透剂——快干式显像剂	FC—D	○	○			○		○		○	○
溶剂去除型荧光渗透剂或溶剂去除型着色渗透剂——湿式显像剂	FC—W VC—W	○	○			○		○	○	○	○
溶剂去除型荧光渗透剂或溶剂去除型着色渗透剂——快干式显像剂	FC—S VC—S	○	○			○	○	○	○	○	○
后乳化型着色渗透剂——干式显像剂	VB—D	○	○	○	○		○	○		○	○
后乳化型着色渗透剂——湿式显像剂	VB—W	○	○	○	○			○	○	○	○
后乳化型着色渗透剂——快干式显像剂	VB—S	○	○	○	○		○	○		○	○

一、前处理

前处理是指渗透探伤前对被检表面所作的清理和预清洗。表面清理的目的是彻底清除妨碍渗透剂渗入缺陷的铁锈、氧化皮、飞溅物、焊渣及涂料等表面附着物，预清洗是为了取出残存在缺陷内的油污和水分。这些表面污物的存在对渗透检测有如下不良影响：

1）可能堵塞缺陷，使渗透剂难以渗进缺陷内部。

2）渗透剂与油污混合会降低缺陷显示的颜色强度或荧光亮度。

3）渗透剂易残留在氧化皮、焊渣或飞溅的表面附着物上，产生假缺陷显示。

根据表面附着物的种类、被检工件表面的污染程度及被检物材质的不同，可分别采用机械清理、溶剂（如酒精、丙酮、汽油、三氯乙烷等）清洗、三氯乙烯蒸气或水蒸气清洗、酸洗或碱洗等方法，但不允许采用喷砂、喷丸等可能堵塞缺陷开口的方法进行前处理。预清洗后，应注意让残留的溶剂、清洗剂和水分充分干燥。特别应予指出的是大部分渗透剂与水是不相溶的。缺陷处和缺陷中残留的水分将严重阻碍渗透剂的渗入，降低渗透探伤的灵敏度。

二、渗透

渗透是指在规定时间内，用浸、喷或刷涂等方法将渗透剂覆盖在被检工件表面上，并使其全部润湿。

从施加渗透剂到开始乳化或清洗操作之间的时间称为渗透时间。渗透时间的长短取决于渗透剂的种类、被检物形态、预测的缺陷与大小以及被检物和渗透剂的温度。在 10～50℃的温度范围内，JB/T 9218—1999《渗透探伤方法》标准规定最短渗透时间。在 5～10℃的温度范围内，应根据温度，适当增加渗透时间；温度超过 50℃或低于 5℃时，要根据渗透剂种类和被检物温度等因素另行考虑确定渗透时间。当采用溶剂去除型着色渗透剂检验焊缝质量时，渗透时间应控制在 10～20min 为宜，若采用水洗型荧光渗透剂，渗透时间则需适当延长。在这方面，渗透剂生产厂家推荐的渗透时间可以作为实际应用的参考。

三、去除表面上多余的渗透剂

去除多余渗透剂的方法与渗透剂有关。水洗型渗透剂可以用水清洗；后乳化型渗透剂乳化以后再用水清洗；溶剂去除型渗透剂应用溶剂清洗。这一过程的要求是从被检工件表面上去除掉所有的渗透剂，但又不能将已渗入缺陷的渗透剂清洗掉。

水洗型渗透剂本身含有乳化剂。用喷水法清洗时，水流方向应尽可能与被检工件表面平行。如无特殊规定，一般应控制其喷嘴水压不超过 0.34MPa，水温在 15～40℃之间。能得到合格背景的前提下，水洗时间越短越好。

想一想 去除渗透剂的基本要求是什么？去除时应注意什么？

后乳化型渗透剂本身不含乳化剂。去除时要先用喷洒、浇注等方法将乳化剂均匀的施加在被检工件表面的渗透剂上。从施加渗透剂到开始清洗的时间称为乳化时间。乳化时间的长短取决于乳化剂和渗透剂的性能及被检工件表面的粗糙度。对具体的被检对象，常需用试验确定最佳乳化时间。但原则上油基乳化剂的乳化时间应控制在 2min 以内；水基乳化剂的乳化时间应控制在5min以内。在低温条件下，乳化剂应加温后再使用。如无特殊规定情况下，乳化剂清洗的喷嘴水压也不应超过0.34MPa。

溶剂去除型渗透剂用蘸有溶剂（清洗剂）的布或绉纸擦除，这称为去除处理。操作时应先用布或绉纸粗擦一遍，擦掉大部分多余的渗透剂；在用无绒布浸渍少许溶剂擦几遍；最后用干净的布将被检工件表面擦干净。这一过程不宜过量使用清洗剂，也不得往复擦拭被检工件表面。

四、干燥

用湿式显像剂显像时，可不经干燥处理在水清洗或溶剂去除后的被检表面上直接覆盖显像剂，并使其迅速干燥形成显像剂薄膜。

用干式或快干式显像剂显像前，经溶剂去除后的被检工件表面可自然干燥或用布、纸擦干；经水清洗的被检工件表面应作温度不超过50℃的干燥处理。干燥温度过高可能会将缺陷中的渗透剂烘干，以至显像是不能将其被检工件表面上来，造成缺陷的漏检。干燥时间一般为5~10min。

五、显像

显像就是从缺陷中吸出渗透剂的过程。

荧光渗透检测一般采用干式显像。显像时用喷枪或静电喷粉法再经干燥处理后的被检工件表面上覆盖显像干粉，并保持一段时间。

用快干式显像剂显像时，一般用压力喷罐或刷涂法在经干燥处理后的被检工件表面上覆盖显像剂，显像剂要喷涂的薄而均匀，以略能看出被检工件表面为宜。喷涂后可让显像剂自然干燥或用低温空气吹干。

在经水清洗或溶剂去除处理后的被检工件表面上，可采用流涂或喷涂，但多数用浸涂方法直接覆盖湿式显像剂进行湿式显像，然后再用热空气将显像剂烘干。

在干式显像法中从施加显像剂到开始观察的时间；在湿式显像法中，从显像剂干燥到开始观察的时间称为显像时间。显像时间的长短取决于显像剂的种类、预测的缺陷种类和大小以及被检对象的温度等因素。通常采用的显像时间为10~15min。

在灵敏度要求不高的情况下，可以不使用显像剂，待缺陷中残存的渗透剂重新蔓延到工件表面上以后再进行检验（又称为自显像方法）。这种方法省去了显像操作而简化了检测工艺。在这种情况下为保证得到足够的检测灵敏度，可以采用高一等级的渗透剂和更强的黑光灯进行检验。

六、观察与后处理

施加显像剂后一般在7~30min内观察显示迹痕。

观察荧光渗透剂的显示迹痕前应先让眼睛有5min以上的时间适应暗室，被检工件表面上的荧光照度应大于50lx。观察着色渗透剂的显示迹痕时，可见光照度应在350lx以上。

显示迹痕有真缺陷显示和假缺陷显示之分。假缺陷显示有两类：一类为工件的加工工艺所固有，或由工件的结构外形所引起，还可能源于目测可以发现的如划伤、刻痕及飞溅等表面缺陷，这称为不相关显示；另一类源自于渗透剂污染，称为虚假显示。不相关显示源目视可见，容易辨别。用干净的布或棉球蘸一点酒精擦拭显示部位可以辨别虚假显示。如被擦去的是真缺陷显示，该显示还能再现。擦拭后在该部位撒上少许显像粉末还可以放大缺陷显示，提高微小缺陷显示的重现性。如被擦去的显示不再重现，则一般是虚假显示。

观察到缺陷迹痕后，可用照相、画示意图或描绘等方法记录。

记录下显示迹痕后，根据实际需要进行清除显像剂的操作称为渗透探伤的后处理。

综合知识模块四　缺陷的判别、分级与记录

能力知识点1　缺陷显示及判别

缺陷显示的分类一般实根据显示的形状、尺寸和分布状态进行的。渗透探伤的质量验收标准不同，对缺陷显示的分类也不尽相同。下列所述是常见的分类方法。

一、线状显示迹痕

线状显示指长度大于等于三倍宽度的显示迹痕，根据缺陷的形式不同，迹痕的形态也不同，通常反映的缺陷有裂纹、未熔合、分层、条状夹渣等；这些迹痕有可能表现为比较整齐的连续直线；在缺陷全部扩展到表面时，也可能为同一直线的延长线上断续显现；也有可能显现为参差不齐的、略微曲折的线段，或长宽比不大的不规则迹痕。

二、圆状显示迹痕

圆状显示迹痕指长度小于三倍宽度的迹痕，可能呈圆形、扁圆形或不规则形状。圆形显示迹痕通常由表面气孔、弧坑缩孔、点状夹渣等形成的缺陷而形成的。

根据痕迹形状判断缺陷类型在相当程度上依靠检验人员的经验，虽然有些一般规律可遵循，例如在检验焊缝时，根部未焊透常表现为连续或断续的直线段；裂纹则为宽度不大的不规则线段；条状夹渣则多为长宽比相对来说不大的不规则迹痕，表面气孔多呈圆形显示。这时就一般规律而言，较为准确的缺陷则还要根据显现的位置特征、材料的特征等因素综合判断。对缺陷深度的判断更为困难，对着色探伤则根据迹痕色彩的深浅大体定性的对比确定。

三、分散形和密集形的显示

在一定面积范围内，存在几个缺陷的显示，可认为是分散状的缺陷显示。如果缺陷显示中最短的显示长度小于2mm，而间距又大于显示迹痕时，则可看作是单独的缺陷显示；如间距小于显示迹痕时，则可看作是密集形的缺陷痕迹显示。

能力知识点2　缺陷显示的等级评定

一、总则

对确认为缺陷的显示，均应进行定位、定量及定性等评定，然后再根据引用的标准或技术文件，评定质量等级，作出合格与否的判定。

评定缺陷时，应严格按照标准或技术文件的要求进行。在定量评定时，要特别注意缺陷的显示尺寸和实际尺寸的区别。因为前者往往比后者大得多。

对明显超出质量验收标准的缺陷，可立即作出不合格的结论。对于那些缺陷尺寸接近质量验收标准的，需在白光下借助放大镜观察，测出缺陷的尺寸和定出缺陷的性质后，才能作出结论。超出质量验收标准而又允许打磨或补焊的工件，应在打磨后再次进行渗透检测，确认缺陷被打磨干净后，方可验收或补焊。

二、缺陷的分级

不同的技术标准对分级的划分不同，现介绍 JB/T 9218—1999《渗透探伤方法》和《压力容器着色探伤》两项标准的分级方法。

1. JB/T 9218—1999《渗透探伤方法》对缺陷显示迹痕的等级分类

该标准按缺陷显示不同分为线状显示、圆形显示和分散形显示。

线状显示和圆形显示的等级以及在 $2500mm^2$ 矩形面积（最大边长为 150mm）内长度超过 1mm 的分散形显示的等级按表 6-7 评定。

表 6-7 缺陷显示的等级评定 （单位：mm）

等级分类	线状和圆形缺陷显示迹痕长度	分散形缺陷显示迹痕的总长度（$2500mm^2$ 矩形面积内）
1 级	$1 \leqslant l \leqslant 2$	$2 \leqslant l < 4$
2 级	$2 \leqslant l < 4$	$4 \leqslant l < 8$
3 级	$4 \leqslant l < 8$	$8 \leqslant l < 16$
4 级	$8 \leqslant l < 16$	$16 \leqslant l < 32$
5 级	$16 \leqslant l < 32$	$32 \leqslant l < 64$
6 级	$32 \leqslant l < 64$	$64 \leqslant l < 128$
7 级	$l \geqslant 64$	$l \geqslant 128$

在判定迹痕时，如果有 2 个或 2 个以上缺陷显示迹痕大致在同一条连线上，同时间距又小于 2mm，则应看作是一个连续的线状缺陷显示迹痕，其长度为迹痕长度与间距之和。如果缺陷显示迹痕中最短的迹痕长度小于 2mm，而间距又大于显示迹痕时，则可看作是单个缺陷显示迹痕，间距小于显示迹痕时，则可看作是密集形缺陷显示迹痕。此时可按分散形缺陷显示迹痕确定总长度按表 6-7 定级。

2.《压力容器着色探伤》对缺陷显示迹痕的分级

这项标准对缺陷显示按线状和圆状各分为三级，各级允许存在的缺陷尺寸还与材料厚度有关，具体数值见表 6-8。需要指出的是表中所列数值均为缺陷实际尺寸，而不是缺陷显示迹痕的尺寸。

表 6-8 最大允许存在的缺陷尺寸 （单位：mm）

材料厚度	线状显示			圆形显示		
t	Ⅰ级	Ⅱ级	Ⅲ级	Ⅰ级	Ⅱ级	Ⅲ级
$t < 16$	0	≤1.6	≤2.4	0	≤3.2	≤4.8
$16 \leqslant t \leqslant 50$	0	≤1.6	≤3.2	0	≤4.8	≤6.4
$t > 50$	0	≤1.6	≤4.8	0		

凡是出现下列情况之一的均为不合格。

1）表面裂纹分层。

2）大于表中规定的单个缺陷。

3）在一条直线上有 4 个或 4 个以上间隙排列的缺陷显示，且每个缺陷之间的距离小于 2mm。

4）在任何一块 150mm × 25mm 表面上存在 10 个或 10 个以上的缺陷显示。

产品的合格级别由设计部门根据压力容器有关标准规范决定。

由于这是一项指导性标准，同时只适合于压力容器着色探伤，因此参考此标准时要注意适用范围。

能力知识点 3　渗透探伤报告和记录

进行渗透探伤时应做好记录。渗透检测完成后，应签发渗透检验报告。原始记录及检测报告一般应包括下述内容：

1）受检工件状态：包括工件名称、编号、形状和尺寸、表面粗糙度、材料牌号及热处理状态。

2）检查方法及条件：包括渗透液、乳化剂、显像剂及去除剂的种类及型号；渗透液、乳化剂、显像剂施加方法；渗透时间及温度；显像时间；清洗用的水压、水温；乳化时间、预清洗方法等。

3）检验标准、验收标准。

4）检测结论：包括缺陷名称、大小、合格与否的结论等（注明质量验收标准）。

5）示意图：包括检测部位、缺陷显示部位等。

6）其他：检验日期，检验人员签名、复核校对人员签名（注明人员资格）。

表 6-9 列出了一种渗透探伤报告的格式可供参考。

表 6-9　渗透探伤检验报告　　　　编号：

委托单位					
工件名称			工件规格		
材质		表面状况		探伤方法	
探伤部位		环境温度		观察方式	
渗透液型号		清洗剂型号		显像剂型号	
执行标准					
操作方法及参数	a. 前处理方法				
	b. 渗透方法及时间				
	c. 乳化方法及时间				
	d. 清洗方法				
	e. 干燥方法				
	f. 显像和观察时间				

（续）

序号	缺陷位置	缺陷长度/mm	序号	缺陷位置	缺陷长度/mm
结果					
探伤员			日期	年 月 日	
审核员			日期	年 月 日	

【综合训练】

一、判断题

1. 决定渗透液渗透能力的主要参数是粘度和密度。 （ ）

2. 一般说来，在渗透探伤中采用后乳化型荧光渗透法的灵敏度最高。 （ ）

3. 对较厚试件表面开口的细微裂纹，采用渗透检验法的可靠性优于射线照相检验法。 （ ）

4. 渗透探伤剂应配套使用，不同型号的渗透探伤剂不能混用。 （ ）

5. 渗透时间是指施加渗透剂到开始乳化处理或清洗处理之间的时间，但需减去排液（滴落）所需的时间。 （ ）

6. 在进行乳化或清洗处理时，被检物表面所附着的残余渗透剂的是否去除无关紧要。 （ ）

7. 当用溶剂去除型渗透剂时，在一般情况下都是将被检件浸于清洗剂中或用蘸有清洗剂的布对被检件进行往复擦拭，才便于将试件表面的渗透剂去除。 （ ）

8. 渗透探伤用溶液是易燃、微毒液体，操作时要严禁火种和采取必要的通风措施。 （ ）

9. 润湿能力是由液体分子间的引力与固体间的附着力大小来决定的。 （ ）

10. 着色渗透探伤是利用人眼在强烈白光下对颜色敏感的特点。 （ ）

11. 渗透探伤时最容易检出的缺陷是宽而浅的缺陷。 （ ）

12. 为了避免使用水洗型渗透剂时的过清洗，通常让冲水方向与工件表面垂直。 （ ）

13. 为显示细微裂纹，施加湿显像剂时，越厚越好。 （ ）

14. 显像时间不能太长，显像剂层不能太厚，否则缺陷显示会变得模糊。（ ）

15. 在被检工件上施加显像剂的目的是从缺陷中吸收渗透剂并提供背景反差。 （ ）

二、选择题

1. 渗透液的渗透性能是由其物理特性__________决定的。

a. 粘滞性　　b. 表面张力　　c. 润湿能力

2. 渗透剂渗入表面开口缺陷的原因是__________。

a. 渗透剂的粘性　　b. 毛细管作用

c. 渗透剂的化学性能　　d. 渗透剂的本身重量

3. 液体渗透探伤技术适用于检验非多孔性材料的__________。

a. 近表面缺陷　　b. 表面和近表面缺陷

c. 表面缺陷　　d. 内部缺陷

4. 一般说来，表面张力小的液体对固体表面的浸润作用__________。

a. 强　　b. 弱　　c. 无关　　d. 不能浸润

5. 用显像剂把渗入缺陷内的渗透液吸附出来的原理是基于__________。

a. 液体的表面张力　　b. 液体的毛细作用

c. 对固体表面的浸润　　d. 上述都是

6. 溶剂清洗型着色渗透探伤法的优点是__________。

a. 不需要特殊光源，现场操作方便

b. 适用于大型工件的探伤，不需要电源与水源

c. 具有较高的检测灵敏度，抗污能力强，适用于表面阳极电化及镀铬工件和维修时的渗透探伤

d. 上述都是

7. 着色探伤与荧光渗透探伤相比，其主要优点是__________。

a. 检测灵敏度高，易于检测小缺陷

b. 可用于阳极电化和镀铬处理表面的工件

c. 在粗糙表面上产生的背景色泽暗淡

d. 不需要任何特殊光源

8. 用着色探伤检查过的工件通常不再用荧光探伤复验，这是因为__________。

a. 显像剂残留在工件表面　　b. 两种渗透剂互不相容

c. 大多数着色染料会使荧光熄灭　　d. 显示难于解释

9. 渗透探伤容易检测的表面缺陷应有__________。

a. 较大的宽度　　b. 较大的深度

c. 较大的宽深比　　d. 较小的宽深比

10. 显像剂有助于发现着色渗透剂的检验痕迹是由于显像剂__________。

a. 提供了清洁的表面　　b. 提供了背景反差

c. 提供了干燥的表面　　d. 乳化了吸出的渗透液

三、问答题

1. 渗透探伤是如何分类的，各有什么特点？

2. 什么是去除剂？渗透探伤中常用那几种类型的去除剂？

3. 显像剂应具备哪些主要性能？

4. 工件表面的污染物对渗透检测有何影响？

5. 试分析用 VA—S 和 VC—S 方法检验焊缝表面质量的步骤？

6. 施加渗透液的基本要求是什么？渗透温度及渗透时间对渗透探伤有何影响？

7. 一般把缺陷显示分为几类？其规定如何？

8. 渗透检测记录和报告应包括哪些基本内容？

四、实践题

1. 训练目标：了解焊缝渗透检测的基本过程及注意问题。

2. 训练准备：

人员准备：每组10人左右，分成若干小组。

资料准备：制订着色渗透探伤的工艺。

3. 训练地点：实验室。

4. 训练办法：

根据所制订的渗透探伤工艺，对焊缝进行探伤操作。

第七单元　破坏性检验

【学习目标】　本单元主要介绍破坏性检验项目与特点、焊接接头力学性能、焊接金属的化学成分和焊接接头的金相组织检验。学习过程中，第一，要了解破坏性检验项目与特点，熟悉常规力学性能试验方法拉伸、冲击和弯曲试验；第二，要了解化学成分分析的应用场合和检验标准，熟悉金相检验的目的和应用。

焊接生产中的破坏性检验是指测定焊接接头及焊缝金属各种力学性能、工艺性能、化学成分及金相组织等检验项目。破坏性检验虽然不直接反映某具体产品上的焊接质量，但对产品设计、焊接材料的选用、焊接工艺的确定是否正确将起到验证性的作用。破坏性检验不仅应用与产品的生产环节，在生产准备阶段的焊接工艺评定及焊工操作技能考核方面亦有应用。

综合知识模块一　破坏性检验项目与特点

能力知识点1　破坏性检验项目

破坏性检验是从焊件或试件上切取试样，或以产品（或模拟体）的整体破坏做试验，以检验其各种力学性能、化学成分和金相组织等的试验方法。破坏性检验一般都不直接从交付使用的产品上制取测试用的试样，而是通过制备产品试板或模拟焊接生产条件制作其他试板，然后根据要求，从试板上切取和加工各种试样来测定所要求的检验项目。

常用破坏性检验项目有化学分析方法、力学性能试验、工艺性能试验、金相试验、腐蚀试验等。

（1）化学分析试验　各种钢材的化学成分分析、熔敷金属扩散氢的测定等。

（2）力学性能试验　主要有拉伸试验、冲击试验（主要有低温、常温两种）、硬度试验等。就检验对象而言，拉伸试验有焊接接头拉伸试验和熔敷金属拉伸试验两种；冲击试验有接头焊缝、熔合线和热影响区三种。

（3）工艺性能试验　材料工艺性能试验项目很多，在焊接生产中常用的有冷弯试验、压扁试验、扩口试验等。

（4）金相试验　包括宏观检验和微观检验。

（5）耐腐蚀试验　最典型的应用实例是奥氏体不锈钢焊接接头晶间腐蚀试验。

> **资料卡** 硬度试验用于评定焊接接头的硬化倾向，并可间接考核焊接接头的脆化程度。硬度试验可以测定焊接接头的洛氏、布氏和维氏硬度，以对比焊接接头各个区域性能上的差别，找出区域性偏析和近缝区的淬硬倾向。硬度试验也用于测定堆焊金属表面硬度。
>
> 焊接接头和堆焊金属硬度试验有关规定应按 GB/T 2654—2008《焊接接头硬度试验方法》的标准进行。

能力知识点 2 破坏性检验的特点

1. 破坏性检验的优点

1）往往能直接而又可靠地测量出产品使用情况的反应。

2）测定结果是定量的，这对设计与标准化工作来说通常是很有价值的。

3）通常不必凭着熟练的技术即可对试验结果作出说明。

4）试验结果与使用情况之间的关系往往是直接一致的，从而使观测人员之间对于试验结果的争论范围很小。

2. 破坏性检验的局限性

1）只能用于某一抽样，而且需要证明该抽样代表着一整批产品的情况。

2）试验过的零件不能再交付使用。

3）往往不能对同一件产品进行重复性试验，而且不同形式的试验也许要用不同的试样。

4）由于报废的损失很大，故广泛试验通常是不大合理的。

5）对材料成本或生产成本很高或对利用率有限的零件，可能不让试验。

6）不能直接测量运转使用期内的累计效应，只能根据用过不同时间的零件试验结果来加以推断。

7）对使用中的零件很难应用，往往都要中断其有效寿命。

8）试验用的试样，往往需要大量的机械加工或其他的制备工作。

9）投资及人力消耗往往很高。

> **想一想** 破坏性检验与非破坏性检验相比，有哪些不同之处？

另外，破坏性检验和具体的无损探伤检测方法相比，主要具有以下特点：

（1）检验过程周转环节多　例如焊接工艺评定、焊工技能考试产品焊接试板，都要先下任务，对试板进行焊接并作外观和射线试验；然后从试板上切取样胚，由样胚加工成各种试样，将各种试样分别进行试验，并填写试样报告单；最后将检验结果经相关责任人员审批后，再反馈给下达检验任务的单位。从这个过程可以看出，周转环节是很多的。

（2）有业务联系的职能部门多　以上述各种试板的检验为例，首先试板检验任务可能来自不同部门，如焊接工艺评定试板来自焊接责任工程师或焊接工艺科室；焊工考试试板受焊工考试委员会委托；产品焊接试板则来自生产车间产品检验科室。其次来自不同部门的试板在截取样胚后都要送到金工车间加工成符合要求的各种试样，然后才能送到理化检验室试验。还有来自材料供应部门下达的原材料和焊接材料的检验任务。总之破坏性检验可能涉及焊接生产质量保证体系中的许多职能部门，服务面广，业务关系要承上启下，发生联系的单位多。

（3）破坏性检验涉及的技术标准多　各个不同的检验项目都有各自不同的标准，其中取样方面的标准有：

GB/T 222—2006《钢的成品化学成分允许偏差》。

GB/T 2975—1998《钢及钢产品　力学性能试验取样位置及试样制备》。

GB/T 2649—1989《焊接接头机械性能试验取样方法》。

除以上取样方法标准外，GB 150 附录 G《产品焊接试板焊接接头的力学性能试验》、JB 4420—1989《锅炉焊接工艺评定》、JB 4708—2000《钢制压力容器焊接工艺评定》以及劳动部门 1988 年颁发的《锅炉压力容器焊工考试规则》等标准还规定了在试板上截取试样的部位和数量。GB/T 2653—2008《焊接接头弯曲试验方法》。

此外，还有大量的试验方法标准，其中有关力学性能方面的试验方法有：

GB/T 228—2002《金属材料室温拉伸试验方法》。

GB/T 229—2007《金属夏比摆锤冲击试验方法》。

GB/T 232—1999《金属材料弯曲试验方法》。

对于焊接接头和焊缝另有一套试验方法标准，其中主要有：

GB/T 2650—2008《焊接接头冲击试验方法》。

GB/T 2651—2008《焊接接头拉伸试验方法》。

GB/T 2652—2008《焊缝及熔敷金属拉伸试验方法》。

GB/T 2653—2008《焊接接头弯曲试验方法》。

GB/T 2654—2008《焊接接头硬度试验方法》。

GB/T 2655—1989《焊接接头应变时效敏感性试验方法》。

GB/T 2656—1981《焊接接头及焊缝金属的疲劳试验方法》。

> **小知识**　《中华人民共和国标准化法》将标准划分为国家标准、行业标准、地方标准和企业标准等 4 个层次。国家标准是在全国范围内统一的技术要求，由国务院标准化行政主管部门编制计划和组织草拟，并统一审批、编号、发布。国家标准的代号为“GB”，其含义是“国标”两个字汉语拼音的第一个字母“G”和“B”的组合。
>
> 强制性标准是由法律规定必须遵照执行的标准。强制性标准以外的标准是推荐性标准，又叫非强制性标准。推荐性国家标准的代号为“GB/T”，强制性国家标准的代号为“GB”。行业标准中的推荐性标准也是在行业标准代号后加个“T”字，如“JB/T”即机械行业推荐性标准，不加“T”字即为强制性行业标准。

能力知识点 3　破坏性检验管理工作的要求

由于破坏性试验的周转环节多，涉及许多不同部门，且在具体检验工作中要遵循很多技术标准，从而给破坏性检验的管理工作增加了难度。为了有条不紊地开展检验工作，在此特别强调以下几点要求：

1）必须建立能有效执行的岗位责任制度。

2）严格按规定的流程运转。

3）试验委托单填写项目要清晰、完整、签交转移手续要齐全。

4）加强对试样切取部分及尺寸精度要求与形位公差的检查与检验。

5）实物与委托单上必须有标记，在加工流转过程中坚持标记移植制度，试件转移交接过程应有检验人员在场确认。

综合知识模块二　焊接接头力学性能试验

能力知识点1　力学性能试验的注意事项

为了使测试数据能更真实的反映材料或焊接接头的力学性能，试验结果能有良好的代表性，在进行力学性能试验时，应特别注意以下几个问题：

1）试板和试样的取样部位必须符合规定，为各种不同目的所截取的试样都有一定的取样部位的规定，例如钢板复验用的试板，对纵轧钢板，必须在距边缘为宽度1/4处取样胚，如图7-1所示。又如焊接接头的冲击试样，其缺口轴线应当垂直于焊缝表面。总之，各种试板、试样的取样部位和方向在相关标准中均有明确规定，取样工作应严格按规定执行，否则就失去了试验的代表性。

2）试验的实物及委托单上必须有标记，委托单要随实物一起流转。标记方法由企业自行规定，但标记的部位不应在实验面上，要易于辨认识别，如缺少标记及实物与委托单上的标记混淆，则所测试的结果同样也失去了代表性。

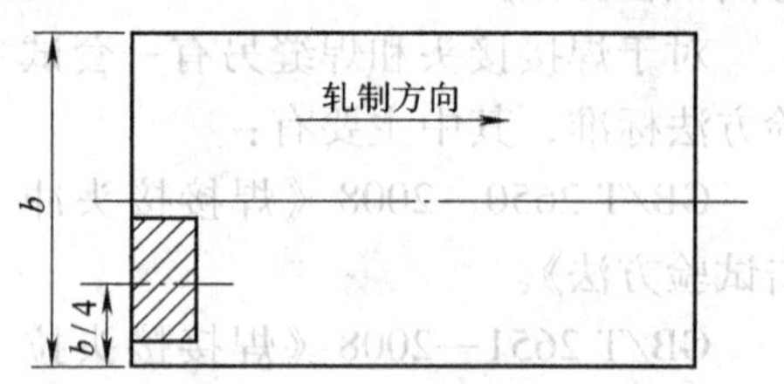

图7-1　钢板取样部位示意图

3）必须保证试样加工符合规定的精度和形位公差。各种试样都有具体规定，例如V形缺口比U形缺口的冲击试样对表面粗糙度的要求就高一些。

4）试验所使用的仪器设备必须状态良好，计量刻度数据显示准确可靠，误差符合规定，因为试验数据需通过试验设备上的读数来反映，它决定着数据的可靠性与准确性，故设备的使用状况也是很重要的。

能力知识点2　拉伸试验

拉伸试验用于评定焊缝或焊接接头的强度和塑性性能。抗拉强度和屈服强度的差值（$\sigma_b - \sigma_s$）能定性说明焊缝或焊接接头的塑性储备量。伸长率δ（%）和断面收缩率Ψ（%）的比较可以看出塑性变形的不均匀程度，能定性说明焊缝金属的偏析和组织不均匀性，以及焊接接头各区域的性能差别。

1．焊接接头的拉伸试验

焊接接头的拉伸试验应按 GB/T 2651—2008《焊接接头拉伸试验方法》标准进行，以测定接头的抗拉强度和抗剪负荷。

由于试验的对象不同，拉伸试验试样的形式也不同。拉伸试样有板状、整管和圆形试样三种。板件和板件的对接焊缝试样应为板状；大直径管材和其对接接头的试样则从管子上切取一部分作试样，故横截面呈圆弧状；小直径管子则可直接用整根管子作试样。如图 7-2 所示。

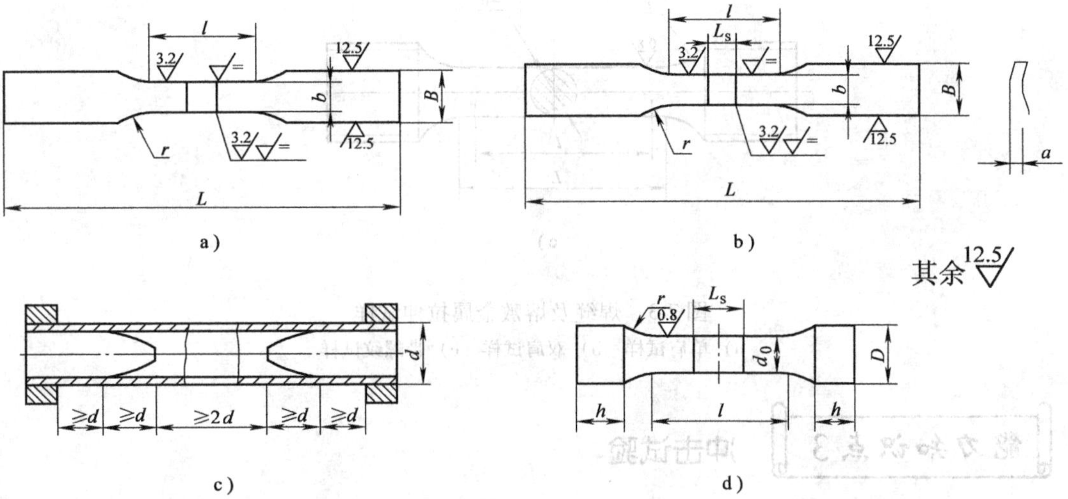

图 7-2　拉伸试样

a）板接头板状试样　b）管接头板状试样　c）整管形试样　d）圆形试样

2．焊缝及熔敷金属的拉伸试验

焊缝及熔敷金属的拉伸试验应按 GB/T 2652—2008《焊缝及熔敷金属拉伸试验方法》标准进行，以测定其拉伸强度（σ_b 和 σ_s）以及塑性（δ 和 Ψ）。

焊缝及熔敷金属的塑性指标包括伸长率 δ 和断面收缩率 Ψ，δ 的数值大小分别可以按式（7-1）进行计算。

$$\delta = \frac{L_k - L_0}{L_0} = \frac{\Delta L}{L_0} \times 100\% \quad (7\text{-}1)$$

式中　L_k——试样拉断后对接起来所测得缩颈处最小面积（mm^2）；

A_0——试样原始横截面积（mm^2）；

ΔL——试样的绝对缩小面积（mm^2）。

小知识　强度是指材料抵抗塑性变形和断裂的能力。强度指标主要有屈服点、规定残余伸长应力、抗拉强度等。

塑性是材料在静载荷作用下产生塑性变形而不破坏的能力。评定材料塑性的指标是断后伸长率和断面收缩率。

焊缝及熔敷金属拉伸试样的受试部分必须是焊缝或熔敷金属，试样的夹持部分允许有未经加工的焊缝表面或母材。试样分有单肩、双肩和带螺纹试样三种，如图 7-3 所示。

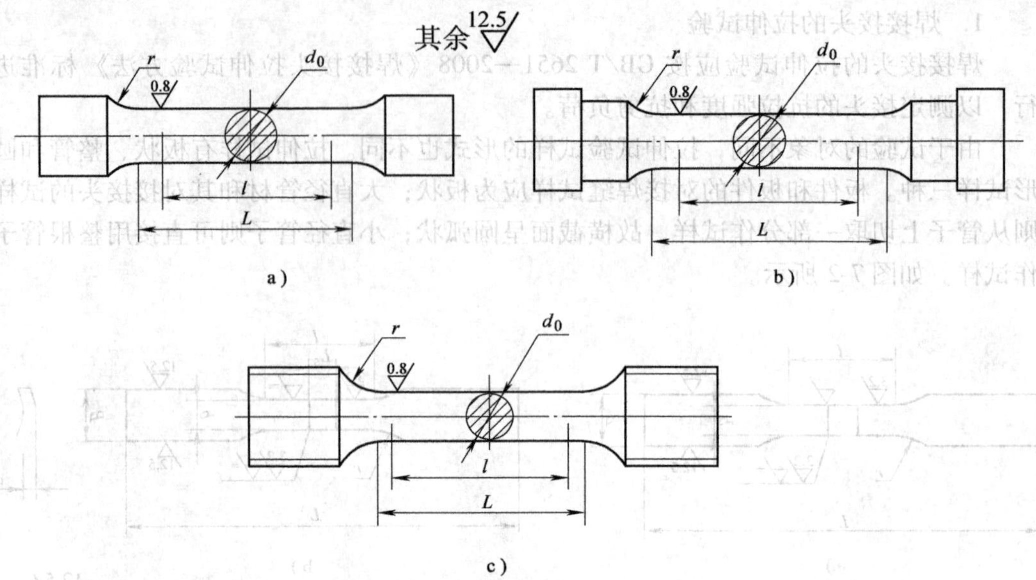

图 7-3　焊缝及熔敷金属拉伸试样
a）单肩试样　b）双肩试样　c）带螺纹试样

能力知识点 3　冲击试验

冲击试验用于评定焊缝金属和焊接接头的韧性和缺口敏感性。根据需要可以作常温冲击、低温冲击和高温冲击试验，后两种试验需把冲击试样冷却或加热至规定温度下进行。冲击试样的断口情况对接头是否处于脆性状态的判断很重要，常常被用于宏观和微观断口分析。

1. 常温冲击试验

焊接接头的常温冲击试验可按 GB/T 2650—2008《焊接接头冲击试验方法》进行。以测定接头焊缝、熔合线和热影响区的冲击吸收功（A_K）。试验结果用冲击吸收功 A_{KV} 和 A_{KU} 表示，单位为 J，也可以用冲击韧度 a_{KV} 和 a_{KU} 表示，单位为 J/cm^2。

> **资料卡**　断口分析在焊接检验中主要是了解断口的组成，断裂的性质（塑性或脆性）及断裂的类型（晶间、穿晶或复合）、组织与缺欠及其对断裂的影响等。断口来源于冲击、拉伸、疲劳等试样的断口和折断试验法的断口；此外是破裂、失效的断口等。
>
> 断口分析一般包括宏观分析和微观分析两方面。前者指用肉眼或 20 倍以下的放大镜分析断口；后者指用光学显微镜或电子显微镜研究断口。

（1）焊接接头冲击试样　焊接接头冲击试样有标准 V 形缺口、辅助 U 形缺口和辅助小尺寸试样三种。一般情况下，采用标准 V 形缺口试样，如图 7-4 所示。

试样的 V 形缺口应开在焊接接头最薄弱区，如熔合区、过热区、焊缝根部等。缺口表面粗糙度、加工方法等对冲击值均有影响。缺口加工应采用成形刀具，以获得真实的冲击值。V 形缺口冲击试验应在专门的试验机上进行。

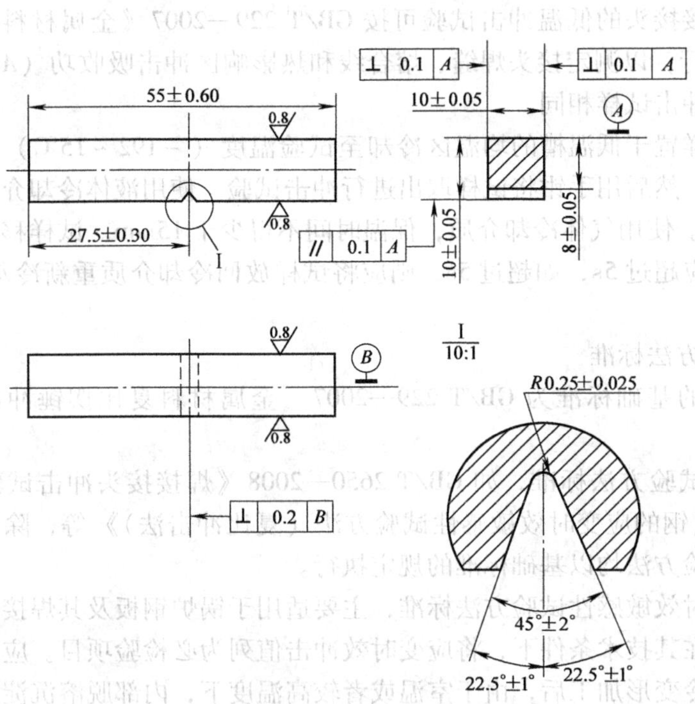

图 7-4 冲击试样的 V 形缺口形式

（2）焊接接头冲击试样的截取和缺口方位 试样在焊接试板中的方位和缺口位置，如图 7-5 所示，所开缺口的轴线应垂直于焊缝表面。

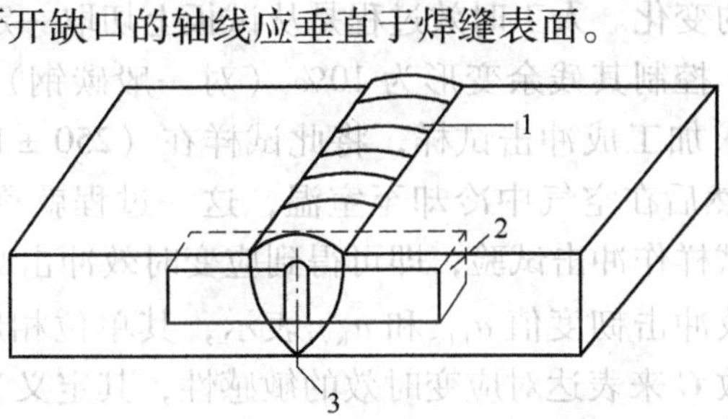

图 7-5 冲击试样在试板中的方位

1—焊缝表面 2—冲击试样 3—试样缺口

试样的焊缝、熔合线和热影响区的缺口位置如图 7-6 所示。为了能准确地将缺口开在应开位置，在开缺口前，应用腐蚀剂腐蚀试样，在清楚显示接头各区域后按要求划线。

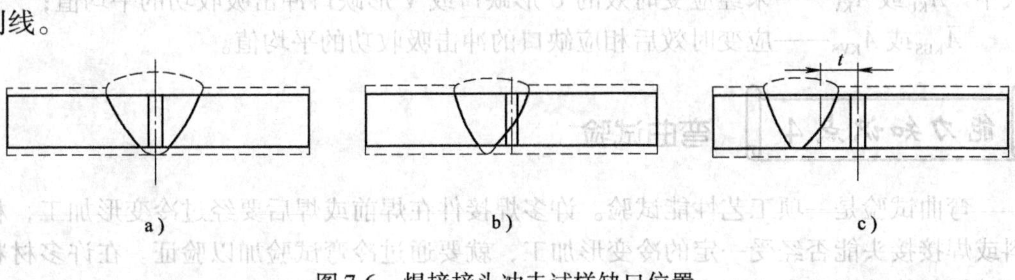

图 7-6 焊接接头冲击试样缺口位置

2. 焊接接头的低温冲击试验

熔焊和压焊对接接头的低温冲击试验可按 GB/T 229—2007《金属材料夏比摆锤冲击试验方法》进行，以测定接头焊缝、熔合线和热影响区冲击吸收功（A_K）。试样形状、尺寸与常温冲击试样相同。

试验时，将试样置于低温槽的均温区冷却至试验温度（-192～15℃）后，保温足够长的一段时间，然后用手钳将试样取出进行冲击试验。使用液体冷却介质，保温时间不得少于5min。使用气体冷却介质，保温时间不得少于15min。试样移出冷却介质至打断的时间不应超过5s，如超过5s，则应将试样放回冷却介质重新冷却、保温，再进行试验。

3. 冲击试验的方法标准

冲击试验方法的基础标准为 GB/T 229—2007《金属材料夏比摆锤冲击试验方法》。

其他一些冲击试验方法标准，如 GB/T 2650—2008《焊接接头冲击试验方法》、GB/T 4160—2004《钢的应变时效敏感性试验方法（夏比冲击法）》等，除规定自身有特别要求外，试验方法均以基础标准的规定执行。

上述两项关于时效敏感性试验方法标准，主要适用于锅炉钢板及其焊接接头的检验，因为这类钢材在其技术条件下，将应变时效冲击值列为必检验项目。应变时效是当金属及其合金在冷变形加工后，由于室温或者较高温度下，内部脱溶沉淀过程而引起材料强度和硬度提高，塑性和韧性随时间延长而降低的现象，此时金属的显微组织并无明显改变。材料的应变时效倾向就是通过人工时效后的冲击试样作试验，以检验时效前后冲击韧度值的变化。人工时效过程是从试板上切取一定尺寸的样胚，在拉伸试验机上将样胚拉伸，控制其残余变形为10%（对一般碳钢）或5%（对合金钢），经应变的样胚再按要求加工成冲击试样，将此试样在（250±10）℃下均匀加热，并在该温度下保温1h，然后在空气中冷却至室温，这一过程就称为冲击试样的人工时效。经这样处理后的试样作冲击试验，即可得到应变时效冲击吸收功，以 A_{KUS} 或 A_{KVS} 表示，或者以应变时效冲击韧度值 a_{KUS} 和 a_{KVS} 表示，其单位相应用 J 或 J/cm^2。也可以用应变时效敏感系数 C 来表达对应变时效的敏感性，其定义为：

$$C_U = \frac{\bar{A}_{KU} + \bar{A}_{KUS}}{\bar{A}_{KU}} \times 100\% \tag{7-2}$$

或

$$C_V = \frac{\bar{A}_{KV} - \bar{A}_{KVS}}{\bar{A}_{KV}} \times 100\%$$

式中 $\bar{A}_{KU}$ 或 $\bar{A}_{KV}$——未经应变时效的 U 形缺口或 V 形缺口冲击吸收功的平均值；

$\bar{A}_{KUS}$ 或 $\bar{A}_{KVS}$——应变时效后相应缺口的冲击吸收功的平均值。

能力知识点 4 弯曲试验

弯曲试验是一项工艺性能试验。许多焊接件在焊前或焊后要经过冷变形加工，材料或焊接接头能否经受一定的冷变形加工，就要通过冷弯试验加以验证。在许多材料与试板的检验项目中都列有冷弯试验。通过冷弯试验，可检验材料或焊接接头受拉面上的塑性变形能力及缺陷的显示能力。弯曲试验应按 GB/T 2653—2008《焊接接头弯曲试验方法》的有关规定进行。

1. 焊接接头弯曲试验分类

熔焊和压焊对接接头的弯曲试验分为横弯、纵弯和横向侧弯三种。

（1）横弯试验　焊缝轴线与试样纵轴垂直时的弯曲试验。

（2）纵弯试验　焊缝轴线与试样纵轴平行时的弯曲试验。

（3）横向侧弯试验　试样受拉面为焊缝纵剖面时的弯曲试验。侧弯试验能评定焊缝与母材之间的结合强度、双金属焊接接头过渡层及异种钢接头的脆性、多层焊的层间缺陷等。

接头的横弯和纵弯还分有正弯和背弯。所谓正弯是试样受拉面为焊缝正面的弯曲。对于双面不对称焊缝，正弯试样的受拉面为焊缝最大宽度面；双面对称焊焊缝，则先焊面为正面。所谓背弯则是试样受拉面为焊缝背面的弯曲。

试验过程是将按规定制作的试样支持在压力机或万能材料试验机上，如图 7-7 所示。在规定的支点间距上用一定直径的弯心对试样施力，使其弯曲到规定的角度 α，如图 7-8 所示。然后卸除试验力，检查试样承受冷变形能力。在钢板的检验中，弯心直径 d 常见的有 $2a$、$2.5a$、$3a$（a 为试样厚度）。弯曲角度 α 通常规定为 180°，对某些塑性低的高强度钢也有小于 180°的情况，以钢材标准的规定为准。对焊接接头的弯曲试验要求见表 7-1。

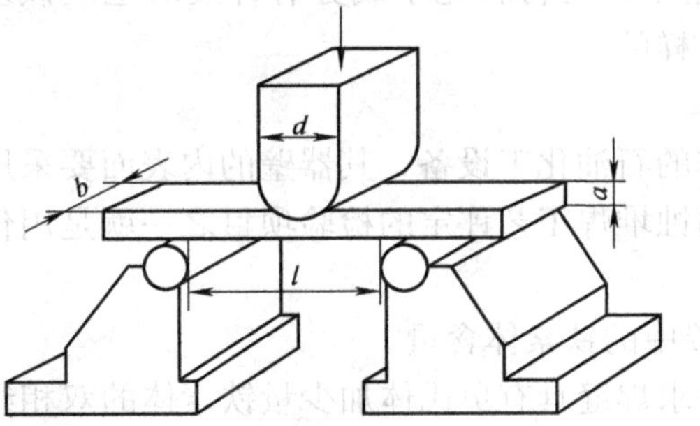

图 7-7　冷弯试验装置示意图

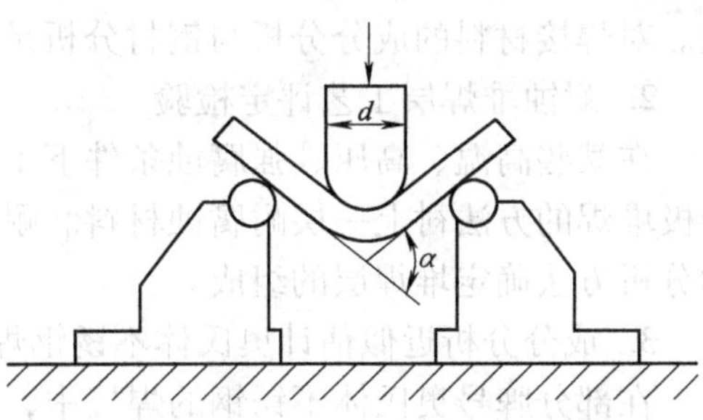

图 7-8　冷弯试验弯曲角度

表 7-1　焊接接头弯曲试验要求

钢　种		弯心直径/mm	支座间距/mm	弯曲角度 α
单面焊	碳素钢、奥氏体钢	$3a$	$5.2a$	180°
	其他低合金钢、合金钢			100°
双面焊	碳素钢、奥氏体钢	$3a$	$5.2a$	90°
	其他低合金钢、合金钢			50°
复合板或堆焊层		$4a$	$6.2a$	180°

注：a——试样厚度。

试样冷弯到规定角度后，其受拉面不得有横向长度（沿试样宽度方向）大于 5mm 的裂纹或缺陷、或纵向长度（沿试样长度方向）大于 3mm 的裂纹或缺陷。也可以根据产品技术条件确定合格指标。

综合知识模块三　焊接金属化学分析

能力知识点1　化学分析方法及其应用

一、化学成分分析

化学成分分析主要是对焊缝金属进行，可分为定量分析与定性分析。定性分析是指分析金属材料中含有哪几种不同的化学成分，而定量分析是指检验材料所含之各种元素分量。

化学成分分析的关键是从焊缝金属中钻取试样，除应注意试样不得氧化和沾染油污外，还应注意取样部位在焊缝中所处的位置和层次。不同层次的焊缝金属受母材的稀释作用不同。一般以多层焊或多层堆焊的第三层以上的成分作为熔敷金属的成分。主要应用于以下场合：

1. 原材料及焊接材料的复检

在《压力容器安全技术监察规程》中有这样的规定："用于制造第三类压力容器的材料必须复检。复检内容至少应包括每批材料的力学性能和弯曲性能、每个炉号的化学成分。"这个规定说明在上述情况下，材料的化学成分是必须复检的项目。第一、二类容器所用材料，《规程》还规定当制造单位对材料化学成分有怀疑时也应该复检。对焊接材料的成分分析与钢材分析是一样的。

2. 耐蚀堆焊层工艺评定检验

在某些高温、高压、强腐蚀条件下工作的石油化工设备，其器壁的内表面要采用带极堆焊的方法衬上一层耐腐蚀材料。耐腐蚀堆焊工艺评定的检验项目之一就是用化学分析方法确定堆焊层的组成。

3. 成分分析近似估计奥氏体不锈钢焊缝中的铁素体含量

在部分牌号奥氏体不锈钢的焊接中，要求焊缝具有奥氏体加少量铁素体的双相组织，其中铁素体的体积分数在3%～8%较为适宜，具有这种组织状态的不锈钢，除保持良好的耐腐蚀性外，还有较好的抗热裂性。我们知道，奥氏体不锈钢中，镍是促进其形成奥氏体的元素，铬是促使形成铁素体的元素，其他元素则有促成奥氏体的，也有促成铁素体的，将其含量换成相当于镍或铬含量的百分数，可确定出镍当量和铬当量，利用舍夫勒图（图7-9），即可通过奥氏体不锈钢及其焊缝中的成分确定出铁素体含量，这一方法较为快捷、方便，其准确性在工程上是实用的，这对于奥氏体不锈钢与其他钢号的异种钢焊接应用更多。

4. 用于缺陷原因分析仲裁

焊接结构如发生一些不允许存在或超过质量要求的缺陷，特别是存在任何形式的裂纹，就要查找产生裂纹和致裂的原因。产生某种缺陷的原因是多种多样的，从外因应分析工艺、操作、设备和环境诸方面的因素；从内因分析则可能是材料本身，包括母材和填充金属存在某种问题。一旦出现质量问题，就要从多方面分析查找，材料方面就可以从成分分析着手，这也是生产实际中可能应用的一个方面。

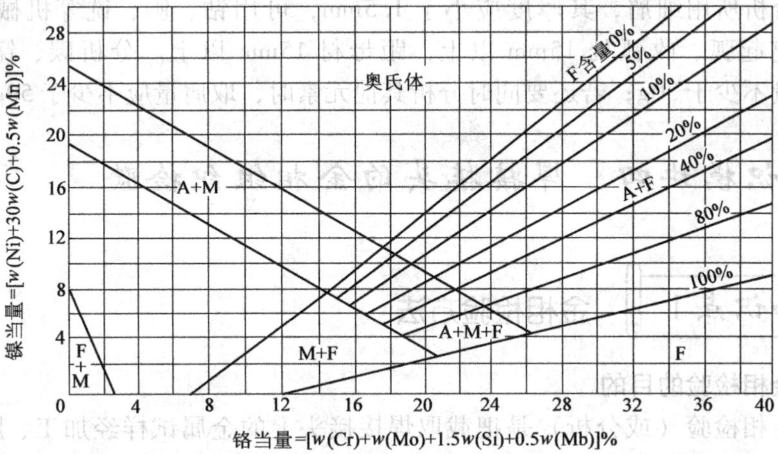

图7-9　舍夫勒图

二、扩散氢的测定

对碳钢及合金钢进行焊接时其焊缝中若含有氢气，会造成氢致裂纹和白点等缺欠，故扩散氢的测定试验极为重要。熔敷金属中扩散氢的测定有45℃甘油法、水银法和色谱法三种。目前多用甘油法，按GB/T 3965—1995(《熔敷金属中扩散氢测定方法》)规定进行。但甘油法测定精度较差，正逐步被色谱法所代替。水银法因污染问题而极少应用。

三、腐蚀试验

焊缝金属和焊接接头的腐蚀破坏有总体腐蚀、晶间腐蚀、刀状腐蚀、点腐蚀、应力腐蚀、海水腐蚀、气体腐蚀和腐蚀疲劳等。其中以固溶态奥氏体不锈钢经焊接或成形加工后，晶间腐蚀倾向大。晶间腐蚀倾向的评定方法各不相同，如有草酸电解法、硫酸—硫酸铜试验法等。另外，不锈钢点蚀电位测量方法按国家标准GB/T 4334系列进行；缝隙腐蚀试验按GB/T 10127—2002《不锈钢三氯化铁缝隙腐蚀试验方法》进行；应力腐蚀试验方法有常规力学法和断裂力学法。

想一想　焊缝中的含氢量过高时，对焊缝性能带来哪些影响？

能力知识点2　化学成分分析依据的标准

由于生产中大量使用的是各种钢材，这里所引用的标准也是钢铁分析所依据的标准。

1）GB/T 222—2006《钢的化学成分允许偏差》为了使所采试样有代表性，该标准对取样作出了各种具体规定。

2）GB/T 223《钢铁及合金化学分析方法》系列是一套用于分析钢铁及合金化学成分的方法标准，这项标准包括30多个分标准，每一项分标准规定一种元素的分析方法。碳、硅、锰、磷、硫是钢材的必验元素，所以按相应序号的分标准所规定的方法进行分析就可以了。

化学分析所用细屑，其厚度应小于1.5mm，可用钻、刨、铣等机械方法获得。取样区应离起弧、收弧处15mm以上，距母材15mm以上。分析碳、锰、硅、硫、磷，取屑量不少于30g；若还要同时分析其他元素时，取屑量应不少于50g。

综合知识模块四　焊接接头的金相组织检验

能力知识点1　金相检验方法

一、金相检验的目的

焊接金相检验（或分析）是把截取焊接接头上的金属试样经加工、磨光、抛光和选用适当的方法显示其组织后，用肉眼或在显微镜下进行组织观察，并根据焊接冶金、焊接工艺、金属相图与相变原理和有关技术文件，对照相应的标准和图谱，定性或定量地分析接头的组织形貌特征，从而判断焊接接头的质量和性能，查找接头产生缺欠或断裂的原因，以及与焊接方法或焊接工艺之间的关系。金相分析包括光学金相分析和电子金相分析，光学金相分析又包括宏观分析和显微分析两种。

1. 宏观组织检验

宏观组织检验亦称低倍检验，直接用肉眼或通过20~30倍以下的放大镜来检查经浸蚀或不经浸蚀的金属截面，以确定其宏观组织及缺陷类型。能在一个很大的视域范围内，对材料的不均匀性、宏观组织缺欠的分布和类别等进行检测和评定。

对于焊接接头主要观察焊缝一次结晶的方向、大小、熔池的形状和尺寸，各种焊接缺陷如夹杂物、裂纹、未焊透、未熔合、气孔、焊道成形不良等，焊层断面形态、焊接熔合线、焊接接头各区域（包括热影响区）的界限尺寸等。

2. 显微组织检验

利用光学显微镜（放大倍数在50~2000之间）检查焊接接头各区域的微观组织、偏析和分布。通过微观组织分析，研究母材、焊接材料与焊接工艺存在的问题及解决的途径。例如，对焊接热影响区中过热区组织形态和各组织百分数相对量的检查，可以估计出过热区的性能，并可根据过热区组织情况来决定对焊接工艺的调整，或者评价材料的焊接性等。

> **资料卡**　焊缝的显微组织分析包括焊缝铸态一次结晶组织和二次固态相变组织分析。
>
> 1）一次结晶组织分析是针对熔池液态金属经成核、长大，即结晶后的高温组织进行分析。一次晶常表现为各种形态的柱状晶组织。一般情况下，柱状晶越粗大，杂质偏析越严重，焊缝的力学性能越差，裂纹倾向越大。
>
> 2）二次固态相变组织分析是针对高温奥氏体经连续冷却相变后，在室温下的固态相变组织进行分析。二次组织对焊缝力学性能，裂纹倾向有直接的影响。分析焊缝的一次晶和二次固态相变组织是认识焊缝的两个重要方面。

二、金相试样的制备

1. 试样的截取

一般情况下，焊接接头的金相试样应包括焊缝、热影响区和母材三个部分。试样的形状和大小没有统一的规定，它们的选取仅从便于金相分析和保持试样上储存尽可能多的信息两方面考虑。金相试样不论是在试板上还是直接在焊接结构件上取样，都要保证取样过程不能有任何变形、受热和使接头内部缺陷扩展和失真的情况，这是接头金相试样取样的主要原则，是确保金相分析结果准确、可靠的重要条件。

2. 试样的夹持与镶嵌

1）试样的夹持对于很小、很薄或形状特殊的焊接件，取金相试样并不困难，但制作金相试样却不容易。对于太薄、太小难以磨制的试样，可采用机械夹持的办法，如图 7-10 所示。

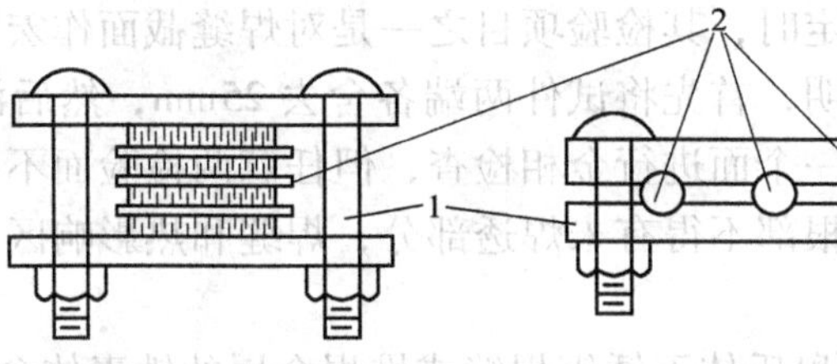

图 7-10　夹持试样
1—夹具体　2—试样

2）试样的镶嵌对于易变形、不利于加工处理或本身不易夹持的试样，可采用镶嵌的办法。镶嵌分为冷镶嵌和热镶嵌两种。

冷镶嵌是指在室温下使镶嵌料固化的镶嵌，它一般适合于不宜受压的软材料或组织对温度变化非常敏感以及熔点较低的材料。

热镶嵌是把试样和镶嵌料一块放在钢模内加热加压，冷却后脱模而成。

3. 试样的磨制和抛光

（1）试样的磨制　磨制的目的是得到一个平整的磨面。磨制分为粗磨和细磨二步。粗磨可在砂轮机上进行，也可在预磨机上进行；细磨可在预磨机上进行，也可直接在金相砂纸上磨制。

（2）试样的抛光　抛光的目的是把磨面上经磨制后仍留有的极细磨痕去除。抛光分有机械抛光、电解抛光和化学抛光三种。

1）机械抛光在抛光机上进行。原理是靠抛光粉的磨削、滚压作用把磨面抛光。

2）电解抛光是靠电化学作用使磨面平整光洁。在一定的电解条件下，磨面微凸部分的溶解要比凹陷处来得快，这样就逐渐使磨面由粗糙变为平坦光亮。这种抛光形式又因机械力的作用，而引起的磨面金属变形或流动，所以比较适合于较软金属的抛光。

3）化学抛光其实质与电解抛光类似，利用化学药品对磨面金属不均匀的溶解使磨面平整光亮。化学抛光有时又称为化学光亮处理。

4. 试样的显示

显示焊接接头金相组织的方法有化学试剂显示法和电解浸蚀剂显示法两种。

1）化学试剂显示法中现有的化学试剂已有数百种之多，可分为酸类、碱类和盐类，其中酸类用的较多，如硝酸和苦味酸常用来浸蚀普通低碳钢和低合金钢。原理是通过化学浸蚀剂的氧化作用，使磨面的不同相受到不同程度的氧化溶解，因而造成磨面凸凹不平，这就导致对入射光形成不同的反差，达到显示显微组织的目的。

2）电解浸蚀剂显示法其原理与电解抛光相似，由于金属各相之间，晶粒与晶界之间的析出电位不同，在微弱电流作用下浸蚀的深浅不一样，从而显示出组织形貌。这种方法主要用于不锈钢、耐热钢、镍基合金等化学稳定性较好的一些合金。

能力知识点2 金相检验的应用

1. 角焊缝工艺评定中的宏观金相检验

在对角焊缝做工艺评定时，其检验项目之一是对焊缝截面作宏观金相检验。现以板材的角焊缝为例进行说明，首先将试件两端各舍去25mm，然后沿试件横向等分切取5个试样，每块试样取一个面进行金相检查，但任意两检验面不得为同一切口的两个侧面，经检查后，焊缝根部不得有未焊透部分，焊缝和热影响区不得有裂纹和未熔合。

2. 测定焊后状态铬镍奥氏体不锈钢焊缝或堆焊金属的铁素体含量

奥氏体不锈钢的焊接或耐腐蚀层的堆焊，常要求控制铁素体含量，以保证焊缝金属及堆焊层的抗热裂性。可先分析化学成分，然后用舍夫勒图（图7-9），对其铁素体含量进行估算，这一方法较为简便，但不够精确，较为准确的方法是用金相法加以定量的确定。GB/T 1954—1980《铬镍奥氏体不锈钢铁素体含量测定方法》中金相法又可分为金相割线法和标准等级图片法。

（1）金相割线法　在显微镜放大倍数不少于500倍的情况下，用带有100个刻度（格）的测微目镜或100个分度的目镜片上的分度直尺（线）来切割得到的相对量（占100格中的多少格），即为该视场内铁素体的相对含量。

对于焊缝金属，可从产品中所带的供检验用的试板上，取不少于6个的金相试样，试样按常规操作进行研磨、抛光，抛光后的试样磨面可用化学方法或电解浸蚀显示铁素体，然后采用称为金相割线法的方法，将不少于10次的测得数值取平均值，即为所观察试样的铁素体的含量。从多个试样中选择3个显示清晰的试样，均按此方法测出每个试样的铁素体含量，最后以3个试样含量的平均值作为所测焊缝的铁素体的含量。

（2）标准等级图片法　把在一定放大倍数显微镜下所观察到的焊缝金相组织与铁素体含量标准等级图片相对照，定出铁素体相对含量。这种方法属于近似或半定量金相方法。

对于测堆焊层铁素体含量，则需按专门规定制作试样，测定方法同焊缝。这一测定方法的详细规定见GB/T 1954—1980《铬镍奥氏体不锈钢铁素体含量测定方法》。

【实例】　奥氏体不锈钢焊接接头晶间腐蚀试验

奥氏体不锈钢焊接接头晶间腐蚀试验可按GB/T 4334.1—2000《不锈钢10%草酸电解浸蚀试验方法》、GB/T 4334.2—2000《不锈钢硫酸—硫酸铁腐蚀试验方法》、GB/T 4334.3—2000《不锈钢65%硝酸腐蚀试验方法》、GB/T 4334.4—2000《不锈钢硝酸—氢氟酸腐蚀试验方法》以及GB/T 4334.5—2000《不锈钢65%硫酸—硫酸铜腐蚀试验方法》进行，以评定焊接接头的晶间腐蚀方向。

焊接接头晶间腐蚀试样应从与产品钢材相同而且焊接工艺也相同的试板上选取。所检验的面应为使用表面（与腐蚀介质相接触的面）。试样应包括母材、热影响区和焊缝金属表面。

1. 草酸电解浸蚀试验

该方法的适用钢种及检测对象为：奥氏体不锈钢，检测各种碳化物。

试验时，试样为阳极，不锈钢杯或不锈钢片为阴极，在10%草酸溶液中通电浸蚀90s，电流密度为$1A/cm^2$，溶液温度为20～50℃，浸蚀后的试样在金相显微镜下放大200～500倍，观察全部浸蚀表面，并判定它们的组织类别和是否还需要采取其他晶间腐蚀试验方法。

2. 硫酸—硫酸铁试验

该方法的适用钢种及检测对象为：奥氏体不锈钢的贫铬区及某些合金的σ相。

试验溶液按质量分数为50%±0.3%的硫酸溶液600mL，加25g硫酸铁（质量分数为21.0%～23.0%）进行配制。每一试验容器只放一个试样，溶液用量按试样表面积计算，一般不少于$20mL/cm^2$。试样经120h连续煮沸后，以腐蚀率来评定焊接接头的晶间腐蚀倾向。

腐蚀率［$g/(m^2 \cdot h)$］按下面的公式计算。

$$\text{腐蚀率} = \frac{m_{前} - m_{后}}{At} \tag{7-3}$$

式中 $m_{前}$——试验前试样重量（g）；

$m_{后}$——试验后试样重量（g）；

A——试样的表面积（m^2）；

t——试验的时间（h）。

3. 沸腾硝酸腐蚀试验

该方法的适用钢种及检测对象为：奥氏体不锈钢，检测贫铬区、σ相及碳化物。

试验所用溶液是质量分数为65%±0.2%的硝酸溶液，每一试验容器只放一个试样，溶液用量按试样表面积计算，其量不少于$20mL/cm^2$。试验共需五个周期，每周期连续煮沸48h。以五个周期的平均腐蚀率［$g/(m^2 \cdot h)$］来评定焊接接头的晶间腐蚀倾向。

4. 硝酸—氢氟酸腐蚀试验

该方法适合于检验含钼奥氏体不锈钢的贫铬区。

试验所用是质量分数为10%的硝酸+3%的氢氟酸混合溶液，每一试验容器内只放一个试样，溶液用量按试样表面积计算，其量不少于$10mL/cm^2$。试验时，将装有试验溶液的容器放入恒温水槽内，加热至（70±0.5）℃，再把试样放入试验溶液中连续保持2h后，以计算出接头腐蚀率与基准试样腐蚀率的比值来判定焊接接头的晶间腐蚀倾向。

5. 硫酸—硫酸铜腐蚀试验

该方法适合于检验奥氏体、奥氏体—铁素体不锈钢的贫铬区。

试验所用溶液按100g硫酸铜溶解在700mL蒸馏水或去离子水中，再加上100mL

硫酸，用蒸馏水或去离子水释成1000mL进行配制。试验时，烧瓶底部铺一层铜屑，再放置试样，溶液而高出试样20mm以上。试样经16h连续煮沸后取出，沿焊接接头熔合线弯曲180°（铸钢件90°），然后在10倍放大镜下观察弯曲表面，看是否有腐蚀裂纹，以此来评定接头的晶间腐蚀倾向。

【综合训练】

一、判断题（正确的打“√”，错误的打“×”）

1. 破坏性检验是从焊件或试件上切取试样，或以产品（或模拟体）的整体破坏做试验。（　）
2. 破坏性检验一般都直接从交付使用的产品上制取测试用的试样。（　）
3. 焊缝及熔敷金属拉伸试样分有单肩、双肩和带螺纹试样三种。（　）
4. 冲击试验可分为常温冲击、低温冲击、高温冲击。（　）
5. 焊接接头冲击试样有标准V形缺口、双V形缺口、辅助小尺寸试样三种。（　）
6. 熔焊和压焊对接接头的弯曲试验分为横弯、纵弯和横向侧弯三种。（　）
7. 化学成分分析主要是对焊缝金属进行，可分为定量分析与定性分析。（　）
8. 熔敷金属中扩散氢的测定有45℃甘油法、水银法和色谱法三种。（　）
9. 金相分析包括光学金相分析和电子金相分析，光学金相分析又包括宏观分析和显微分析两种。（　）
10. 显示焊接接头金相组织的方法有化学试剂显示法和电解浸蚀剂显示法两种。（　）

二、选择题

1. 力学性能试验有_____。
a. 冲击试验　b. 硬度试验　c. 拉伸试验　d. 金相试验

2. 耐腐蚀试验中最典型的应用实例是奥氏体不锈钢焊接接头_____。
a. 晶间腐蚀试验　b. 均匀腐蚀试验　c. 选择性腐蚀试验　d. 全面腐蚀试验

3. 拉伸试验用于评定焊缝或焊接接头的_____性能。
a. 强度和塑性　b. 强度和韧性　c. 塑性和韧性　d. 塑性和硬度

4. 拉伸试样有_____、_____、_____三种。
a. 板状　b. 带螺纹　c. 整管　d. 圆形

5. 冲击试验用于评定焊缝金属和焊接接头的_____。
a. 强度和塑性　b. 强度和韧性　c. 韧性和缺口敏感性　d. 塑性和韧性

6. 显微组织分析是利用_____检查焊接接头各区域的微观组织、偏析和分布。
a. 光学显微镜　b. 电子显微镜　c. 放大镜　d. 肉眼

7. 一般情况下，焊接接头的金相试样应包括_____三个部分。
a. 焊缝　b. 热影响区　c. 母材　d. 余高

8. 金相试样的抛光处理有_____三种。
a. 机械抛光　b. 电解抛光　c. 化学抛光　d. 磨制抛光

三、问答题

1. 请说一说破坏性检验的特点。
2. 破坏性检验管理工作的要求有哪些?
3. 请说一说力学性能试验的注意事项。
4. 简述拉伸试验方法。
5. 焊接接头冲击试样的截取和缺口方位有哪些要求?
6. 请说一说化学成分分析方法的应用场合。
7. 请说一说金相试样的制备方法。
8. 金相检验在焊接生产中的典型应用有哪些?

四、实践题

1. 观察生产中破坏性检验项目的应用场合。
2. 了解并观察生产生活中的各种化学成分分析方法。
3. 在金相实验室观察焊接接头和焊缝的显微组织形貌及特征。

第八单元　泄漏检测

【学习目标】　本单元主要介绍泄漏的危害、泄漏检测的分类及常用泄漏检测工艺。学习过程中，第一，要了解泄漏的危害、泄漏检测的任务；第二，要了解泄漏检测的分类；第三，要熟悉常用泄漏检测的工艺。

随着现代化工业和科学技术的发展，泄漏检测显得越来越重要。核工业放射化工设备、核电设备及核产品容器都包含着大量放射性物质，所有这些容器、部件的系统都需要严格的密封性。另外，化工、冶金、电子、航天及低温、高真空领域对产品、设备的密封性要求也越来越高。为了确保设备产品的安全可靠，为了获得真空，防止易燃、易爆、有毒、腐蚀性介质漏出，容器和管道的密封性是至关重要的。泄漏检测技术的发展，已从真空工程的检漏发展到受压容器、高压气密工程。

综合知识模块一　概　　述

泄漏检测是基于密闭容器内外存在压差时流体能够从漏道渗入或渗出的原理检测容器或系统密封性的无损检测方法。

能力知识点1　渗漏的危害性

设备或器件因功能不同，泄漏的大小、部位和泄漏的物质不同，泄漏所带来的危害程度和危害表现也就不同。泄漏的危害性主要表现在以下几方面。

1. 破坏真空设备或真空器件的工作真空度

真空设备和器件要求在一定的真空度下工作，因此必须预先将真空设备和真空器件预抽到相应的或更高的真空度。一般真空设备本身带有抽气系统，设备工作时真空系统仍然对其抽气，微小的泄漏存在一般不会影响其工作真空度，但是比较严重的泄漏仍然会破坏设备的平衡压力，干扰甚至破坏设备的正常工作。如：加速器真空度的破坏，将损失粒子的能量；镀膜机真空度的破坏，将影响膜层质量；对于电真空器件来说，在制造过程中用相应的真空系统将它抽到一定的真空度后便将它密封，如果器件有漏，器件中的压力将随时间上升，漏孔越大，器件中的压力上升得越快，由于电真空器件（如电子管）的体积一般很小，因此微小的漏孔也将很快使器件内的真空度破坏，使器件无法工作。

2. 破坏仪器设备内部的工作压力

各种仪器或设备的工作压力是不同的。如装在卫星上的天地通信应答机为了保证机内半导体器件很好散热，要求在大气条件下工作，因此它是用一密闭外壳将大气封存起来的；驱动阀门的气路则要求较高的工作压力，否则阀门无法驱动和密封。

3. 使储存的高压气体或燃料损失

储存高压气体或燃料的气瓶和储罐如果有泄漏，大量的气体或燃料将会白白损耗掉，造成一定的经济损失。航天器姿态控制系统的气瓶和储罐一旦发生地漏，会造成后期用气和燃料的不足，影响航天器的功能和寿命，使航天器因失控而失效。

4. 对器件内部气氛造成污染

有些微电子器件不仅要求在一定的压力下工作，而且只允许在某些气体下工作，因此其内部一般要充入保护性气体。然而，由于漏孔存在，外部环境中的有害气体（如水蒸气）也可能通过漏孔进入到设备或器件内部，使器件内部气体成分发生改变，即造成污染，使器件不能正常工作甚至失效。

能力知识点2 泄漏检测的任务及工作内容

随着科学技术的进步和工业生产的发展，对设备气密性的要求也就越来越高。因此，除了设计和加工过程中应采取有效措施，防止泄漏隐患外，在设备的生产、组装、调试及使用过程中，还要运用有效的检漏手段，将不允许存在的漏孔找出来，以便进行修补。

值得指出的是，任何设备即使设计、加工和安装都非常满意，也不可能做到绝对不漏气。我们通常所说的“不漏”是相对检漏仪器灵敏度而言的，是指设备上存在的漏孔的漏率小于检漏仪器的最小可检漏率。

泄漏检测的任务是：

1）用适当的方法迅速判断漏气是否是主要矛盾。

2）测定总漏率（漏孔定量），确定它是否在允许漏率范围之内。

3）选择合适的检漏方法找出漏孔的确切位置（漏孔定位），以便进行修补。

设备检漏方法运用和经济性首先取决于良好的设计，其次才取决于检漏程序、所选用的方法及正确的操作。检漏工作应该从设计开始并贯穿于设备生产、安装、调试和使用的各个阶段，因此检漏的主要工作内容应该在以下阶段内进行：

> **小知识** 泄漏检测技术主要用于对真空容器、压力容器或储液容器等探测，例如漏孔、裂纹等穿壁缺陷以及气密缺陷，以防止发生泄漏而酿成事故，避免能源、资源的损失以及污染环境等。

在设备的设计阶段检漏人员除了协助设计人员合理提出允许漏率值外，还要向设计人员了解设备的结构、材料、焊接及密封形式、敷层、连接件、技术要求等设计方面的问题，并从检漏角度提出对设计的要求，如消除或减少双面焊缝之间、多层垫圈之间等一切使反应时间过长的“寄生体积”，不要采用连续双面焊结构，设计能与检漏仪器、充压系统或抽气系统方便连接的检漏接头，尽量减少总装后无法检查的焊缝，不要采用铸件等。针对设计提出的漏率指标，拟定零部件及总体的检漏方案、程序，并设计出检漏中所需的工装和附件（如检漏盒、盲板、接头等）。

在设备的加工阶段检漏人员要向生产单位了解加工工艺及加工工序，并从检漏角度提出对加工工艺及加工工序的要求。加工过程中要根据加工工序与焊接人员紧密配合，及时地对各种零部件，特别是制造完毕后无法接触或修理的部件（如冷阱内胆）的焊缝进行严格检漏，不合格的要求重焊或补焊，重焊或补焊后要重新检漏，符合要求后才允许进行下一工序。对于大型复杂结构的设备来说，它直接影响到总装后总体检漏工作的成败与速度，不可忽视。

在设备的安装、调试阶段主要检查连接部位的密封性。检漏人员要根据安装的顺序一步一步地有计划地进行检漏。条件允许的话，最好是每安装一个零部件便对其有密封要求的连接部位进行一次检漏达到要求后再安装下一个零部件，要避免将所有零部件装完后再检漏，否则会给总体检漏工作带来极大的困难。因为在这种情况下，除了怀疑部位太多外，有些连接部位可能难以实现检漏。调试过程中，一般先进行总漏率测试，以便确定总漏率是否在允许范围之内。如果总漏率在允许范围内就不需再进行检漏了。如果超出允许漏率范围，检漏人员应根据需要和可能选用最简单、经济的方法去进行找漏。

在设备的运转或使用阶段由于机械振动造成连接部位松动；经常拆卸的密封部位或转动密封部位，出现密封圈的划伤、损坏、磨损；某些部位由于冷热冲击而疲劳，由于应力而破裂；某些部位受工作液的腐蚀而破损；某些曾被油、水蒸气及其他脏物堵塞的漏孔的疏通等，这些都可以使设备出现漏气现象。因此，经常需要进行检漏。检漏人员应根据设备的使用情况、故障现象来分析故障原因，判断漏气的可能位置，然后采取相应的检漏手段找出漏气位置，使设备尽快恢复正常运转。

能力知识点3　对检漏人员的要求

检漏工作本身是一项非常艰苦细致的工作，从事检漏工作的人员必须有高度的责任心，有不怕麻烦，细致、认真的工作态度。

检漏技术牵涉到的科学、生产知识比较广，因此要求检漏人员除了对各种检漏方法、检漏仪器、检漏的基本知识非常熟悉之外，还要掌握一定的机械设计、加工工艺、电子线路、物理、化学、材料以及质量管理、安全生产等方面的知识。只有这样，才能解释和解决检漏工作中出现的形形色色的问题，确保检漏质量和安全。

能力知识点4　泄漏检测分类

泄漏检测时可以用示踪气体，也可以不用示踪气体。一般不用示踪气体的渗漏检测有如下几种方法：空气打压法、真空法、气密性试验法等。各种方法概况见表8-1。利用示踪气体的泄漏检测有：卤素检漏法、氦质谱检漏法、氨检漏法、放射性同位素法等，各种方法概况见表8-2。

表 8-1 不用示踪气体的压力系统泄漏检测方法比较

泄漏检测方法		工作条件	原理现象	检漏器	应用
空气打压法	静态升压法	被检容器抽真空	抽不上真空或静态压强上升	真空表	真空容器的粗检
	静态降压法	被检容器充压到一定压力	漏气使容器的压强降低	压力表	压力容器的检漏
气密性试验法	气泡法	被检容器内部充以高压气体	漏孔处产生气泡	目视检测	大型压力容器
	皂泡法	容器内充高压气体，低压侧涂皂液	漏孔处吹起皂泡	目视检测	承压容器，真空容器的粗检漏
	听音法	容器充一定压力气体	漏孔处气体通过时发出“嘶嘶”声	听觉	压力容器
	火焰飘动法	容器内充一定压力气体待检出慢慢移动火焰	通过漏孔的气流使火焰飘动	目视检测	承压容器
	氟油法	被检件放入加热的氟油中	漏孔处产生气泡	目视检测	半导体密封件粗检
真空法	高频火花检漏法	待检容器抽空到 $(5 \sim 10) \times 10^{-3}$ Pa	亮点，火花舌放电颜色改变	火花检漏仪	玻璃真空系统检漏
	放电管法	被检容器抽真空	放电管辉光放电颜色改变	放电管	玻璃真空系统检漏

表 8-2 利用特种气体探测器的泄漏检测方法比较

泄漏检测方法		示踪气体	原理现象	检漏器	应用
卤素检漏法	外探头法	氟里昂	卤素使仪器离子流迅速扩大	卤素检漏仪	压力容器的检漏
	内探头法	氟里昂	卤素使仪器离子流迅速扩大	卤素检漏仪	真空容器的检漏
氦气检漏法	喷吹法	氦	氦离子与其他气体分子分离	氦检漏仪	中小型压力容器、真空容器
	吸嘴法	氦	氦离子与其他气体分子分离	氦检漏仪	大中型容器检漏
	检漏盒法	氦	氦离子与其他气体分子分离	氦检漏仪	被检件不能构成密闭容器
	充压法	氦	氦离子与其他气体分子分离	氦检漏仪	小型密封件
	累积法	氦	氦离子与其他气体分子分离	氦检漏仪	密封性能要求高、真空度要求高的容器

（续）

泄漏检测方法		示踪气体	原理现象	检漏器	应用
氨检漏法	氨气试纸法	氨	氨使试纸变色	试纸	压力容器的检漏
	氨气烟雾法	氨	氨使 CO_2、SO_2 气体成白烟	目视	压力容器的检漏
放射性同位素法	示踪原子法	碘	检测射线强度	示踪原子测试仪	地下输油（气）管道的检漏
	氚照相法	氚	射线使胶片曝光	照相胶片	容器的现场在役检漏

综合知识模块二　常用泄漏检测方法简介

能力知识点1　气泡检漏

1. 气泡检漏原理

气泡检漏在粗检漏方法中应用最广。气泡检漏的原理是：当漏口两侧存在压差时，示漏气体就通过漏孔从高压侧向低压侧流动，如果在低压侧有显示液体（如水、氟油、酒精等），漏孔处将有可能吹起一个个气泡，从而显示出漏率大小及漏孔位置。

想一想　对检漏人员有哪些要求？

2. 检测过程

将被检件装好堵盖、堵帽、接头等工艺装备，连接充气管路，向被检件充气，使其压力上升到规定的数值。缓缓地将被检件放入水槽中，需检测的部位向上，使其处于便于观察的位置。仔细观察需检测的部位，是否有单个或成串气泡冒出，观察事件不可太短。要认真区分冒出的气泡是真泄漏还是假泄漏产生的。从漏孔冒出的气泡，出泡的位置比较固定，出泡均匀而稳定，这是真漏。而假漏产生的气泡刚好相反，出泡的位置不固定，出泡不均匀，这种气泡往往是由于存在于某些缝隙中的气体或由一些沾附在被检件上的有机物造成的。充气加压法检漏的灵敏度与充气加压的压力有很大关系。比如有小漏孔，充入两个大气压不冒泡，改充五个大气压它可能就冒泡了。但是充气压力的高低是涉及规定好的，不是可以随意改变的。当然，选用表面张力小的试验液、使用氢气或氦气等分子量比较小的气体对被检件冲压，也可以提高检漏灵敏度。

3. 试验注意事项

1）充气加压是有一定危险性的工作，被检件要在做过水压试验之后，才能加压，充气加压的压力必须符合设计规定。

2）检漏之前，被检件要进行清洗烘干，疏通漏孔。

3）要先充气，后放入试验液中看冒泡，以防小漏孔被试验液堵塞。

4）使用氢气、酒精时，要严防火灾发生。

4. 阀门内泄漏检测

将阀门泄漏介质导出管浸入示漏液不大于10mm处，观察有无气泡冒出。若需测定泄漏率大小，在冒泡处的上方放置有容积刻度值得气体收集容器，漏出的气体被积存在收集器中，经过一段时间 t（s）的积累，在收集容器中将有气体 V（m^3）的增量，按照当时大气压 p（Pa）就可以计算出被检件的漏率 Q。

$$Q = pV/t$$

能力知识点2 静态升压法检漏

静态压升检漏法是一种常用的判断真空容器是否有漏并能测出其总漏率的一种方法。

所谓压升法就是将被检容器抽真空到一定压力后，关闭阀门将被检容器与泵隔开；由于容器漏气，容器中的压力将随时间而上升。用相应的真空计测出一定时间间隔 Δt 内压力的变化值 Δp 来，就可以计算出容器的总漏率 Q 来，即：

$$Q = \Delta pv/\Delta t$$

式中 v——容器的体积。

小知识 各种检漏方法有各自不同的检漏灵敏度，并且各自的检测费用、成本也不相同。泄漏检测的特点是一般要求能够接触试件内外两个侧面，因此通常适用于薄壁容器，可涉及的产品种类非常广泛。

然而，真空容器与泵隔开后，容器中的压力上升不只由漏气引起，也可能由材料出气引起，必须区别漏气和出气。如果用真空计每隔一定时间测量一次容器的压力，就可以绘出压力与时间曲线来，例如会有图8-1所示的四条曲线中的一条曲线出现。

直线 a：是一条平行于时间坐标轴的直线，压力不变。说明容器漏气很小，放气也很小。

曲线 b：表示容器中的压力上升速度开始较快，而后逐渐减慢，最后趋于平衡。说明容器放气较大，漏气很小。

曲线 c：是一条斜率为 $\Delta p/\Delta t$ 的斜线。说明漏气是主要因素。

曲线 d：开始压力上升较快，而后逐渐减慢，最后变成斜率为 $\Delta p/\Delta t$ 的一条斜线。说明容器漏气和出气都较大，曲线是由漏气和放气共同形成的，斜线部分是由漏气决定的。

如果出现斜线 c 和曲线 d 的情况，都说明容器有漏。利用直线部分的斜率，便可以计算出容器的总漏率来。

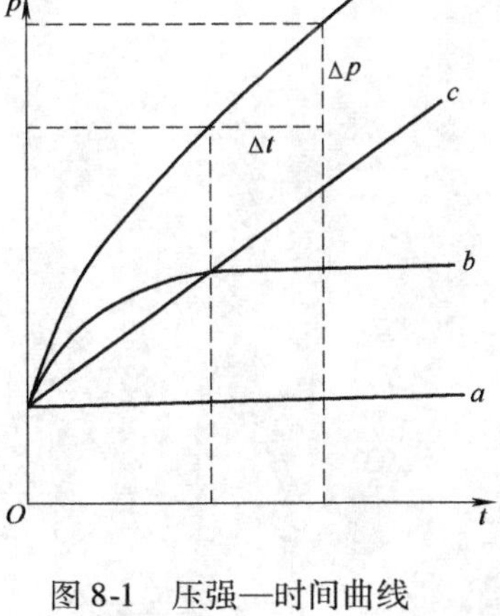

图8-1 压强—时间曲线

这种方法的检漏灵敏度除了与容器本底压力、真空计的灵敏度有关外，还与测量时间、容器容积大小有关。本底压力低，检测时间长，容积小，检漏灵敏度就高。

值得注意的是，如果测试时间比较长，要注意修正环境温度变化带来的误差。另外，容器中的压力必须远远小于外界大气压力，此时漏率 Q 才可以看成为恒定值。

在升压法中，放气将对漏率测量带来较大的影响。为了减少放气的影响，在试验前应该对容器进行很好的清洁和干燥处理，如用干燥氮气冲洗，真空下高温烘烤等。计算漏率时，应在压力随时间变化的线段取数据。另一种降低放气影响的方法是在规管和容器之间安装一个冷阱，因为放气的气体绝大部分是可以冷凝的水蒸气，在进入规管前被冷阱冷凝，这样，测得的压力变化仅反应了漏气的结果。

想一想 气泡检漏的过程是什么？

【综合训练】

问答题

1. 泄漏有哪些危害性？
2. 检漏的主要任务有哪些？
3. 泄漏检测分哪两大类？
4. 简述气泡检漏的基本原理？
5. 气泡检漏的注意事项有哪些？
6. 简述静态升压检漏法的基本原理？

参 考 文 献

[1] 闻立言，曾金传. 焊接生产检验［M］. 北京：机械工业出版社，1996.

[2] 李荣雪. 焊接检验［M］. 北京：机械工业出版社，2002.

[3] 天津大学，中国石油化工总公司第四建设公司. 焊接质量管理与检验［M］. 北京：机械工业出版社，1997.

[4] 赵熹华. 焊接检验［M］. 北京：机械工业出版社，1993.

[5] 全国锅炉压力容器无损检测人员资格鉴定考核委员会. 磁粉探伤（Ⅱ、Ⅲ级教材）［M］. 北京：中国锅炉压力容器安全杂志社，1999.

[6]《国防科技工业无损检验人员资格鉴定与认证培训教材》编审委员会. 无损检验综合知识［M］. 北京：机械工业出版社，2006.

[7]《国防科技工业无损检验人员资格鉴定与认证培训教材》编审委员会. 超声检测［M］. 北京：机械工业出版社，2005.

[8]《国防科技工业无损检验人员资格鉴定与认证培训教材》编审委员会. 渗透检测［M］. 北京：机械工业出版社，2004.

[9] 戴建树. 焊接生产管理与检测［M］. 北京：机械工业出版社，2004.

[10] 李家伟，陈积懋. 无损检测手册［M］. 北京：机械工业出版社，2004.

[11] 陈祝年. 焊接工程师手册［M］. 北京：机械工业出版社，2004.

[12] 李亚江. 焊接质量控制与检验［M］. 北京：化学工业出版社，2006.

[13] 王仲生. 无损检测诊断现场实用技术［M］. 北京：机械工业出版社，2002.

信 息 反 馈 表

尊敬的老师：

您好！为了进一步提高我社教材的出版质量，更好地为我国职业教育发展服务，欢迎您对我社的教材多提宝贵意见和建议。如贵校有相关教材的出版意向，请及时与我们联系。感谢您对我社教材出版工作的支持！

<table>
<tr><td colspan="8">您的个人情况</td></tr>
<tr><td>姓名</td><td></td><td>性别</td><td>男□女□</td><td>年龄</td><td></td><td rowspan="3">联系
电话</td><td>O</td><td></td></tr>
<tr><td>职称</td><td></td><td>职务</td><td></td><td>学历</td><td></td><td>H</td><td></td></tr>
<tr><td colspan="2">工作单位及部门</td><td colspan="4"></td><td>M</td><td></td></tr>
<tr><td colspan="2">从事专业</td><td colspan="4"></td><td colspan="2">E-mail</td><td></td></tr>
<tr><td colspan="2">详细通信地址</td><td colspan="4"></td><td colspan="2">邮政编码</td><td></td></tr>
</table>

<table>
<tr><td colspan="5">您讲授的课程情况</td></tr>
<tr><td>序号</td><td>课程名</td><td>学生层次、人数/年</td><td>现使用教材</td><td>出版社</td></tr>
<tr><td>1</td><td></td><td></td><td></td><td></td></tr>
<tr><td>2</td><td></td><td></td><td></td><td></td></tr>
<tr><td>3</td><td></td><td></td><td></td><td></td></tr>
<tr><td colspan="5">贵校在本专业领域内的相关情况（可另附纸）</td></tr>
<tr><td colspan="5">1. 在哪些方面有优势、特色？精品课程、特色课程有哪些？
2. 有哪些新的专业方向？新开设了哪些课程？是否缺乏相应的教材？
3. 您觉得贵校在本专业开设的这些课程中是否存在教材短缺或不适用的情况？都有哪些？
4. 贵校老师在此领域或相关领域是否有独创性的教材希望出版？如何联系？</td></tr>
<tr><td colspan="5">对我社教材出版工作的其他意见和建议（可另附纸）</td></tr>
<tr><td colspan="5"></td></tr>
</table>

请用以下任何一种方式返回此表（此表复印有效）：

联系人：齐编辑

通信地址：100037 北京市西城区百万庄大街22号　机械工业出版社中职教育分社

联系电话：010－88379201　传真：010－88379181

E-mail：qizhigang_mail@163.com